FRANCESCO SAURO

DER VERBORGENE KONTINENT

FRANCESCO SAURO

DER VERBORGENE KONTINENT

EXPEDITIONEN IN DIE UNTERIRDISCHE WELT DER HÖHLEN

Aus dem Italienischen
von Ingrid Ickler

KNESEBECK *Stories*

In memoriam
Giovanni Badino, Giuseppe Troncon, Gianni Cergol,
Freunde, Lehrer und Entdecker des dunklen Kontinents

Nul être humain ne nous a précédé dans ces profondeurs, nul ne sait où nous allons ni ce que nous voyons, rien d'aussi étrangement beau ne s'est jamais présenté à nos yeux, ensemble et spontanément nous nous posons la même question réciproque: est-ce que nous ne rêvons pas?

Kein Mensch vor uns ist bis in diese Tiefen vorgedrungen, niemand weiß, wohin wir gehen und was uns erwartet, nichts von solch bizarrer Pracht bekamen wir je zu sehen, und spontan stellen wir uns die Frage: Ist das nicht alles nur ein Traum?

Édouard-Alfred Martel,
Les Causses du Languedoc, 1889

INHALT

Einführung 9

ERSTER TEIL Im Inneren der Erde 17

Die Schwelle 19

Die Dunkelheit 43

Die Stille 61

Die Tiefe 81

Das Labyrinth 105

Die Zeit 133

Die Extreme 157

ZWEITER TEIL Die letzten Entdecker 181

Der Fluss und das Licht 183

Homo explorator 203

Odyssee 225

DRITTER TEIL Andere Welten 243
Verlorene Welten 245
Die dunkle Seite 267
Der Ausgang 285

DANK 292

ÜBER DEN AUTOR 295

BILDNACHWEIS 304

EINFÜHRUNG

Ich habe die ganze Zeit über berichtet. Die Sterne, der Himmel, die vollkommen schwarze Farbe des Himmels. Die Sterne sind etwas deutlicher zu sehen, es sind leuchtende Punkte, die sich sehr schnell im Sichtfenster bewegen. Der Horizont ist sehr schön. Die Krümmung der Erde ist zu erkennen. Um die Erde herum, direkt an der Oberfläche, ist die Farbe ganz zartblau, dann wird sie immer dunkler. Erst Rottöne, dann wird es vollkommen schwarz.«

Wir schreiben den 13. April 1961. Am Vortag ist Juri Gagarin als erster Mensch in den Weltraum geflogen und hat mit seinem Raumschiff einmal die Erde umrundet. Nun kann er seine Sicht auf unseren Planeten schildern, die Krümmung der Erde, die Dunkelheit des Weltraums, das Blau der Atmosphäre.

So fasst er in Worte, was ein Mensch zum allerersten Mal wahrnehmen kann: die Erde in ihrer Gesamtheit, eine ins Weltall geworfene Kugel.

Diese eindrucksvolle Beschreibung schien damals das Ende der Erkundung unseres Planeten und den Beginn der Erforschung des Weltraums einzuläuten. Die Kontinente konnten auf einen Blick wahrgenommen werden, die Meere, die Berge, die Seen, die Wüsten und Wälder – all das war nicht länger nur bildliche Darstellung, sondern faktische Realität. Von oben betrachtet blieb nur der Kontrast zwischen der Farbenpracht der Erde und der undurchdringlichen Finsternis des Universums, das sie umgab.

Doch unsere Entdeckungsreise bis zu dieser Komplettansicht der Erde begann schon weit vor diesem Frühlingstag, nämlich vor mehr als 200 000 Jahren in einer afrikanischen Savanne. Anfangs wurde unsere Umwelt nur als Ressource für das Überleben des

Menschen wahrgenommen. Jeder Schritt jenseits des Sichtbaren hatte das Ziel, unsere Grenzen und Möglichkeiten zu erweitern, neue Territorien zu erobern und unbekannte Landschaften zu erkunden. Der Mensch war schon ein Entdecker, bevor ihm das überhaupt bewusst wurde. Die Welt endete an den Grenzen des Bekannten, dahinter lagen Dunkelheit und Legenden. Bei dieser mühsamen Erforschung neuer Territorien, bei dem Wunsch, bestehende Grenzen zu überwinden, war die Höhle eine Art Welt im Kleinen. Häufig wurde sie als Schutzraum gegen unwirtliche Witterungsverhältnisse genutzt. Je weiter man in die Höhle vordrang, desto dunkler wurde es: eine unüberwindliche Finsternis, in der sich furchteinflößende Geschöpfe zu verstecken schienen.

Die Entdeckung des Feuers erlaubte den ersten Schritt, in diesem Moment begann sich der Mensch seiner selbst bewusst zu werden. Der ständige Widerstreit zwischen Angst und Neugier sorgte dafür, dass dem Vordringen in Höhlen und in die Welt unter der Erdoberfläche schon immer ein gewisser Zauber anhaftete. Das Feuer war zweifellos ein Freund, aber seine Flammen konnten nur einen Teil der Dunkelheit erhellen, bevor sie wieder erloschen und den Entdecker in der Dunkelheit zurückließen. Alles, was dahinterlag, was man glaubte, in den Schatten erkannt zu haben, war Imagination. Und es stellten sich die gleichen Fragen wie bei der Betrachtung des Himmels in einer sternenklaren Nacht.

Während die Unterwelt ein Mysterium blieb, ging die Erforschung der Erdoberfläche weiter. Vor 30 000 Jahren erkundeten wir große Teile Europas und Australiens. Vor 25 000 Jahren drangen wir zu Fuß von Sibirien bis nach Nordamerika vor, weil sich während der damaligen Eiszeit durch das Absinken des Meeresspiegels eine Landbrücke gebildet hatte. Anschließend überwanden wir Wälder und Bergketten in verschiedenen Klimazonen, entdeckten neue Lebewesen und unbekannte Landschaften, bis wir vor 14 000 Jahren nach einer 35 000 Kilometer langen Reise quer durch die amerikanischen Kontinente Patagonien erreichten. Vor etwas mehr als 1000 Jahren hatte der Mensch fast alle bewohnbaren Gebiete erforscht, war im Norden bis nach Grönland und im Süden bis nach Neuseeland vorgedrungen. Trotzdem verschwanden manche Gebiete im Lauf der Generationen wieder aus unserem Blickfeld, als hätte sich ein Schleier darübergelegt. Nur wenige Regionen wurden konkret wahrgenommen, während der Blick auf andere durch die zeitliche und räumliche Distanz sowie durch jeweils vorherrschende Glaubenssätze verzerrt wurde.

Als diese lange Entdeckungsreise an der Erdoberfläche langsam ihrem Ende entgegenging, meldete sich das Forschergen des Menschen. Vielleicht war es die Entstehung der Epen und der Schrift, die uns die Möglichkeit gab, unsere wahre Natur zu erkennen. Der blinde Homer konnte die Welt durch Odysseus' Augen sehen und von ihr erzählen. Dieser staunende Blick auf die Wunder der Natur, auf Meeresungeheuer, unbekannte Inseln, Männer und Frauen, die sich unter den Völkern der Erde verirrten – all das machte Angst und sorgte dafür, dass man wieder strenge Grenzen zog, die nicht einmal in der Fantasie überschritten werden durften. Aber der Drang nach Wissen lässt sich nicht aufhalten, wie Dante im 26. Gesang des *Inferno* erzählt, wenn Odysseus zwischen den Säulen des Herkules hindurchfährt, um dann vom Meer verschlungen zu werden, weil er die Grenzen menschlichen Wissens überschritten hatte.

Christoph Kolumbus überquerte 1492 mit drei Karavellen den Atlantik, um schließlich Amerika zu erreichen. Er war nicht nur der Entdecker, sondern bereitete den Weg, mit dessen Hilfe die Geografie der Welt allmählich als Ganzes wahrgenommen wurde. Jetzt waren die Meere die Oberfläche, die es zu entdecken galt, ein zusammenhängender homogener Raum, das Bindeglied zwischen den Kontinenten. Bald danach umsegelte Magellan die Erde und lieferte damit den praktischen Beweis, dass die Erde eine Kugel ist.

Die Wahrnehmung der Welt war auf den Kopf gestellt. Jeder Ort konnte gleichzeitig Anfangs- und Endpunkt einer Erdumrundung sein. Die Erdoberfläche war plötzlich begrenzt und nicht mehr unendlich, man nahm deutlich ihre Grenzen wahr. Und diese Grenzen waren nicht mehr der Rand einer Karte, sondern das, was sich über und unter uns befand. Unser irdisches Paradies lag zwischen Himmel und Erde. Weiter ging es nicht.

Und dennoch gab es auf der Erde immer noch unbekannte Orte, an denen die Umweltbedingungen wie die Höhe über dem Meeresspiegel oder die Temperatur ein Überleben ohne technische Hilfsmittel oder die Anpassung des menschlichen Körpers unmöglich machten. Es sollte allerdings weniger als ein Jahrhundert dauern, um auch diese Gebiete zu erobern. Die Entdeckung der Pole ist eines der faszinierendsten Kapitel der Menschheitsgeschichte, auch wenn es darin kaum mehr als einen Wimpernschlag einnahm. Die Überwindung von Tausenden Kilometern Kontinental- oder Meereis, nur weil man die äußersten Punkte des Planeten erreichen will, führte uns weit aus unserer »Komfortzone« heraus. Aber diesen Menschen ging es nicht ums Überleben, ihr Antrieb war reiner Wissensdrang. Südpol und Nordpol sind nicht nur entgegengesetzte geografische Orte, sie bilden auch die Endpunkte der Achse, um die sich die Erde dreht. Als Roald Amundsen und Robert Falcon Scott zu Beginn des letzten Jahrhunderts im Abstand von wenigen Wochen den Südpol erreichten, fanden sie außer einem riesigen Eisschild nichts Besonderes vor. Um die Bedeutung dieses Moments zu verstehen, musste man die Position der Erde im Universum begriffen haben. Es war das erste Mal, dass Expeditionen ausgeschickt wurden und Menschen bereit waren, ihr Leben zu riskieren, nur um eine geografische Entdeckung zu machen. Und tatsächlich: Scott und seine Männer starben auf der Rückkehr zum Basislager.

In der zweiten Hälfte des 20. Jahrhunderts wurde auch der höchste Berg der Erde bezwungen. Die göttliche Mutter der Erde, der Chomolungma, besser bekannt als Mount Everest, wurde zum ersten Mal von Menschen betreten. Tenzing Norgay und Edmund Hillary erklommen seinen Gipfel im Jahr 1953. Wenige Jahre später, 1960, erreichte das Tiefseetauchboot *Triest* mit Jacques Piccard und Don Walsh an Bord in 10 916 Metern unter dem Meeresspiegel den tiefsten Punkt der Erde im Marianengraben. Genau wie im Weltall herrscht auch in der Tiefsee eine undurchdringliche Dunkelheit. Die Technologie hatte auch diese Herausforderung bezwungen.

Etwa zur gleichen Zeit umrundete das Raumschiff *Wostok 1* die Erde. Endlich konnte die Erde in ihrer Gesamtheit vom Menschen aus dem Orbit betrachtet werden. Während dieses ersten bemannten Weltraumfluges, der weniger als zwei Stunden dauerte, sagte Gagarin mehr als zwanzigmal in einer Stunde den Satz »Vizu Zemlju«, »ich sehe die Erde«. Das Sehenkönnen ändert alles. Zum Beispiel nachdem wir am Fuße eines hohen Berges standen und uns schon den Gipfel ausmalten, obwohl wir noch nie dort gewesen waren. Oder nachdem wir den Ozean hinterm Horizont aus dem Blick verloren haben: Erst dieses Sehenkönnen ermöglicht so etwas wie Geografie.

Aber was geschieht, wenn wir nichts sehen können? Auf seiner Entdeckungsreise hat der Mensch den Ort bisher eher gemieden, der komplett im Dunkeln liegt: die Höhle. In diesem Hohlraum unter der Erde sind die Grenzen vom letzten Licht der Taschenlampe vorgegeben. Die Dunkelheit, die sich direkt unter unseren Füßen erstreckt, können wir uns nur vorstellen, aber nicht sehen. Und dort, am Übergang zwischen Licht und totaler Finsternis, an der Grenze zwischen Realität und Vorstellung, beginnt der dunkle Kontinent, das Thema dieses Buches.

Ich hatte in den letzten zwanzig Jahren das Privileg, überall auf der Welt unter die Erdoberfläche schauen zu können. Das Bild, das wir davon haben, ist gezwungenermaßen lückenhaft, denn der dunkle Kontinent ist kein Berg, den man betrachten kann, ohne ihn zu besteigen. Die unterirdische Welt der Höhlen kann nur Schritt für Schritt entdeckt werden, indem man immer weiter in sie vordringt. Das ist schon seit Tausenden von Jahren so, als der *Homo sapiens* erstmals eine Höhle betrat und damit die Grenzen seiner Wahrnehmung überwand. Auch in einer Zeit, in der uns Sonar-, Radar- und Satellitentechnik erlauben, sogar den Meeresboden hochauflösend abzubilden, in der wir die Baumkronen der Regenwälder durchdringen und den Boden darunter genau visualisieren können, gibt es noch kein Instrument, das das Erdinnere sichtbar macht. Damit ist der dunkle Kontinent die letzte große Barriere für den menschlichen Erkundungsdrang. Ein Ort, an dem wir noch spielen und unsere Entdeckerlust ausleben können.

In all den Jahren war ich überall unterwegs, von Europa bis Zentralasien, in Wüsten und in den Wäldern Mexikos, im Grönlandeis, unter philippinischen Stränden und in den Urwäldern des Ural, in den Vulkankratern der Kanarischen Inseln und den Gletschern der Alpen, bis hin zu den Gebirgen des Amazonasgebiets in Brasilien, Kolumbien und Venezuela. Ich habe Wege kartiert, die mehr als 1000 Meter unter der Erdoberfläche liegen. Trotz aller Erfahrung komme ich noch immer aus dem Staunen nicht heraus. Bei meinen Expeditionen habe ich viele Gleichgesinnte und Weggefährten getroffen, die in der Höhlenforschung ihre Erfüllung gefunden haben.

Ich denke, es ist an der Zeit, Licht ins Dunkel dieser geheimnisvollen Welt zu bringen. Doch diesen Schleier zu lüften, kann bedeuten, die Unterwelt ihrer Faszination zu berauben, sie der Realität preiszugeben. Aber das macht mir keine Sorgen, denn die Magie wird bleiben. Ich habe immer wieder erlebt, dass der dunkle Kontinent in Wirklichkeit noch aufregender ist, als er es in meiner Vorstellung je hätte sein können.

Egal, ob ein Kind oder ein Wissenschaftler diese Entdeckungsreise unternimmt: Die Perspektive bleibt die gleiche. Egal, ob man diese Welt aus dem Blickwinkel der Vernunft oder der Philosophie jahrtausendealter Mythen betrachtet: Sie fühlt sich immer wie etwas Heiliges an. Man steht jedes Mal wieder vor neuen Rätseln und muss akzeptieren, dass es keine Gewissheiten gibt.

Der Begriff Speläologie stammt vom griechischen *spélaion* (»Höhle«) und *logos* (»Lehre«). Es geht dabei um Höhlen, ihre Beschaffenheit, ihre Erkundung, aber auch darum, von dem Schatten zu erzählen, den der Mensch in ihrem Inneren geworfen hat. Deshalb habe ich dieses Buch in drei Teile gegliedert. Der erste beschäftigt sich mit der Höhle selbst und ihren wesentlichen Elementen, mit der Schwelle, der Dunkelheit und der Stille. Die Betrachtung der Gesamtheit des dunklen Kontinents besteht aus der Tiefe des Abgrunds, die sich in den Gängen des Labyrinths fortsetzt, in denen man unzählige Richtungen einschlagen kann und sich dennoch verläuft. Man sollte sich unbedingt bewusst machen, dass dort auch die vierte Dimension eine wichtige Rolle spielt: die Zeit. Einige Höhlen sind Millionen von Jahren alt, andere flüchtiger als ein Menschenleben. Auf dem Weg in die Tiefe suchen wir nach Wurzeln, entdecken auf unserer Reise ins Erdinnere Hohlräume, Vulkane, Lavaströme und wie diese mit der Energie im Kern unseres Planeten verbunden sind. Bis wir schließlich die tiefsten Erdschichten erreichen, Orte, wo selbst unsere Vorstellungskraft an Grenzen stößt.

Den zweiten Teil widme ich den letzten geografischen Entdeckern unserer Zeit: den Speläologen. Ihre Forscherleidenschaft und ihre Begeisterung für das Unbekannte haben eine Geschichte geschrieben, die die letzten zwei Jahrhunderte umspannt und die dazu beigetragen hat, den dunklen Kontinent näher zu bestimmen. Höhlenforscher mögen manchmal etwas verrückt wirken und unverständlich klingen, aber sie sind bereit, alles zu geben und unglaubliche Risiken einzugehen, nur um einen weiteren Meter zu erforschen. Während meiner Arbeit hatte ich das Glück, mit Wissenschaftlern aus allen möglichen Fachgebieten zusammenzuarbeiten. Mit Erstaunen habe ich festgestellt, dass Speläologen Astronauten nicht unähnlich sind. Beide erkunden auf den ersten Blick konträre Sphären, die aber bei näherer Betrachtung durchaus Ähnlichkeiten haben. Beide beschäftigen sich mit der Dunkelheit – die einen im Erdinneren, die anderen im Universum. Es ist kein Zufall, dass ich meine Einleitung mit Gagarins Worten begonnen habe.

Im dritten Teil des Buches geht es schließlich darum, wie ich mir andere dunkle Kontinente vorstelle: die geheimnisvollen Höhlensysteme in den Tepuis Venezuelas, die gigantischen Lavabecken unter der grauen Mondoberfläche oder die tiefen Krater auf der roten Marsoberfläche. Es ist keine Reise zu bekannten Gefilden, sondern eine Suche nach dem, was sein könnte, was aber noch jenseits unseres Horizonts liegt. Nach dem »unbeschriebenen Blatt« jenseits unserer geografischen Karten. Das Streben danach, immer mehr Grenzen zu überschreiten, bildet die Grundlage der Menschheitsgeschichte, ja vielleicht sogar die des Lebens selbst.

ERSTER TEIL

IM INNEREN DER ERDE

DIE SCHWELLE

Das erste Gefühl ist Angst. Sie erfasst einen, ja flutet einen, und der Puls beschleunigt sich. Instinktiv will man den Blick abwenden, an etwas anderes denken, so tun, als gäbe es die Öffnung im Fels gar nicht. Ich erinnere mich nur noch vage an diesen Tag. Auf einem Foto, das meine Mutter gemacht hat, sieht man ein felsiges Halbrund, davor stehen meine Großeltern mütterlicherseits. Meine Schwestern und ich tragen verschrammte Plastikhelme, die doppelt so groß sind wie unsere Köpfe. Ich habe eine Glocke aus Messing in der Hand. In meiner Erinnerung habe ich damit geläutet, als wir die Höhle betraten. Ich hatte Angst vor dem, was ich nicht sehen konnte, in diesem Fall vor einem Fuchs. So hieß die Höhle nämlich: *la Grotta della Volpe*, die Fuchsgrotte. Natürlich nahm ein vierjähriges Kind an, beim Streifen durch die Gänge auf dieses Tier zu stoßen, das sicherlich nicht erfreut war, wenn man in seinem Bau auftauchte. Und wenn es zubiss? Konnte uns das Läuten der Glocke davor bewahren?

Mein Vater zwängte sich durch die Öffnung und machte mir Mut: Nach wenigen Minuten stünden wir in einem breiten Höhlengang, in dem man bequem gehen könne, auch an die Dunkelheit werde ich mich bald gewöhnen. Aber damit überzeugte er mich nicht – im Gegenteil! Mein Gefühl der Ohnmacht gegenüber der Finsternis verstärkte sich noch. Irgendwann wurde die Angst übermächtig, und ich brach in Tränen aus. Während meine Schwestern vorangingen, drehte ich mich zur halbdunklen Felsöffnung um und suchte nach meiner Mutter. Ich hatte die Schwelle zur Höhle überschritten, aber die Angst war geblieben. Die Grotta della Volpe ist einer von vielen Zugängen zu den Lessinischen Bergen, eine

Gebirgskette der Voralpen nahe dem Gardasee. Es handelt sich um ein Karstgebiet, wo das Wasser die Oberfläche durchdringt und den Kalkstein nach und nach auflöst, sodass sich im Lauf von Jahrmillionen geheimnisvolle Hohlräume gebildet haben. Die unterirdischen Bäche erreichen auf meist unbekannten Wegen Montorio, eine Gemeinde mit zahlreichen Quellen, nördlich von Verona.

Als Kind verbrachte ich die Wochenenden und Ferien in diesen Bergen, im Haus meiner Großeltern väterlicherseits. Auf Wanderungen durch den Wald, zusammen mit meinen Eltern, oder bei kurzen Spaziergängen kam ich oft an Öffnungen im Boden vorbei, die die Einheimischen »*splughe*« nannten. Es waren Eingänge zu gefährlichen, senkrecht abfallenden Höhlen, die oft mit Stacheldraht umzäunt waren. Es gab sehr viele dieser Erdöffnungen, vor allem auf den Almwiesen, wo das Vieh weidete. Man hatte immer Angst, eines der Tiere könnte hineinfallen. Auch meine Großmutter hatte Angst, wenn wir ihr von unseren Abenteuern erzählten, allerdings ging es ihr weniger um die Kühe als um uns.

Grotten, tiefe Erdlöcher und unterirdische Hohlräume wurden nicht als interessante Orte, sondern als Gefahr wahrgenommen, als Zugänge zu einer Welt, die man sich lieber nicht aus der Nähe ansah. Man musste sie verschließen, mit Steinen, Erde, Zweigen und Blättern füllen, bis sie nicht mehr zu sehen und auch aus der Erinnerung getilgt waren. Vergeblich: Der Regen schwemmte alles wieder frei, ein Beweis für die Riesenausmaße dieser Höhlen.

Wie um alle anderen Höhlen auf der Welt rankten sich auch um die Grotten der Lessinischen Berge zahlreiche Mythen und Legenden. Am Ende der Grundschulzeit fand ich im Regal meines Großvaters ein Buch mit dem Titel *Filò-Geschichten*. Der *Filò* ist die Zeit, wenn sich die Familie abends im Stall versammelt, in dem es durch die Tiere schön warm ist. Bevor man ins Bett ging, erzählten die Männer, was tagsüber passiert war, die Frauen spannen Wolle, und die älteren Mädchen hofften, ein junger Mann aus der Nachbarschaft käme zu Besuch. Die kleinen Kinder warteten ungeduldig darauf, dass jemand ein Märchen erzählte. Eine Tradition, die mit dem Einzug des Fernsehers völlig verschwunden ist. Aber ein alter Mann aus dem Dorf kannte alle Geschichten und hatte sie in dem Buch festgehalten, das ich gerade in Händen hielt. Jeden Abend vor dem Schlafengehen las ich eine Geschichte. Die meisten waren ziemlich furchteinflößend, und oft ging es um die Welt unter der Erde. In den Höhlen, die im örtlichen Dialekt »*cóvoli*« genannt werden, hausten die »*fade*« und die »*orchi*«, Ungeheuer, die alle verschlangen. Jeder, der sich dorthin traute und vom Versprechen des ewigen Lebens hineinlocken ließ, war in höchster Gefahr. Hatte der Wagemutige die Höhle erst einmal betreten, schloss sich der Fels hinter ihm, und er saß bis in alle Ewigkeit in der Falle. In anderen Höhlen hausten Räuber oder Betrüger, die dort ihre Fälscherwerkstatt eingerichtet hatten, trieben dort ihr Unwesen. Wer nachts darin unterwegs war, lief Gefahr den Basilisk zu wecken, eine fliegende Schlange mit Hahnenkamm. Jeder, der ihn zu Gesicht bekam, war für immer verstummt und konnte deshalb nicht mehr erzählen, was er gesehen hatte. Alle Geschichten spielten an real existierenden Orten, deren Namen mir Angst, aber auch Neugier einflößten. Offensichtlich hatte man den Kindern diese Schauermärchen erzählt, um sie vor den dort lauernden Gefahren abzuhalten. Trotz meiner Angst war ich so fasziniert, dass ich danach nicht einschlafen konnte.

Eines Tages, ich dürfte sieben gewesen sein, nahm mein Vater uns Kinder mit nach Camposilvano, ein kleines Dorf in den Lessinischen Bergen, berühmt für das »Valle delle Sfingi«, das Sphinx-Tal, in dem sich jahrhundertealte Felsformationen befinden, die ägyptischen Sphinxen ähneln. Mitten im Wald liegt der Eingang zu einer riesigen Höhle. Um sie zu erreichen, muss man einen schmalen Saumpfad hochsteigen, der an einem verwitterten Steinhäuschen beginnt. Ich erinnere mich noch, dass ein alter Mann auf einem Baumstumpf davorsaß. War das der Wächter? Er hatte ein runzliges Gesicht, in einer seiner riesigen Hände hielt er eine Zigarette, deren Rauch sich in der Luft kringelte. Attilio war ein Freund meines Vaters und freute sich, uns zu sehen. Neben der Haustür befand sich eine rötliche Steintafel mit Abdrücken von Wirbeln und spitzen Zähnen. Auch auf anderen Steinen in der Nähe waren seltsame Gebilde zu erkennen, keines glich dem anderen. Attilio bemerkte meine Neugier, kam auf mich zu und sagte: »Schau, das ist die Wirbelsäule eines riesigen Hais aus der Kreidezeit, damals, als es noch Dinosaurier gab. Und das sind die versteinerten Schlangen der Sintflut.«

In den Lessinischen Bergen heißt es, die »Cóvolo di Camposilvano« habe Dante zu seinem Inferno in der »Göttlichen Komödie« inspiriert. Am Grund der Grotte stieß man tatsächlich auf eine Eisschicht, so wie Dante seinen Höllengraben »Tolomea« beschreibt.

Diese Mischung aus Wissenschaft und Märchen beeindruckte mich. Dann begriff ich, dass ich vor Attilio Benetti stand, dem Autor des Buches, das mich bis in meine Träume verfolgt hatte. Um meine Neugier noch mehr zu steigern, fügte er hinzu: »Geh in die Cóvolo und schau dir die Höhlendecke an, dort sind diese Figuren ebenfalls zu sehen. Und wenn du wieder zurückkommst, erkläre ich dir, was es damit auf sich hat.«

Im Gegensatz zur Grotta della Volpe mit ihrer finsteren, schlammigen Öffnung betritt man die Cóvolo di Camposilvano wie durch ein breites Tor. Wenn man aus dem Wald kommt, sieht man ein felsiges Halbrund, das wie ein Amphitheater wirkt, mit Mauern, die mehr als zehn Meter hoch sind. Geht man auf dem Pfad weiter, der sich zwischen den Felsblöcken hindurchschlängelt, erreicht man den eigentlichen Eingang. Der Anblick überrascht, denn durch den Kontrast der warmen Außenluft zur kalten Luft im Inneren der Höhle bilden sich weiße Wölkchen, die für eine geheimnisvolle Atmosphäre sorgen. Sobald man die Schwelle überschreitet, weicht das Licht nach und nach der Dunkelheit. Der Übergang sorgt für Licht- und Farbenspiele, wie man sie oft an Höhleneingängen beobachten kann. Das Licht fällt erst auf das Geröllfeld, dann auf einen üppigen Farnwald, reflektiert das Grün und zeichnet mythische Figuren auf die feuchten Felswände.

Dieses Mal hatte ich ganz andere Gefühle als in der Grotta della Volpe. Die Cóvolo zog mich magisch an, meine Angst hielt mich nicht zurück. Nachdem ich darin eine Weile durchs Geröll hinabgestiegen war, drehte ich mich um und erahnte das Licht vom Eingang. Das Höhleninnere faszinierte mich, ich hatte das Gefühl, einen Tempel zu betreten. In meiner Fantasie erkannte ich in jedem Felsen eine antike Statue, während mich ein riesiger Felsblock in der Mitte der unterirdischen Halle an einen Wal erinnerte. Dahinter erstreckte sich ein Gang, dessen Boden mit Eis bedeckt war, er verlor sich in der Dunkelheit. Es war beißend kalt, das in der Ferne schemenhaft erkennbare Sonnenlicht, das durch das Blätterdach der Bäume vor dem Höhleneingang drang, lockte uns wieder nach draußen. Als ich mich in diesem Moment noch einmal Richtung Dunkelheit drehte, mischte sich Angst mit Neugier. Was es hier wohl zu entdecken gab?

Die Faszination der Finsternis habe ich erst viele Jahre später verstanden, als ich die Worte Leonardo da Vincis las, die er notiert hatte, als er eines Tages vor dem Eingang einer Höhle stand. Er hat uns eine wichtige Erkenntnis hinterlassen, die den Menschen im Angesicht des Unbekannten umtreibt: »Sofort wurden in mir zwei Gefühle geweckt, Angst und Verlangen. Angst vor der Dunkelheit der geheimnisvollen Höhle und das Verlangen nachzusehen, ob darin wirklich etwas Geheimnisvolles verborgen liegt.« Es ist die Angst vor dem, was man nicht sehen kann, was man nicht kennt, was man sich nicht vorstellen kann. Aber gleichzeitig wird unsere Neugier geweckt, die Faszination für das Unbekannte, der Wunsch, diesen Ort zu betreten und herauszufinden, was sich dort verbergen könnte. Es ist so, wie eine Flamme in der Dunkelheit zu entzünden: Die Hitze kann uns die Finger verbrennen, aber das Licht, das sich um uns herum ausbreitet, enthüllt die Umrisse der Umgebung und eröffnet neue Perspektiven, die wir in der Finsternis nicht wahrnehmen konnten.

Leonardo hat seine Gefühle angesichts der »dunklen Höhle« bestimmt nicht vergessen. Die Angst und die Anziehungskraft des Unbekannten in der Natur begleiteten ihn auf seinem Schaffensweg und nahmen auf ungewöhnliche Weise in zwei Altarbildern Gestalt an: in den beiden Fassungen der *Vergine delle Rocce,* der Felsgrottenmadonna. Der Auftrag der »Bruderschaft der Unbefleckten Empfängnis« für das Altarbild in der Mailänder Franziskanerkirche war unmissverständlich und betont klassisch: eine prächtig gekleidete Madonna mit Kind, dahinter Gottvater in Gold gehüllt, zwei Propheten und um sie herum musizierende Engel. Doch Leonardos Werk ist anders, es wirkt geheimnisvoll: Als erstes fällt die Abwesenheit Gottes im oberen Teil des Gemäldes auf. Stattdessen sieht man das Gewölbe einer Grotte mit Stalagmiten und anderen Tropfsteingebilden. Anscheinend hatte sich der florentinische Künstler von seinem Besuch der Höhle, aber auch von den Apokryphen inspirieren lassen. Darin heißt es, Maria und Elisabeth, die vor Herodes geflüchtet waren, seien von Gott gerettet wurden, der einen Engel zur Höhle schickte, um ihnen auf ihrer Flucht Licht zu spenden.

Wenn ich an diese widerstreitenden Gefühle denke, an die Angst und die Neugier, werden zahlreiche andere Kindheitserinnerungen geweckt. Die Höhle ist ein klares, starkes Sinnbild für das, was Menschen im Angesicht der unbekannten Natur empfinden. Wir werden als Entdecker geboren und bewegen uns, getrieben von der Neugier, aber gebremst von der Angst, durch die Welt. Als Erwachsene vergessen wir dieses Bild und flüchten uns in die beruhigende Gewissheit, dass alles, was uns umgibt, Teil der bekannten Welt ist, gestützt auf eigene (vielleicht auch auf fremde) Erfahrungen und Beobachtungen. Wir leugnen das Unbekannte, weil es unser Selbstverständnis als Erwachsene erschüttern würde. Nur wenn wir wieder zu Kindern werden, können wir über die selbst gewählte Grenze hinausschauen und hinter die Oberfläche gucken.

Attilio wusste bestimmt, was beim Überschreiten der Schwelle, beim Übergang von Licht zu Dunkelheit, mit mir passiert war. Nach unserem Höhlenbesuch griff er nach einem Schlüsselbund, öffnete die Tür des kleinen Steinhauses und winkte mich hinein. Auf verstaubten Regalbrettern und in Vitrinen stapelten sich Tausende von Ammoniten, spiralförmige Abdrücke im Gestein: keine versteinerten Schlangen wie in den Legenden, sondern Fossilien längst ausgestorbener Muscheln.

Ihre gewundene Form symbolisierte eine Art Weg, der ins Gestein eindrang. Ich hatte das Gefühl eine Schatzkammer betreten zu haben, und Attilio beobachtete zufrieden, wie ich mich mit leuchtenden Augen umsah. Inmitten der vielen Fossilien erregte etwas meine besondere Aufmerksamkeit: ein riesiger Schädel mit messerscharfen Zähnen, fliehender Stirn und kräftigem Kiefer. Auf einem handgeschriebenen Schild stand: »*Ursus spelaeus*, Schädel

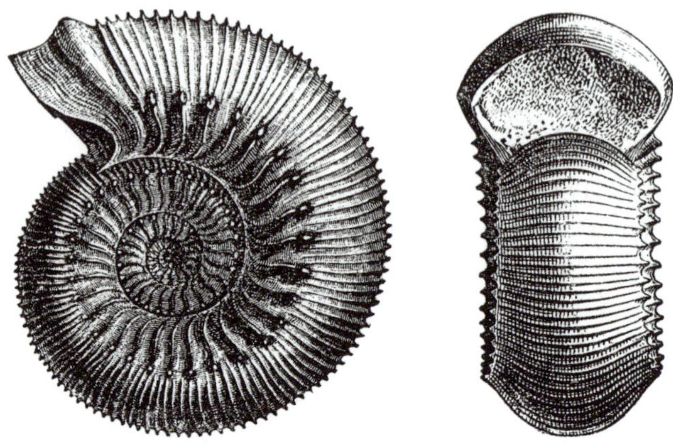

Fossile Ammoniten sind zu Stein gewordene Weichtiere, die vor Jahrmillionen die Meere unseres Planeten bevölkerten. Ihre Spiralform im Gestein hat den Menschen zu vielen Geschichten und Legenden über das Leben unter der Erdoberfläche inspiriert.

eines Höhlenbären, gefunden in den Cóvoli di Velo, 1956.« Das Foto daneben zeigte Attilio im Tarnanzug, mit Helm und Karbidlampe. Im Inneren einer Höhle voller Stalaktiten und Stalagmiten.

Dieses Erlebnis war so eindrücklich, dass ich meine Eltern jede Woche anflehte, Attilio und seine Fossiliensammlung besuchen zu dürfen. Mit elf Jahren fuhr ich oft ganz allein mit dem Rad durch das Tal, das den Wohnort meiner Großeltern von Camposilvano trennte. Hatte ich sein Häuschen erreicht, klopfte ich an die Tür, und Attilio ließ mich wortlos herein. Seine imposante Gestalt war von einer Rauchwolke umgeben, das Zimmer voller Gerätschaften, Fossilien, Bücher, verblasster Fotografien, Zeichnungen und Karten. In all dem Durcheinander stand ein Computer, an dem er wissenschaftliche Artikel verfasste – immer dann, wenn er neue Ammoniten entdeckt hatte. An einer Wand hing ein gerahmter Sinnspruch: »Was immer du tun kannst oder träumst, es zu können, fang damit an. Mut hat Genie, Kraft und Zauber in sich. Beginne es jetzt!« Ich ging ihn besuchen, weil ich neugierig auf die Geschichten seiner Entdeckungen war. Attilio war Autodidakt, kein Geologe im akademischen Sinn, aber zweifellos ein großartiger Höhlenforscher. Sein Interesse galt der Welt unter der Erdoberfläche, das war offensichtlich, wenn man sich in seinem Häuschen umsah. Ihm eine Geschichte aus seinem Forscherleben zu entlocken, war nicht leicht. Zwischen einem Satz und dem nächsten lagen immer lange Pausen, was die Spannung nur noch steigerte. Er war nahe einer großen Höhle geboren und aufgewachsen, hatte unzählige Mythen und Legenden gehört. Nach dem Zweiten Weltkrieg war er nach Belgien gegangen, um dort in den Kohleminen zu arbeiten. Dabei hatte er die Neugier auf das Unbekannte in sich entdeckt. 1952 reiste er in die Pyrenäen, wo wagemutige Pioniere der Speläologie den Gouffre de la Pierre Saint-Martin erforschten, die damals tiefste bekannte Höhle der Welt. Der Unfall von Marcel Loubens, der in den 320 Meter tiefen Eingangsschacht gestürzt war, hatte eine internationale Rettungsaktion ausgelöst. Attilio hatte sich bereit erklärt, sich in eine Felsspalte abzuseilen, um das Hochziehen der Rettungstrage zu dirigieren. Aber leider waren alle Bemühungen vergebens: Loubens war wenige Stunden vor Attilios Ankunft gestorben. Eine der dramatischsten Höhlenrettungsaktionen endete mit einem Misserfolg. Davon unbeeindruckt, hatte Attilio nach seiner Rückkehr in die Lessinischen Berge eine Gruppe von Gleichgesinnten um sich geschart und mit der Erforschung der heimischen Höhlen begonnen.

Während er mir von seinen abenteuerlichen Expeditionen erzählte, war ihm durchaus bewusst, dass er damit auch mir eine unstillbare Neugier einpflanzte. Ich hörte ihm zu, ohne den Mut zu haben, ihm all die Fragen zu stellen, die mir auf den Lippen brannten. Aber eines Tages hielt ich es nicht mehr aus und fragte ihn nach dem Bärenschädel.

»Das ist die traurige Geschichte einer Entdeckung, die kein gutes Ende hatte.«

»Warum? Dieser Schädel ist doch eine Sensation. So etwas habe ich noch nie gesehen«, erwiderte ich etwas enttäuscht.

»Das Problem bei Entdeckungen ist, dass sie manchmal etwas ans Tageslicht bringen, was besser im Dunkeln geblieben wäre. Ist es erst mal für alle sichtbar, ist die Gefahr der Zerstörung groß.«

»Aber zum Glück hast du diesen Schädel hier in dein kleines Museum gebracht, und alle können ihn bewundern«, gab ich etwas verwundert über seine negative Aussage zu bedenken.

»Darum geht es nicht. Dort liegen noch zahllose Skelette, nicht nur von Höhlenbären. Das Ganze geschah während der Erforschung der Cóvoli di Velo. Von klein auf war ich von diesem Höhlensystem fasziniert und hatte mir die Geschichten der Einheimischen angehört. Es hieß, dort unten würden Skelette von Tieren liegen, die während der Sintflut ertrunken sind. Schon als Kind, etwa in deinem Alter, war ich auf den Geröllfeldern am linken Talhang unterwegs, und immer wenn ich in die Nähe der Höhlen kam, wurde der Drang, sie zu betreten, fast unerträglich.«

»Und wann bist du zum ersten Mal hineingegangen?«

»Erst in den 1950er Jahren, nachdem ich aus Belgien zurück war. Mit einer Karbidlampe bin ich einen langen Korridor bis zu einer Engstelle gegangen, durch die ich nicht gepasst habe. Durch diese Spalte drang Luft, dahinter mussten also noch andere Hohlräume liegen. Ich beschloss, sie zu verbreitern. Und nach einigen Tagen konnte ich noch tiefer in die Höhle vordringen.«

An diesem Punkt hielt er inne und steckte sich eine weitere filterlose Zigarette an. Ich wartete, atemlos vor Neugier, sagte aber nichts, um seinen Gedankengang nicht zu unterbrechen. Es vergingen ein, zwei Minuten, vielleicht auch mehr, und während sich das Zimmer mit Rauchwolken füllte, sprach Attilio endlich weiter. »Hinter dem Spalt lag eine große Halle. Der Boden war lehmbedeckt, daraus ragten Skelette von Höhlenbären hervor, es waren Dutzende.«

Ich malte mir die Szene aus, die von Attilios Lampe erleuchteten Schädel, dann sprudelte es nur so aus mir heraus.

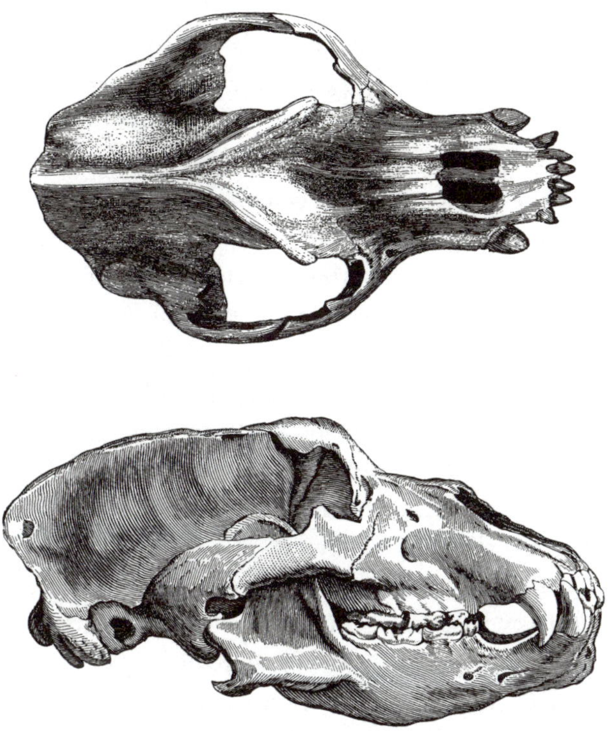

Aus den Cóvoli-di-Velo-Höhlen in den Lessinischen Bergen wurden zahlreiche Schädel von Höhlenbären geraubt.

»Und warum hast du sie nicht mitgenommen? In deinem Museum sind sie jedenfalls nicht.«

Attilio schüttelte den Kopf.

»Nein, auf keinen Fall. Weißt du, es war wie eine Zeitreise. Diese riesigen Tiere waren vor 30 000 Jahren in der Höhle gestorben, während der Eiszeit. Ich war der erste Mensch, der diesen Ort betrat, mein Licht war das erste, das dorthin fiel. Meine Schritte waren die ersten Geräusche, die ihren ewigen Schlaf störten. Ich konnte die Knochen nicht einfach mitnehmen. Nach dieser Entdeckung habe ich den Durchgang sofort wieder verschlossen, niemand sonst sollte ihre Ruhe stören.«

»Und sie sind immer noch dort?«, fragte ich verblüfft, während ich glaubte, Attilio hätte mir gerade sein größtes Geheimnis anvertraut.

»Leider nein, die Dummheit des Menschen macht auch nicht vor dem Unbekannten halt. Bei den Grabungsarbeiten hatten mir einige Jungs aus dem Dorf geholfen, und obwohl ich sie um Stillschweigen gebeten hatte, verbreitete sich die Nachricht wie ein Lauffeuer. Einige Tage später erzählte man mir, Grabräuber wären in die Höhle eingedrungen. Ich ertappte sie, als sie gerade eine Kiste mit einem gut erhaltenen Schädel herausschleppten – nicht von einem Höhlenbären, sondern von einem Höhlenlöwen.«

»Und hast du es verhindern können?«

»Sie waren zu viert, mit Schaufeln und Spitzhacken. Ich hingegen war ganz allein, da konnte ich nichts ausrichten. Ich konnte nur den Schädel des Bären retten, den du in der Vitrine siehst. Den hatten sie liegen lassen, um ihn später zu holen, aber ich kam ihnen zuvor und brachte ihn zu einem Paläontologen.«

In seinen Worten lag die ganze Bitterkeit eines Mannes, der eine faszinierende Entdeckung gemacht hat, die aber durch gierige, ignorante Menschen zunichtegemacht worden ist. Trotzdem wagte ich zu fragen: »Meinst du, dort gibt es noch mehr zu erforschen? Weitere Spalten, die zu anderen Hohlräumen führen?«

»Wahrscheinlich.«

»Und hast du noch welche gefunden?«

»Nach diesem Erlebnis habe ich beschlossen, niemandem etwas zu erzählen, falls ich dort oder woanders noch etwas finden sollte.« Er lächelte, denn er wusste, dass er mit diesen Andeutungen etwas in mir entfachte, das mich noch viel weiter bringen sollte als in die Cóvoli di Velo.

Ich musste unbedingt bis in diese Höhle vordringen, um meine Fantasie mit der Realität abzugleichen. Aber natürlich ging das nicht auf eigene Faust, dazu hatte ich viel zu viel Angst, zumal es gefährlich werden konnte.

In meinem Cousin Giovambattista fand ich den idealen Partner. Er war zwei Jahre älter als ich, ein abenteuerlustiger Bursche und der Schrecken meiner Schwestern, denen er gemeine Streiche spielte. Auch ich hatte immer ein wenig Respekt vor ihm, und mir war klar, dass er für mein Vorhaben perfekt war. Er hatte vor nichts Angst, und die Vorstellung, in eine finstere Höhle hinabzusteigen, schien ihn nicht im mindesten zu schrecken. Ich erinnerte mich an Attilios Ausrüstung, die ich auf den Fotos gesehen hatte. Wir beschafften uns Bauarbeiterhelme, Taschenlampen, einen Tarnanzug und einen Mechanikeroverall und machten uns auf ins Tal der Cóvoli di Velo. Mit einer Gartenhippe schnitten wir den Weg frei, räumten alles fort, was uns behinderte. Wo genau sich die Höhle befand, wussten wir nicht, wir folgten einfach einem zugewucherten Pfad. Während Giovambattista sich in seiner Rolle als Entdecker pudelwohl fühlte, hatte ich das Gefühl, der Sache nicht gewachsen zu sein. Attilios Geschichten drängten mich jedoch weiterzumachen, auch wenn ich fürchtete, dass wir in Schwierigkeiten geraten könnten.

Wir kamen zu einer Felswand, an deren Fuß sich fünf Löcher befanden. Welche Öffnung würde uns in die Bärenhöhle führen? Wir zwängten uns durch den breitesten Spalt, der sich nach ein paar Metern zu einem Gang weitete. Dieser wurde von Lichtstrahlen, die durch zwei Öffnungen eindrangen, spärlich erhellt. Der Gang führte immer weiter ins Innere des Berges. Anfangs konnte man aufrecht gehen, aber schon bald mussten wir kriechen. Nach ungefähr 100 Metern endete der Weg. Von Attilios Durchgang und der Halle mit den Skeletten keine Spur. Enttäuscht verließen wir die Höhle und fragten uns, ob all diese Geschichten vielleicht doch nur der Fantasie eines alten Mannes entsprungen waren und die Welt unter der Erde gar nicht so spannend und geheimnisvoll war wie gedacht. Wir versuchten es mit drei weiteren Spalten, ohne Erfolg. Nur eine blieb übrig, die wir bisher kaum beachtet hatten.

Ich erinnere mich noch genau, wie ich davorstand. Der Temperaturunterschied zwischen der kalten feuchten Luft innen und der Wärme außen war deutlich zu spüren. Auch der Geruch war anders. Im Freien roch es nach frischem Grün, die von innen kommende Luft hatte etwas Mineralisches. Dieser Hohlraum war definitiv anders als die anderen. Wir wagten es und zwängten uns hinein. Nach einer Weile wurde der Gang breiter und höher, und wir konnten uns aufrecht bewegen, fast wie in einem Eisenbahntunnel. Wir hatten unser Ziel erreicht: die Bärenhöhle. Sie war genau so, wie ich sie mir vorgestellt hatte, nur noch geheimnisvoller.

Wie elektrisiert wagten wir uns weiter vor. Keiner sagte ein Wort, aber wir wussten, dass wir hier richtig waren. Der Gang verengte sich wieder, wir erreichten eine Felsspalte mit deutlichen Grabungsspuren, durch die ein kräftiger Luftstrom drang. Ich hatte keine Angst mehr, sondern wollte nur noch weiter. Wir zwängten uns hindurch und kamen in einen saalartigen, hohen Raum mit einer prächtigen Kalksteinkaskade. Vor meinem inneren Auge sah ich einen riesigen Bären in seinem jahrtausendelangen Winterschlaf. Dann tauchte ein Löwe auf der Suche nach Beute auf. Wer weiß, wie der Kampf zwischen den beiden Giganten ausgegangen war?

Während ich mich meiner Fantasie überließ, hatte Giovambattista einen etwa zehn Zentimeter langen Bärenknochen gefunden, den er mir wie einen Schatz präsentierte. Attilios Geschichte stimmte.

Als wir wieder ans Tageslicht kamen, waren wir nicht mehr dieselben wie vorher. Von da an beherrschte uns die fixe Idee, andere Höhlen zu finden und weitere Zeitreisen zu machen. Die Schwelle vom Licht zur Dunkelheit zu überschreiten, hatte etwas Magisches, so als würde man in die Ewigkeit eintreten, dort, wo die Zeit stehengeblieben war. Wir begriffen, warum der Mensch in den Legenden aller Kulturen anders aus einer Höhle herauskommt, als er hineingegangen ist. Egal, ob vor Tausenden von Jahren oder heute: Die Höhle war und ist ein Ort der Initiation.

In den folgenden zwei Sommern erkundeten wir alle Felsspalten und Erdlöcher, von denen wir gehört hatten. Wir quetschten uns durch schmale Öffnungen und forderten uns gegenseitig heraus: Keiner wollte dem anderen gegenüber zugeben, dass er doch hin und wieder Angst hatte. Manchmal mussten wir aufgeben: Wenn die Felsspalten zu tief waren und wir es ohne die richtige Ausrüstung und die nötige Erfahrung nicht wagten, weiter vorzudringen. Wir konnten nur einen Stein hineinwerfen und lauschen, wie er irgendwann in der Tiefe aufschlug. Seitdem hat es etwas Magisches für mich, einen Stein in einen tiefen Schacht zu werfen. Dieses Fallen, dieses von der Schwerkraft hinabgezogen und von der Dunkelheit verschluckt zu werden, dieses Aufprallen weckte meine Fantasie. Wie sah es dort aus? Was wohl dort unten war? Vielleicht ein See, eine Halle mit von Kristallen überzogenen Wänden? Wenn ich abends im Bett lag, gingen meine Gedanken auf die Reise. Losgelöst von meinem Körper, flog ich über alle Hindernisse hinweg und konnte trotz der Dunkelheit bis in jede Ecke sehen.

Anfangs war es nur Forscherdrang, die Lust, etwas Neues zu entdecken, wie bei unserem ersten Ausflug in die Cóvoli di Velo. Aber schon bald hatten wir konkretere Ziele. Dann lockte das Unbekannte im geografischen Sinn und all die Fragen, die sich daraus ergaben: Wohin führten diese unterirdischen Gänge? Wie weit konnten wir vordringen?

Vor unseren Augen öffnete sich eine neue Welt, ohne Begrenzungen durch Straßen, Wege, Berge und Wälder: geheime Orte, die nur uns gehörten, unser Spielplatz, der weit über unser Vorstellungsvermögen hinausging, Erlebnisse, die wir unseren Schulkameraden und Freunden nur schwer beschreiben konnten.

Aus unseren meist harmlosen Streifzügen, über die wir uns bei unseren Eltern eher bedeckt hielten, stach eine Exkursion hervor, die nur mit Glück nicht in einem Fiasko endete. Wir hatten schon einiges über einen künstlichen Tunnel gehört, der in den 1970er Jahren gegraben worden war, um einen Fluss in ein schmales Tal umzuleiten. Dort sollte eine Staumauer gebaut werden und ein Stausee entstehen, ein Wasserreservoir für ein Gebiet, in dem es keine natürlichen Gewässer gab. Aber das Projekt kam nur schleppend voran, immer wieder gab es Schwierigkeiten, die Ingenieure und Geologen waren der Aufgabe nicht gewachsen. Der Tunnel bestand aus zwei Teilen, der erste drei, der zweite sechs Kilometer lang. Er sollte den Berg durchqueren, in dem sich die Cóvoli di Velo und andere, weniger bekannte Höhlen befanden.

Das erste Problem tauchte schon nach einem halben Kilometer auf. Nach einer Sprengung spürten die Arbeiter, wie Frischluft hereinströmte. Statt vor einer Felswand standen sie plötzlich vor einer großen Höhle, in deren Mitte ein Wasserfall etwa 70 Meter in die Tiefe stürzte. Sie riefen die Ingenieure herbei, die sprachlos waren und ahnten, dass das ganze Projekt in Gefahr war. Vielleicht konnten sie eine Brücke durch den Hohlraum bauen, aber vorher musste die Höhle vermessen werden. Die aktivsten Höhlenforscher der Region Verona waren damals in der Grotte-Falchi-Sektion organisiert, die von dem berühmten Fotografen Mario Cargnel geleitet wurde. Die »Falken« boten sich an, als Freiwillige eine Topografie der Höhle zu erstellen, die den Ingenieuren weiterhelfen konnte. Dafür hatten sie nur zwei Tage Zeit, der Bau musste weitergehen. Die Speläologen seilten sich in die Höhle ab und vermaßen sie, von der ersten Halle zweigten mehrere, schier endlose Nebengänge ab. Das Höhlensystem hatte einen Durchmesser von 50 Metern und war 70 Meter hoch. Auf dem Boden lagen riesige Felsbrocken, was auf eine instabile Decke hinwies. Es schien wenig ratsam, hier weiterzugraben. Die Ingenieure beschlossen, den Tunnel zu versetzen, um kein Risiko einzugehen. Der Taioli-Tunnel, so hieß die Passage, wurde versiegelt, um zu verhindern, dass sich hier jemand in Gefahr begab.

Doch das war nur die erste Warnung des Berges. Als der zweite Abschnitt fertig war, zeigten technische Untersuchungen, dass darunter Hohlräume waren und ein in diese Röhre umgeleiteter Fluss nicht abzusehende Konsequenzen haben würde. Eingedenk der erst zehn Jahre zurückliegenden Staudammtragödie im Vajont-Tal wurde beschlossen, das Projekt ganz aufzugeben.

Die topografische Karte der »Falken« existierte allerdings noch, sie zeigte uns alles, was man über die Höhle wusste. Wir hatten sie in einem Buch meines Vaters entdeckt und genau studiert. Dabei stellten wir uns vor, wie viele Nebengänge damals unentdeckt geblieben waren, man hatte ja nur zwei Tage Zeit gehabt. Es musste Höhlen ohne direkte Verbindung zur Erdoberfläche geben, ein faszinierender Gedanke. Das überstieg alles, was wir bisher erlebt hatten. Wenn eine Höhle einen oberirdischen Zugang hatte, dann konnte der Mensch dort einsteigen und sie erforschen. Aber wenn es diesen nicht gab, wie sollte man dann überhaupt von ihrer Existenz erfahren? Diese Frage trieb mich um. Unter jedem Berg konnten Höhlen liegen. Unerreichbare Orte, die meinen Forschergeist weckten.

Aber wir waren nicht die Ersten, die sich damit befassten, denn als wir den versiegelten Tunnel erreichten, entdeckten wir ein Loch im Beton, durch das der Wind pfiff. Irgendjemand hatte, wahrscheinlich geführt von einem Bauarbeiter, der sich noch an die Position der Höhle erinnerte, einen Durchgang freigelegt. Wir tauchten in die absolute Dunkelheit der unterirdischen Halle ein. Doch der Abstieg war schwierig. Zum Abseilen hatten wir Nylonseile, Klettergurte, Seilbremsen und Bergsteigerhelme mit Stirnlampen besorgt. Unten angekommen, begannen wir die Gänge rechts und links der Halle zu erforschen, die nicht auf der Karte verzeichnet waren. Wir mussten verschlammte Engstellen überwinden, uns durch ein Labyrinth vorantasten und erreichten schließlich einen hohen Gang, der abrupt vor einem Schacht endete, der sich in pechschwarzer Tiefe verlor. Es war unsere erste wirkliche Forschertour, denn wir waren in einem Gebiet unterwegs, das auf keiner Karte verzeichnet war. Uns wurde klar, dass wir die Grenzen des Bekannten überschritten hatten, was unseren Entdeckerdrang erst recht anheizte. Am nächsten Wochenende waren wir wieder in der Höhle, mit zwei 30-Meter-Kletterseilen und mehreren Felsnägeln. Ich vertraute Giovambattista, der die Nägel in die Spalten trieb und dabei äußerst selbstsicher wirkte, doch in Wahrheit wussten wir natürlich nicht, ob sie unser Körpergewicht halten würden. Voller Adrenalin ließen wir uns in einen Schacht von mehr als 20 Metern Tiefe hinab. Doch das war noch gar nichts gegen das, was uns danach erwartete: ein unglaublich enger Spalt, selbst für einen 13- und einen 15-Jährigen. Doch auch dieses Hindernis konnte unsere Entdeckerlust nicht bremsen. Um unsere Anstrengungen verständlich zu machen, nannten wir den Spalt »das Nadelöhr«. Es war nicht nur eng, sondern auch total verschlammt, mit der Folge, dass mein Anzug immer wieder an den Wänden kleben blieb, genau wie der Helm und die Handschuhe. So etwas habe ich in den darauffolgenden Jahren in keiner Höhle mehr erlebt. Dahinter lag eine riesige Halle, von oben stürzte ein Wasserfall hinab. Wir waren hochgradig angespannt, befestigten ein Seil an einem Felsblock und ließen uns in die Dunkelheit hinab, das Licht unserer Stirnlampen reichte nicht einmal bis zu den Wänden. Als wir uns weiter vortasteten, entdeckten wir etwas völlig Unerwartetes: zwei Rucksäcke zwischen den Felsen. War jemand vor uns hier gewesen? Unmöglich! Es dauerte eine Weile, bis der Groschen fiel: Das waren unsere Rucksäcke, die wir in der Eingangshalle zurückgelassen hatten, bevor wir mit unserer Entdeckungstour begonnen hatten. Diese Halle kannten wir schon, nur aus einem anderen Blickwinkel. Die Unterwelt hatte uns einen Streich gespielt. Wir waren Stunden unterwegs gewesen, hatten in tiefen Schächten unser Leben riskiert und uns durch unüberwindbar scheinende Spalten zwischen den Felsen gequetscht. Und waren dabei im Kreis gegangen, hatten jeglichen Sinn für Raum und Zeit verloren. Anfangs waren wir tief enttäuscht, aber dann setzten wir uns, betrachteten unsere schlammverschmierten Gesichter und brachen in lautes Gelächter aus. Denn trotz allem war das unser bisher schönstes und faszinierendstes Abenteuer.

Selbst wenn unsere Eltern gewusst hätten, in welche Gefahr wir uns begaben, hätten sie uns nicht aufgehalten. Sie hatten früher selbst zahlreiche Höhlen in dieser Gegend erforscht und kannten das Risiko, wollten uns aber unsere eigenen Erfahrungen machen lassen. Dass wir mit bescheidenen Mitteln schon so tief in den Berg vorgedrungen waren, ahnten sie allerdings nicht. Doch als wir dann nach unserer Expedition zum Taioli-Tunnel nach Hause kamen, voller blauer Flecken, mit zerrissenen Rucksäcken, dreckigen Overalls und bis auf die Unterhose mit Schlamm verkrustet, zogen sie die Notbremse. Da sie aber wussten, dass sie uns nicht von unserer Leidenschaft abbringen konnten, blieb ihnen nur eines: Sie stellten uns für zukünftige Abenteuer die richtige Ausstattung zur Verfügung.

Mein Vater lud zwei befreundete Speläologen ein, die auch ausbildeten: Monica und Piero. Sie brachten uns in einer Woche die Grundlagen bei, die Klettertechnik und das Abseilen. Sie zeigten uns, wie man Felsnägel sicher setzt und zuverlässige Knoten macht, wie man die Ausrüstung richtig einsetzt und welche grundlegenden Sicherheitsvorkehrungen es zu beachten gibt. Ich erinnere mich noch an den Helm mit der Karbidlampe, den mir mein Vater geschenkt hatte. Diese helle Flamme, die in einem geheimnisvollen chemischen Prozess durch eine Reaktion von Wasser auf Calciumcarbid entsteht, schien der Schlüssel zur Überwindung der Dunkelheit zu sein. Und Pieros Höhlenforschergeschichten, die er uns in dieser Woche erzählte, waren unvergesslich. Jetzt wussten wir, dass wir mit unserer Leidenschaft nicht allein waren. Es gab Vereine und organisierte Gruppen von Speläologen, die Höhlen in ganz Italien erforschten. Von ihnen hörte man allerdings nur, wenn es Unfälle gab. Dann diskutierte die Öffentlichkeit darüber, was Menschen wohl dazu bewegen konnte, in die Unterwelt hinabzusteigen. Aber abseits des öffentlichen Interesses waren Höhlenforscher die letzten wahren Abenteurer unseres Planeten. Selbst Anfängern wie uns war klar, dass unser Terrain weder auf Karten noch in Atlanten auftauchte. Das war ein neues Territorium, dessen Erforschung nichts mit Schulwissen zu tun hatte, sondern eine Grenze darstellte, die es zu überschreiten galt. Und alles, was wir brauchten, um diese Abenteuerlust zu stillen, lag unter unseren Füßen, im Inneren der Berge.

Seit diesen ersten Erfahrungen am Eingang einer Höhle, geprägt von Angst und Neugier, habe ich auf der ganzen Welt Höhlen entdeckt und erkundet. Aber egal, wo ich gewesen bin: Es war stets dieser Übergang zur Dunkelheit, die Schwelle zur Unterwelt, die meine Fantasie geweckt hat. Eine Höhle zu betreten, sich von der Schwärze verschlucken zu lassen, beweist, dass wir immer noch spielen, immer noch Abenteurer sein können. Ein Spiel, das plötzlich Realität wird, denn wir sind dort unterwegs, wo vor uns noch niemand gewesen ist. Dabei geht es weniger um den Wunsch, »der Erste« zu sein, als vielmehr darum, etwas zu erleben, das noch niemand beschrieben hat, einen Ort zu entdecken, der in unserem menschlichen Universum noch nicht existiert.

Antike Völker und indigene Stämme haben seit Jahrtausenden mit Höhleneingängen und Felsöffnungen gelebt. Seit der primitive

Mensch die dunkle Höhle mit einer Fackel erhellte, hat sich im Grunde kaum etwas verändert. Die Entdeckung des Feuers entlockte der Natur ihre Geheimnisse. Das magische Feuer, das die Dunkelheit des Unbekannten durchdringt, eine Welt voller Mythen, die Realität werden.

Erdlöcher und Felsspalten sind die einzigen Hinweise auf das Vorhandensein von unterirdischen Hohlräumen und Gängen. Man kann sie sogar auf Satellitenbildern erkennen. Manchmal befinden sie sich an entlegenen Orten, mitten im Regenwald oder in kaum zu durchquerenden Wüsten. Viele Höhlenforscher haben ihre wichtigsten Entdeckungen nach schlaflosen Nächten gemacht, in denen sie lange darüber grübelten, wie sie diese Eingänge erreichen konnten. Ich selbst habe geografische Koordinaten von Dutzenden von Höhlen gesammelt, die noch nie zuvor betreten oder erforscht worden sind. Die verpixelten Aufnahmen, die oft an schwarze Löcher erinnern, regen meine Fantasie an.

Eine Öffnung hat sich mir besonders eingeprägt. Es handelt sich um einen Ort, um den sich viele Mythen und Legenden ranken. Dazu hat nicht zuletzt sein Name beigetragen: »Ombligo del Mundo«, der »Nabel der Welt«. Viele Forscher wurden allein deswegen von dieser Höhle wie magisch angezogen.

Entdeckt wurde sie 1993. Italienische Höhlenforscher hatten auf Luftbildern vom tropischen Regenwald im Biosphärenreservat El Ocote, Chiapas (Mexiko), eine riesige *Sotano*, eine kreisförmige Öffnung bemerkt, die den Wald zu verschlucken schien. Ein schier undurchdringlich wirkendes Gebiet, voller Bedrohungen und Geheimnisse. Es gab dort versunkene Mayastätten und gefährliche Tiere wie den Jaguar und die Terciopelo-Lanzenotter. 1994 ließen sich Antonio De Vivo und Gaetano Boldrini von einem Polizeihelikopter der mexikanischen Drogenfahndung direkt am Rand des Eingangs absetzen – eine extrem gefährliche Aktion. Die beiden hingen an einem 100 Meter langen Seil, eine Art Nabelschnur zur bekannten Welt, das sich in den Baumwipfeln verfing. Der Hubschrauber drohte abzustürzen.

Nachdem sie diesen Schreck überwunden hatten, blieb ihnen nur wenig Zeit, bis sie wieder abgeholt wurden. Sie konnten sich nur etwa 100 Meter tief abseilen, auch wenn ihnen klar war, dass die Höhle sich noch viel mehr in die Tiefe erstreckte. Diese Entdeckung brachte viele Höhlenforscher, darunter auch mich, zum Träumen. Wir lasen darüber und bewunderten die Bilder im Fernsehen, hörten Interviews, denen man die Euphorie der beiden Speläologen für diesen faszinierenden Ort anhören konnte. Nicht zuletzt deswegen verlagerte sich mein Interesse von den kleinen Höhlen der Lessinischen Berge auf größere Herausforderungen.

1998 wurde der Ombligo del Mundo nach einer wochenlangen strapaziösen Expedition auch auf dem Landweg erreicht. Etwa ein Dutzend einheimische und ausländische Forscher hatten sich einen 35 Kilometer langen Weg gebahnt, aber nur zwei konnten sich abseilen und die Höhle weiter erforschen. Sie entdeckten einen weiteren tiefen Schacht, in den kein Lichtstrahl, ja nicht einmal das Kreischen der Papageien drang. Das Geheimnis um die Höhle blieb jedoch ungelöst. Früher oder später würde sich allerdings wieder jemand auf den Weg machen und es erneut versuchen.

Zehn Jahre später stand ich als 24-Jähriger, der in Italien und anderen europäischen Ländern reichlich Erfahrung in Höhlen gesammelt hatte, selbst im mexikanischen Urwald, ganz verzaubert vom »Gesang der Sirenen«, von der Aura des abgelegenen Höhleneingangs. Gemeinsam mit Gianni Todini und anderen Forscherkollegen, begleitet von zwei indigenen Tzotzil, unseren Führern Lucas und Abraham Ruiz, hatten wir auf der Suche nach einem kürzeren Weg zum Eingang der Ombligo-Höhle tagelang den Urwald durchquert. Es war eine gewaltige Herausforderung, inmitten der nebelverhangenen Wildnis, wo man nur wenige Meter weit sehen konnte und der Himmel vom Blätterdach der mehr als

30 Meter hohen Bäume verdeckt wurde. Gianni hatte uns auf diese Bedingungen vorbereitet. Der Trick bestand darin, in den Wald einzutauchen und sich vom Dickicht verschlucken zu lassen, dabei zu vergessen, woher wir kamen und wohin wir wollten. Nach tagelangen Märschen mit schwindenden Wasserreserven durch immer schwierigeres Gelände konnten wir die Höhle hören, noch bevor wir sie sahen. Ein Schwarm grüner Papageien schwirrte über die Baumwipfel, die Vögel waren von unseren Stimmen aufgeschreckt worden. Im Ombligo hatten sie ihre Nester. Wir klammerten uns an Lianen und näherten uns dem zugewucherten Abgrund. Das Bild, das sich unseren Augen bot, war unbeschreiblich: Der Urwald verschwand zwischen Nebelfetzen, Sonnenstrahlen und immer breiter werdenden Schatten in der Tiefe. Aber auch wir schafften es nicht, das Geheimnis des Ombligo zu lüften. Hinter den Schächten am Eingang verhinderten herabgestürzte Felsen ein weiteres Vordringen. Die rätselhafteste Höhle Mexikos bleibt weiterhin ein Mysterium.

Neben dem Ombligo del Mundo gibt es noch zahlreiche weitere unterirdische Hohlräume (auf spanisch *Sotano* oder *Sima),* die nur teilweise vom Menschen erforscht wurden, einige sogar noch gar nicht. Dazu gehören die riesige Sima Humboldt sowie die Sima Martel del Sarisariñama in den Regenwäldern Venezuelas; die gigantische Tiankeng im südlichen China, mit einem Volumen von zig Millionen Kubikmetern; die Megadolinen von Ora, Minye und Nare in den Nakanai-Bergen auf der Insel Neubritannien in Papua-Neuguinea, die von gewaltigen unterirdischen Flüssen durchzogen werden und ebenfalls in großen Teilen unentdeckt sind. Oder die Sotano de las Golondrinas in Mexiko mit 376 Metern Tiefe, die Vrtoglavica-Schachthöhle im Kalksteingebirge zwischen Italien und Slowenien mit 603 Metern Tiefe. Genauso beeindruckend wie ihre Tiefe ist die Ausdehnung der Höhlen. Die größten bisher bekannten Eingänge in die Unterwelt sind: der Arco del Tiempo im

Canyon des Río La Venta in Chiapas, wo die indigenen Zoque den Göttern der Unterwelt opfern; die Gruta Casa de Pedras im brasilianischen Bundesstaat São Paulo (173 Meter Höhe); die Deer Cave auf Borneo, aus der jeden Morgen bei Sonnenaufgang ein Schwarm aus etwa drei Millionen Fledermäusen aufsteigt; die riesige Öffnung der Hang-Song-Dong-Höhle in Vietnam, durch die eine Boeing 747 passen würde. Es gibt Tausende von Höhlenöffnungen auf unserem Planeten, und jede davon, auch die unscheinbaren Felsspalten der Lessinischen Berge, die wir als Jugendliche erforscht haben, ist der Beginn einer Reise ins Herz der Erde. Und in dem Moment, in dem die Neugier über die Angst siegt und man die Schwelle überschreitet, gibt es kein Zurück mehr.

DIE DUNKELHEIT

Dunkelheit ist Abwesenheit von Licht. Licht ist Abwesenheit von Dunkelheit. Diese beiden Pole, das Yin und Yang des Kosmos, treffen sich in den Schatten, im Übergang vom Tag zur Nacht, im Dämmerlicht eines dichten Waldes, in der Schwärze, die uns in dem Moment umfängt, wenn wir die Lampe ausmachen, um schlafen zu gehen. Unsere Welt befindet sich in der Mitte zwischen diesen beiden Gegensätzen, und unsere Augen haben die Fähigkeit, sich den Umständen anzupassen. Selbst nachts, in einem dunklen Zimmer, können wir das schwache Licht des Mondes oder der Sterne wahrnehmen, das durch die Ritzen der Türen und Jalousien fällt.

Aber wer schon einmal unter der Erde gewesen ist, weiß, dass die Schwärze einer Grotte nicht mit der Dunkelheit der Nacht vergleichbar ist. Betritt man eine Höhle, beginnt hinter dem halbdunklen Übergangsbereich eine Zone, in die keinerlei Photonen gelangen. Selbst Nachttiere mit einem besonders guten Sehvermögen wie die Eule oder der Koboldmaki können nichts mehr erkennen. An diesem Ort ist es immer dunkel, jedenfalls in unserer eingeschränkten Zeitwahrnehmung.

Nur zwei Dinge können die tiefe Schwärze durchbrechen, die den dunklen Kontinent charakterisiert. Zum einen die Erosion, die in Abertausenden von Jahren die Höhlendecke zersetzt und Licht hineinsickern lässt – eine geologische Metamorphose zwischen Oben und Unten. Zum anderen der Mensch mit seiner einzigartigen Fähigkeit, die durch Verbrennung erzeugte Energie zu bändigen und ihr Licht zu entlocken.

Wenn man zum ersten Mal eine Höhle betritt und mit der Stirnlampe die Dunkelheit durchbricht, ist es eine faszinierende Erfahrung, sich an einen sicheren Ort zu setzen und das Licht zu löschen. Die tiefe Schwärze, die einen dann umfängt, lässt sich kaum in Worte fassen. Man verliert sich komplett im Raum, der einen umgibt, das Fehlen von Parametern der dreidimensionalen Welt kann furchteinflößend sein und dazu führen, dass man das Gefühl hat, sich zu entmaterialisieren. Hält man sich dann die Hand vor die Augen, meint man, sie zu sehen. Dieses Phänomen nennt man »Illusion des Speläologen«. Mehrere Studien, die in internationalen Wissenschaftszeitschriften publiziert wurden, haben gezeigt, dass Bewegungen Sinnessignale ans Gehirn schicken, die reale visuelle Wahrnehmungen erzeugen können, auch wenn es keinerlei optische Impulse gibt. Unser Gehirn ist so sehr an das Leben im Hellen angepasst, dass eine Handbewegung in absoluter Dunkelheit in eine visuelle Wahrnehmung verwandelt werden kann. Unser Nervensystem ist nicht auf absolute Dunkelheit eingestellt.

Die absolute Dunkelheit ist jedoch ein wesentliches Merkmal der unterirdischen Welt. Wann immer wir uns einen Ort auf der Welt vorstellen oder ihn beschreiben, verbinden wir ihn mit einem bestimmten Einfall von Sonnenlicht, das es uns erlaubt, die faszinierende Welt der Farben zu sehen. Die Welt unter der Erdoberfläche liegt dagegen immer im Dunkeln.

Deshalb ist es Speläologen seit jeher schwergefallen, ihre Eindrücke mit Menschen zu teilen, die noch nie in einer Höhle gewesen sind. Wie bereits gesagt: Eine Höhle ist kein Berg, den jeder aus der Ferne betrachten kann. Der Bergsteiger, der sich in den Fels wagt, kann mit dem Fernglas beobachtet werden, die Entfernung spielt keine Rolle, man ist trotzdem dabei. Indem man zusieht, kann man einen Teil seiner Gefühle nachvollziehen, auch wenn man den Berg selbst nie besteigen wird. Die Höhle hingegen kann man nur von innen betrachten, und in diesen Genuss kommen nur wenige. Deshalb galt die Höhle im Laufe der Geschichte stets als Ort der Eingeweihten, als eine Welt, die nur denen vorbehalten ist, die den Mut haben, die Schwelle zu überschreiten. In der Dunkelheit der Höhle konnte man Jagdszenen und rituelle Handlungen an die Wände malen, die sonst für immer in Vergessenheit geraten wären. Ein schwarzes Blatt Papier regt zu mehr Kreativität an als ein weißes. Wir können uns darauf jede gegenwärtige und zukünftige Schrift vorstellen.

Die englische Fotografin Margaret Cameron hat einmal gesagt: »Kreativität, wie auch die menschliche Existenz überhaupt, beginnt mit Dunkelheit.« Vielleicht ist die Höhlenfotografie eines der Mittel, mit denen wir die wahre Natur der Welt unter der Erde am besten verstehen können. Ich hatte bei zahlreichen Expeditionen auf der ganzen Welt das Glück, an der Seite von Spitzenfotografen zu arbeiten wie Robbie Shone vom National Geographic, aber auch mit talentierten Fotografen aus Italien wie Alessio Romeo, Natalino Russo, Vittorio Crobu, Paolo Petrignani, mit dem Franzosen Michel Renda oder dem US-Amerikaner Adam Haydock. Die Höhlenfotografie geht von absoluter Dunkelheit aus, das künstliche Licht unserer Stirnlampen und Fotoblitze erhellt eine Umgebung, die sonst unsichtbar bliebe. Häufig bittet der Fotograf, alle Lampen zu löschen, bevor er mit der kreativen Arbeit beginnt. Erst bei absoluter Dunkelheit öffnet er die Blende der Kamera. Zu Beginn trifft kein Photon den Sensor, aber dann lässt der Fotograf an verschiedenen Standorten Blitze aufleuchten und gibt Anweisungen, mit den Stirnlampen bestimmte Bereiche der Höhle auszuleuchten – fast wie ein Dirigent, der sein Orchester führt. Innerhalb weniger Sekunden wechseln sich Blitze und Lichtkegel ab, so als würde man mit Licht malen, während dieses in unterschiedlich langen und unterschiedlich intensiven Wellen in Raum und Zeit zum Objektiv fließt. Wenn sich die Blende schließt, zeigt uns die Alchemie des Lichts die Höhle. Mit Hilfe der Kamera können Menschen ins Innere der Erde sehen. Die Fotografie ist der einzige Weg, den Ort der Öffentlichkeit zu zeigen, auch wenn das Bild nicht die Realität abbildet, sondern das, was unserer gewohnten Weltsicht am nächsten kommt.

Robbie Shone hat Ende der 1990er Jahre an einer Forschungsreise in den Titan-Schacht teilgenommen, eine der tiefsten Höhlen Englands. Wenn man nur die eigene Stirnlampe zur Verfügung hat, fällt es schwer, das gewaltige Ausmaß der Höhle wahrzunehmen. Deshalb hat Robbie versucht, ihre Dimensionen auf Fotos festzuhalten. Bevor er jedoch mit seiner Ausrüstung die Höhle betrat, musste er sich den Raum vorstellen und ihn skizzieren. Mit Hilfe dieser Skizze hat er versucht, die künstlichen Lichtquellen richtig zu positionieren und festzulegen, wo der Speläologe mit der Stirnlampe stehen musste. Damals stand die Digitalfotografie noch ganz am Anfang und wurde in der Natur- und Reportagefotografie nur selten eingesetzt. Deshalb konnte er das Resultat nicht schon unten in der Höhle prüfen, sondern erst nach der Entwicklung im Labor. Der Erfolg hing von seiner Intuition und seiner Erfahrung ab. War er nicht zufrieden, musste er wieder durch feuchte Gänge mehrere Kilometer hinaufklettern, um zusätzliche Lampen zu holen und es erneut zu versuchen. Mit seiner bahnbrechenden Technik gelang es Robbie, Orte sichtbar zu machen wie zum Beispiel die Sarawak-Kammer auf Borneo, der weltweit größte unterirdische Raum auf einer Fläche von 164 000 Quadratmetern, mit einem Volumen von zehn Millionen Kubikmetern, 600 Metern Abstand von einer Wand zur anderen und 150 Metern vom Boden bis zur Decke. Siebenmal so groß wie der Petersdom. Ohne Hightechkamera und modernste Technik, wie das Lichtmalen bei Langzeitbelichtung, hätte das Licht der Stirnlampe nur eine diffuse, unwirtliche Welt ohne Begrenzungen und Konturen gezeigt, eine sternenlose Nacht.

Von außen können wir Menschen den dunklen Kontinent nicht sehen, für uns existiert er deshalb nicht. Und auch wir Forscher können aus unserem Blickwinkel nur Fragmente wahrnehmen.

Auch deshalb macht die Schwärze der Höhle Angst. Jeder Schatten, den wir nicht erhellen können, birgt ein Geheimnis, und sollte das Licht verlöschen, sind wir verloren, können uns nicht mehr orientieren oder den Ausgang finden. Die Voraussetzung für den Schritt ins Unbekannte ist eine verlässliche Lichtquelle.

Von allen Schilderungen von Höhlen und Dunkelheit ist für mich die Geschichte der Entdeckung der Grotte von Montespan am eindrücklichsten. Der berühmte französische Speläologe Norbert Casteret erzählt sie in seiner Autobiografie »30 Jahre unter der Erde«. Es geschah im Jahr 1923, Casteret war 25 Jahre alt, ein begeisterter Höhlenforscher, immer auf der Suche nach neuen Höhlen in den Pyrenäen. Seine Ausrüstung war bescheiden: ein Militärhelm, Kerzen und Wachsstreichhölzer als einzige Lichtquelle. Er war fast immer allein unterwegs. Die Grotte von Montespan ist ein unterirdischer Hohlraum, durch den sich ein Fluss schlängelt, der in einen See mündet und schließlich in einem tiefen Siphon verschwindet. Casteret zog die Kleider aus, ließ sich nackt ins kalte Wasser gleiten und versuchte herauszufinden, wo das Wasser herkam und ob die Höhle noch weiterging. Dazu war ein Tauchgang nötig. Aber Kerzen brennen unter Wasser nicht – es war von Anfang an ein verrücktes Unterfangen bei absoluter Dunkelheit. Jahre später listete Casteret die Risiken auf, die er eingehen musste: »Ich konnte nicht wissen, ob das Wasser auch weiterhin bis zur Decke reichen würde wie an meinem Ausgangspunkt; ob ich in einem Felsspalt stecken bleiben oder in einen Raum gelangen würde, in dem ich unter Umständen nicht mehr würde atmen können; ob ich in einen Schacht stürzen oder von einem Strudel verschluckt würde.« Nur wer von unstillbarem Wissensdurst getrieben wird, wagt es, sich einer solchen Herausforderung zu stellen.

Als Kind malte ich mir seine Situation aus: Norbert Casteret, bis zum Hals im Wasser, die Kerze in einer Felsnische vor ihm, die zitternde Flamme als einzige Hoffnung, jemals heil wieder zurückzukehren, woraufhin er die Augen schließt, tief durchatmet und sich in die absolute Dunkelheit gleiten lässt. Ich stellte mir das Schwimmen unter Wasser wie die Bewegungen eines Astronauten im Weltraum vor, ohne jede Orientierungsmöglichkeit. Aber wenn man nichts sieht, sind die anderen Sinne geschärft. »Ich tastete unendlich vorsichtig die Decke über mir ab, ich sah überhaupt nichts mehr. Die Fingerspitzen wurden zu meinen Augen.« Sein Ausflug dauerte eine Minute, vielleicht länger, vielleicht würde die Luft nicht mehr reichen, um kehrtzumachen. Aber plötzlich tauchte sein Kopf aus dem Wasser auf, in einem unbekannten Raum, in dem er atmen konnte. Wo befand er sich? Um ihn herum war nichts zu erkennen. Würde er die Orientierung verlieren, wäre es das Ende, er würde den Ausgang nicht mehr finden. Aber Casteret machte keine Fehler, er drehte sich einfach um und tauchte wieder unter, bis er das Licht der Kerze auf der anderen Seite sah.

Diese Wahnsinnsaktion war wie ein Sprung ins Nichts. Sein Forscherdrang hatte Casteret dazu gebracht, Vorsicht und gesunden Menschenverstand über Bord zu werfen. Die Höhle ging auf der anderen Seite weiter, das bedeutete, dass er noch mal zurückmusste: diesmal mit einer geeigneten Lichtquelle, um sie weiter zu erforschen.

Wenige Wochen später startete er einen zweiten Versuch, diesmal mit einem Partner und ausgerüstet mit Kerzen und Wachsstreichhölzern in einem wasserdichten Gummifutteral. Er durchtauchte das Dunkel und schaffte es, auf der anderen Seite eine Kerze zu entzünden. Der Anblick, der sich ihm nun bot, verschlug ihm fast den Atem. Er war nicht der Erste hier: An den Seitenwänden waren Malereien von Pferden und Bisons zu erkennen, und inmitten der Höhle stand eine Tonstatue, die einen geköpften Höhlenbären darstellte. Wahrscheinlich waren prähistorische Menschen durch einen anderen Eingang in den Berg gelangt, mit Fackeln mehr als einen Kilometer weit gezogen. Die Magie der Dunkelheit hatte sie angezogen, sie waren mit nackten Füßen über den Lehmboden gelaufen, genau wie Casteret 13 000 Jahre später – trotz der Angst, für immer von der Dunkelheit verschluckt zu werden.

Viele Jahre später entdeckte man in der Grotte von Montespan ein weiteres faszinierendes Geheimnis, das Skelett einer enthaupteten Schlange. Und das war nicht der einzige Fund dieser Art. In der nicht weit entfernten Höhle von Tuc d'Audoubert, ebenfalls mit einem unterirdischen Fluss, Wandbildern mit Jagdszenen und Tonskulpturen, fand man 1913 ein ähnliches Skelett, wahrscheinlich ebenfalls eine rituelle Opfergabe, etwa aus der gleichen Epoche. 2016 versuchte der französische Anthropologe Julien d'Huy von der Sorbonne in Paris herauszufinden, welche Bedeutung diese beiden Funde haben könnten. Dafür untersuchte er die Bedeutung der Höhlenmythologie auf einer regelrechten Reise durch die Zeit und durch die Kontinente. Von den Pyrenäen bis in die Niederlande reichte die Legende über eine riesige Schlange, eine zoomorphe Gestalt, die die Erde zerstörte und Menschen und Tiere verschlang. Teilweise wurde sie als Regenbogen dargestellt. Um das Ungeheuer zur Strecke zu bringen, schwang der Mensch eine angebliche Beute, die in Wirklichkeit brennende Holzscheite waren. Die Schlange verschluckte sie, und die Flammen loderten aus ihrem Schlund. Der Durst war unerträglich, und sie trank das Wasser aller Flüsse und Seen aus, auch das der unterirdischen Gewässer, dabei tauchte sie tief in die Erde ein. Als sie starb, blieb ihr Kopf im Schlamm stecken. Nachdem er sich vom Körper gelöst hatte, kehrte das Wasser zurück und formte wieder Flüsse und Seen. Julien d'Huy sammelte in afrikanischen, europäischen und asiatischen Kulturen ähnliche Legenden, die die Schlange als Regenbogen darstellten. Mit Hilfe komplexer Untersuchungen, vergleichbar mit der Evolutionsforschung, ließen sich Gemeinsamkeiten bei den verschiedenen Mythen feststellen. Der Anthropologe erstellte einen phylogenetischen Baum, der zeigt, wie die Schlangenlegende vor Abertausenden von Jahren von Afrika aus in alle Kulturen Einzug hielt. Geköpfte Schlangenskelette, die der prähistorische Mensch in Höhlen mit unterirdischen Flüssen abgelegt hat, deuten darauf hin, dass man die Unterwelt besänftigen wollte, damit sie Wetterkatastrophen auf der Erde beendete und für ausreichend Wasser sorgte. Die Dunkelheit der Höhle ist das genaue Gegenteil des Regenbogens, und um die Finsternis zu besiegen, musste man der mythologischen Schlange begegnen, sie das Feuer der Fackel schlucken lassen, diese bis tief in ihre Eingeweide stoßen und ihr dann den Kopf abschlagen, damit das Wasser wieder aus ihren Nasenlöchern strömte. Ein Abenteuer, das der prähistorische Mensch wagen musste, selbst wenn es unter Umständen zu einer Reise ohne Wiederkehr werden würde. Ein Abenteuer, das Casteret viele Jahrtausende später wiederholt hat.

Die Dunkelheit besiegt man durch das Feuer, durch diesen chemischen Verbrennungsprozess, durch den Licht erzeugt werden kann. Nach den Fackeln des prähistorischen Menschen und Casterets Kerzen ist die Acetylenflamme eine Lichtquelle, die es Menschen lange Zeit ermöglicht hat, die unterirdische Welt zu erforschen. Noch zu Beginn der 2000er Jahre war diese Lichtquelle unter Höhlenforschern und Minenarbeitern weitverbreitet. Elektrische Taschenlampen mit Lithiumbatterien und die Erfindung der Leuchtdiode (kurz: LED) erlaubten nur einen eingeschränkten Einsatz, häufig war die Lichtintensität zu gering. Karbidlampen hingegen sorgten für eine starke Flamme mit warmem Licht, das den Forscher schützend umhüllt. Das System ist ebenso einfach wie genial: Calciumcarbid wird mit Wasser versetzt, durch deren chemische Reaktion entsteht Acetylen, auch Ethin genannt. Das Gas wird angezündet und verbrennt in heller Flamme. In der Lampe befindet sich der Wasserbehälter oben, darunter ist der für das Carbid. Wird oben die Verschlussschraube geöffnet, tropft Wasser auf das Carbid, es entsteht Acetylen, das Gas dehnt sich aus und gelangt zum Brenner. Karbidlampen haben gegenüber Halogenlampen den Vorteil, wirtschaftlicher und nachhaltiger zu sein. Carbid ist preiswert, und Wasser findet man in Höhlen fast überall.

Der unverwechselbare Acetylengeruch hat die Höhlenforscher in aller Welt ein Jahrhundert lang begleitet. Auch bei Treffen der Speläologengruppe Padua, der ich mich mit 14 Jahren anschloss, konnte man diesen Duft wahrnehmen. Doch selbst die sanfte Energie von Carbid konnte gefährlich werden: Kam man dem Behälter mit dem Calciumcarbid mit einer brennenden Zigarette zu nahe, explodierte er. Explosionen waren der Grund für unzählige Unfälle in den Höhlen, die größtenteils glimpflich ausgingen. Meist passierte das in überfluteten Gängen. War der im Rucksack verstaute Behälter oder die Kammer mit dem Reservecarbid nicht richtig versiegelt, konnte Wasser eindringen, und dabei wurde eine große Menge Gas freigesetzt.

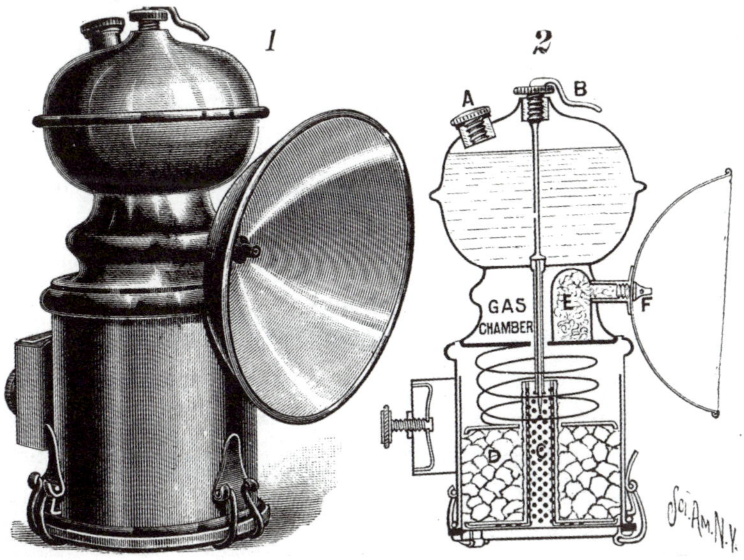

In der Karbidlampe führt der Kontakt zwischen Wasser und Calciumcarbid zu einem entflammbaren Gas. Diese Lichtquelle hat Generationen von Speläologen auf ihren Expeditionen begleitet.

Der Speläologe merkte das und versuchte das Problem zu lösen, indem er den Rucksack mit dem Behälter öffnete. Vergaß er dabei jedoch, die Flamme an seinem Helm zu löschen, war eine Explosion unvermeidbar. Kam der Bedauernswerte dann aus der Höhle, war sein Gesicht schwarz vor Ruß. Manchmal verstopfte der Schlamm auch die Einspritzdüse der Lampe, der Forscher nahm fälschlicherweise an, es würde zu wenig Acetylen produziert, also öffnete er die Schraube, um mehr Wasser nach unten tropfen zu lassen. Der Druck im Inneren wurde zu hoch, die Einspritzdüse platzte, vielleicht sogar der Schlauch, und sorgte für eine bis zu zwei Meter hohe Stichflamme. Er musste sich vorgekommen sein wie eine menschliche Fackel, die kurz vor der Explosion steht. Das System war sehr empfindlich, und manchmal erlosch die Flamme auch ganz. Das passierte meist bei komplizierten Passagen und in besonders engen Durchgängen. Beim Versuch, sie wieder zu entzünden, kam es häufig zu Vergiftungen, außerdem wurde ordentlich geflucht. Wenn man in einem geschlossenen Raum stundenlang Rauch einatmet und sich die Nasenhöhlen mit Ruß füllen, ist das nicht gut für die Lunge.

Und doch war diese Flamme unersetzlich und nahezu heilig, erlaubte sie uns doch, tagelang bis in die tiefsten Höhlen vorzudringen, ohne dass wir uns um Batterien und Elektrik Sorgen machen mussten. Solange wir Carbid und Wasser hatten, konnten wir weitermachen. Die Wärme der Flamme konnte uns trocknen und vor Unterkühlung schützen. Positionierten wir sie unter dem Poncho zwischen den Beinen, konnten wir bei angenehmer Wärme einschlafen – so lange, bis ein Schuh oder der Overall Feuer fing und uns der Gestank nach verbranntem Plastik aus dem Schlaf schrecken ließ. Nach vielen Jahren treuer Freundschaft zu meiner Karbidlampe gab ich diese Tradition 2009 auf und stieg auf LED und Lithiumbatterien um, die tagelang Energie liefern und nur wenige hundert Gramm wiegen. Es war, als hätte ich mich von einem Freund verabschiedet, aber ich bedauerte meine Entscheidung nicht. Ich hatte mich zwar oft genug geärgert, aber gleichzeitig erfüllte mich der Gedanke an die helle warme Flamme mit Wehmut. Ich hatte eine Tradition aufgegeben, die ich untrennbar mit Höhlen verbunden hatte.

Attilio Benetti erzählte mir von einer Expedition, bei der ihm seine Karbidlampe das Leben gerettet hatte. Dabei hatte er ein einzigartiges Phänomen entdeckt. 1965 war er in Apulien und erforschte die Grave della Ferratella. Am Boden des etwa 220 Meter tiefen Schachts öffnete sich eine scheinbar unüberwindliche Engstelle. Um zu sehen, ob die Höhle danach noch weiter in die Tiefe ging, schob sich Attilio mit dem Kopf zuerst hinein, sein Körper füllte den Schacht vollständig aus. Zentimeter für Zentimeter schob er sich vorwärts. Irgendwann ging die Lampe aus. Er dachte, es wäre ein technisches Problem, aber die Flamme wollte sich einfach nicht wieder entzünden lassen. Das Acetylen breitete sich in dem engen Raum aus, und Attilio wurde klar, dass die Situation kritisch werden würde, falls fehlender Sauerstoff die Ursache für die Fehlfunktion sein sollte. Er musste so schnell wie möglich kehrtmachen, durfte aber auf keinen Fall in Panik geraten. Er atmete ein paar Mal tief durch und trat dann den Rückweg an. In absoluter Dunkelheit legte er seine Wange an den Fels und begann auf seinen Atem zu lauschen. Er öffnete die Augen, die sich inzwischen an die Dunkelheit angepasst hatten, und stellte fest, dass es gar nicht komplett dunkel war. Grünliche Lichtpunkte erlaubten ihm, die Umrisse des Schachts zu erkennen. Das Licht kam von winzigen Larven, die an Fäden von der Decke hingen. Eine sensationelle Entdeckung: Noch nie zuvor hatte man in Europa biolumineszente Insekten gesehen, die an die Finsternis der Höhle angepasst waren. Attilio schaffte es zurück und beschloss, es später noch mal zu versuchen. Doch in den darauffolgenden Jahren wurde der Eingang zur Höhle von den Grundbesitzern verschlossen. Die biolumineszenten Insekten gerieten in Vergessenheit, sie wurden weder an einem anderen Ort entdeckt noch weiter untersucht.

Biolumineszenz in Höhlen ist weltweit selten, aber es gibt sie, so auch bei den berühmten *Arachnocampa-Luminosa*-Larven in der Waitomo-Höhle in Neuseeland. Diese Larven haben nicht die Aufgabe, mit ihrem matten Licht die Umgebung zu erhellen, sondern Beute anzulocken, meist winzige Fliegen und Mücken. Die Decke der Höhle wirkt wie ein Sternenhimmel. Licht findet man demnach auch an Orten, bis zu denen kein Photon aus dem Weltraum dringt.

Doch die Waitomo-Höhle und die Grave della Ferratella sind Ausnahmen. Das Leben in den unterirdischen Hohlräumen hat sich angepasst, das Sehen wird unwichtig, andere Sinneskanäle werden geschärft, wie der Tast- oder der Geruchssinn. Darüber hinaus erlauben es chemische Prozesse vielen endemischen Insektenarten, sich auch ohne Sonnenlicht zu vermehren. Sie bilden eine ganz eigene biologische Nahrungskette in der Finsternis.

Wir Menschen hingegen können uns an eine solche Umgebung nicht anpassen, das Sehvermögen bleibt unser wichtigstes Sinnesorgan, um wahrzunehmen, was unter der Erde vor sich geht.

Die Erfindung von Lichtquellen – von Fackeln bis hin zu Kerzen, von Karbidlampen bis hin zu LEDs – hat uns zwar immer besser sehen lassen, kann aber das Gefühl des Fremdseins in der Finsternis nicht komplett ausschalten. Dieselbe Höhle kann durch unterschiedliche äußere Lichteinflüsse ganz unterschiedlich wirken. Je nach Art und Intensität der Beleuchtung können wir nur nahe oder auch entferntere Zonen erkennen. Das Licht in der Höhle verändert unsere Wahrnehmung und ergänzt unsere innere Landkarte, wir sehen mehr Details und entdecken neue Bereiche, dennoch können wir sie nie als Ganzes erfassen.

Dieser Prozess schlägt sich besonders in den Höhlenkarten nieder, die Speläologen gezeichnet haben. Durch die naturgegebene

Schwierigkeit, die unterirdische Welt zu beschreiben, versucht der Forscher nicht nur zu entdecken, sondern die Umgebung auch topografisch zu erfassen. Mit Kompass und einem Neigungsmesser namens Klinometer beginnt er Segment für Segment zu vermessen, Punkte mit imaginären Linien zu verbinden, deren Koordinaten er in seinem Notizbuch festhält. Zu Hause rekonstruiert er die Daten, meist aus zwei unterschiedlichen Perspektiven: von oben (das ist der Grundriss der Höhle) und im Profil (der Längsschnitt der Höhle). Heute erlauben moderne Instrumente wie Laser-Entfernungsmesser, elektronischer Kompass und das oben erwähnte Klinometer auch dreidimensionale Darstellungen, um den Verlauf der Höhle im Berg zu zeigen.

Der Grundriss und das Profil einer Höhle sind geografische Darstellungen dessen, was man über eine Höhle weiß. Sie zeigen ihre Morphologie und welche Hindernisse zu überwinden sind. Sie bilden den Status quo ab.

Doch diese Skizzen, meist mit Bleistift auf Millimeterpapier gezeichnet, enthalten noch weitere Informationen. Wenn es sich um ein weites Areal mit tiefen Schächten, großen Hallen und hohen Canyons handelt, werden die Linien nicht durchgehend, sondern gestrichelt gezeichnet, um deutlich zu machen, dass die Forscher mit ihren Lampen nicht alle Grenzen ausleuchten konnten und es der Fantasie sowie zukünftigen Expeditionen überlassen bleibt, die genauen Grenzen zu bestimmen. Eine solch vorläufige Darstellung des tatsächlichen Verlaufs einer Höhle auf einer Karte ähnelt sehr dem »hic sunt leones«, der »terrae incognitae« auf alten römischen Karten beziehungsweise den »weißen Flecken« der ersten kartografischen Darstellungen der Erde. Die gestrichelten Linien des Unbekannten zu überschreiten ist Sinn und Zweck der Speläologie: eine Vorstellung in durch Erfahrung untermauerte Realität zu verwandeln. Ist die Erforschung einer Höhle einmal geglückt, wird sie für immer mit dem Speläologen verbunden bleiben, der ihre

Geheimnisse ans Licht gebracht hat. Denn er wird anderen überliefern, wie er sie wahrgenommen hat, wie sie aussieht und wie er sie in einer Karte festgehalten hat. In vergangenen Jahrhunderten, als die Welt in weiten Teilen kartografisch noch nicht erfasst war, war es durchaus üblich, neu entdeckte Gebiete nach ihrem Entdecker zu benennen. Heute basieren Entdeckungen meist auf wissenschaftlichen Erkenntnissen, die in der Geografie oft aus den Bereichen der Speläologie sowie der Astronomie stammen – auf den ersten Blick ganz unterschiedliche Disziplinen. 2019 hatte ich die Ehre, vom Rektor der Universität Bologna eingeladen zu werden, um zur Eröffnung des akademischen Jahres von meinen Forschungen und Entdeckungen zu erzählen. An meiner Seite war Marica Branchesi, eine Pionierin der neuen Multi-Messenger-Astronomie, die Gravitationswellen zur Vermessung nutzt, um tiefere Einblicke in unser Universum zu ermöglichen. Nachdem wir unsere jeweiligen Vorträge gehört hatten, verstanden wir uns auf Anhieb und waren fasziniert, dass wir die gleichen Entdeckergefühle gehabt hatten, wo wir doch in ganz gegensätzliche, weit voneinander entfernte Sphären geschaut hatten. Ich hatte davon gesprochen, wie mich allein die vage Vorstellung der Existenz einer Höhle in den Tafelbergen Venezuelas motiviert hatte, dorthin zu reisen, sie zu suchen und zu erforschen, mich mit einem der ältesten und faszinierendsten Ökosysteme unseres Planeten zu beschäftigen. Marica hatte erzählt, dass sie Astronomen auf der ganzen Welt verständigt hatte, weil Messgeräte für Gravitationswellen ein Signal aufgefangen hatten, das aus einer noch unbekannten Zone des Universums stammte. Sie mutmaßte, dass man durch Triangulierung den Ursprung der Gravitationswellen im Weltraum lokalisieren und das Phänomen ihrer Entstehung beobachten kann. Nicht zuletzt aufgrund dieser Erkenntnis haben in einer Augustnacht des Jahres 2017 alle Teleskope ihre Spiegel genau auf den Abschnitt des Universums ausgerichtet, aus dem die Gravitationswellen gekommen waren. Sie registrierten einen grellen Lichtpunkt: Zwei Neutronensterne waren zusammengeprallt und hatten Lichtspektren ins All projiziert. Diese kosmische Katastrophe hätte kein Mensch je erkannt, wäre da nicht Maricas Intuition gewesen, ein Traum, von dem niemand wusste, ob er jemals Realität werden würde. Eine Vorstellung, die die Grenzen des Universums erweitert und neue Geografien schafft.

Der gleiche Prozess wie in den unendlichen Weiten des Weltraums findet auch im endlichen Inneren der Erde statt. Der Moment, in dem ich dieses Phänomen am eigenen Leib erfuhr und endgültig verstand, war die Erforschung der Via Antica, ein verzweigtes Gängelabyrinth, das ich 2003 in der Spluga della Preta in den Lessinischen Bergen entdeckt habe. Die Spluga war die erste große Höhle, in die ich mich gewagt habe. Schon als 15-Jähriger habe ich sie durchquert, in fast 900 Metern Tiefe stieg ich Schächte hinab und überwand schlammige Mäander: Unzählige Stunden verbrachte ich in diesem finsteren vertikalen Labyrinth. Aber ich war mehr oder weniger in einer vertrauten Welt unterwegs, denn mir standen Karten von Forschern zur Verfügung, die vor mir in der Höhle gewesen waren – angefangen bei Luigi De Battisti und Gianni Cabianca, die 1925 als Erste durch den 131 Meter tiefen Eingangsschacht geklettert waren. Danach gab es viele weitere Expeditionen, die die Geschichte der internationalen Höhlenforschung verändern sollten. Nach etwa 80 Jahren Forschung waren sich alle einig, dass die Höhle keine Geheimnisse mehr barg. Die Topografie der Spluga hatte im Lauf der Zeit durch technische Innovationen und bessere Ausrüstung der Speläologen präzisiert werden können. Und dennoch gab es nach wie vor ein paar gestrichelte Linien, die meine Fantasie befeuerten. Besonders eine an der Wand eines großen Schachtes entlang einer Verwerfung, die man auch an der Oberfläche sehen konnte und die in Richtung der Steilwände des Etschtals verlief.

Als ich das erste Mal versuchte, diese Felswand zu beleuchten, musste ich feststellen, dass ich die Dunkelheit nicht durchdringen konnte. Etwa 20 Meter vor mir erhob sich der Fels, in dem eine schmale Öffnung zu erahnen war, dahinter lag die *terra incognita*. Aber sie zu erreichen war schwer, die Felswand ragte fast senkrecht empor, sie war glatt und schlüpfrig und unter mir klaffte ein mehr als 50 Meter tiefer Schacht. Ich weiß noch, dass ich in den darauffolgenden Nächten so intensiv geträumt habe, dass mir meine Vorstellungen nach dem Aufwachen fast real vorkamen. In einem Traum befand ich mich ganz unten in der Spluga della Preta, in der »Sala nera«, der berühmten »schwarzen Halle«. Während die Felswände in der Ferne wie versiegelt wirkten, entdeckte ich im Näherkommen eine optische Täuschung: Zwei Felsen überlappten sich so, dass sie wie eine Einheit wirkten, doch dazwischen befand sich ein hoher Korridor. Ich beschloss hindurchzugehen und fand mich plötzlich im Freien wieder, inmitten eines Waldes, dessen Baumwipfel sich im Wind wiegten. Ich schreckte aus dem Schlaf. Eine innere Stimme drängte mich, die gestrichelte Linie zu überschreiten, was ich wenige Wochen später auch tat. Nach einem beschwerlichen Abstieg über die Wand gelang es mir, den Korridor zu durchqueren, bis ich den Rand eines weiteren Schachts erreichte. In der Felswand dahinter öffnete sich ein Fenster. Als ich Steine hindurchwarf, dauerte es zwölf Sekunden, bis sie irgendwo aufprallten. Das Abenteuer begann, wir hatten den »weißen Fleck« jenseits der gestrichelten Linie erreicht. Nach diesem Erlebnis widmete ich einige Jahre meines Lebens dem Ziel, bisher unerforschte Bereiche der Spluga della Preta zu kartografieren.

In der Welt der Höhlenforschung ist es nicht ungewöhnlich, dass Karten nur einen kleinen Teil der vorhandenen Gänge, Hallen, Schächte und Spalten abbilden, denn die Grenzen sind fließend. Sie können immer nur Momentaufnahmen sein. In der speläologischen Literatur gibt es unzählige Geschichten wie die meine.

Besonders beeindruckt hat mich die der Saragato-Höhle in den Apuanischen Alpen. Sie befindet sich im weißen Marmorgestein von Carrara und wurde 1966 erstmals bis zu einer Tiefe von etwa 340 Metern erforscht.

Charakteristisch für diese Höhle ist ein riesiger Schacht in ihrem Inneren, der Pozzo Firenze, 210 Meter tief und 50 Meter breit. Die Lampen der damaligen Entdecker ließen die Dimensionen nur erahnen, ihre begrenzten Möglichkeiten erlaubten keine weitergehende Erforschung. Erst 1993 beschloss Filippo Dobrilla, ein toskanischer Höhlenforscher und Bildhauer, den furchterregenden Schacht mit stärkeren Lampen auszuleuchten, und erkannte weit unten an der Wand den Eingang zu einem breiten Stollen. Er kletterte die überhängende brüchige Felswand hinab, unter ihm tat sich ein mehr als 200 Meter tiefer Abgrund auf – man fragt sich noch heute, wie er das geschafft hat! Schließlich erreichte er den Stollen. Von da an erforschten Speläologen jahrelang das Gangsystem im Inneren des Berges, das teilweise bis zu 1000 Meter tief unter dem Einstieg in die Höhle lag. Dabei entdeckten sie das »Sistema della Tambura«, benannt nach dem Marmorberg in den Apuanischen Alpen. Durch seine Intuition hat Filippo die Tür zu einem regelrechten Labyrinth aufgestoßen. Als Forscher war für ihn jeder Schritt ein kreativer Prozess, in dem er Teil eines Werkes der Natur wurde, das in Jahrmillionen durch das Wasser geschaffen worden war. Diesen Traum hat auch der Bildhauer, der vor einem riesigen Marmorblock steht und sich die anthropomorphen Formen und die darin verborgene Energie vorstellt. Die gestrichelte Linie auf einer Höhlenkarte ist wie ein Kompass auf einem noch rohen Marmorblock, ein Zeichen, das die Grenzen der Vorstellung markiert – alles dahinter unterliegt der Magie des Traums.

Der Mensch, der die Essenz der Dunkelheit unter der Erde am besten erfasst hat, ist ohne Zweifel der Physiker Giovanni Badino,

Professor an der Universität Turin und einer der bedeutendsten Speläologen, der Forschung, Wissenschaft und Philosophie in sich vereint. Giovanni hat sich bei der Beschreibung der Höhlenforschung von drei Versen aus dem 25. Gesang von Dantes »Göttlicher Komödie« inspirieren lassen:

So sieht man von der Glut Papier sich färben
Und vor ihr her, sowie sie weitergreift,
Eh sich's vollkommen schwärzt, das Weiß ersterben.

Um die Bedeutung zu verstehen, muss man sich vorstellen, nachts in einer riesigen düsteren Bibliothek zu sein, ein Blatt Papier in die Hand zu nehmen und es an einem Ende mit einem Wachsstreichholz anzuzünden. Während die Flammen es langsam verbrennen, kann man die Worte lesen, die darauf geschrieben stehen. Die Flamme gibt Licht und erlaubt zu sehen, zerstört aber gleichzeitig und erschwert es, das Gelesene zu verstehen. Ähnlich gehen die Speläologen vor. Die Lampe am Helm macht sichtbar, was sonst unsichtbar geblieben wäre, aber durch das Licht wird die Fantasie Stück für Stück zerstört und durch die Realität ersetzt. Das weiße Blatt wird beschrieben, das Unbekannte verdrängt, und das Sichtbare gewinnt die Oberhand.

DIE STILLE

Im November 2016 war ich in Los Angeles und stand auf der Bühne des Auditoriums der University of California (UCLA). Man hatte mich als Redner zu einem Kongress anlässlich des 40. Jubiläums des Rolex-Preises eingeladen. Vor mir saßen etwa 200 Gäste. Als ich in der Garderobe noch einmal meine Notizen für den Vortrag durchgegangen war, hatte es geklopft. Ich sah auf und bekam einen Schreck: Vor mir stand Werner Herzog, ein Mythos meiner Kindheit, den ich wegen seiner Filme und seiner besonderen Gabe, spannend von unserem Planeten zu erzählen, sehr verehre. Werner begrüßte mich freundlich und fragte nach meinem Thema. Bewegt erwiderte ich, dass es um die Welt unter der Erde gehe. Ich wusste, dass er vor einigen Jahren mit einer Sondergenehmigung die Chauvet-Höhle in Südfrankreich besucht hatte, in der die ältesten Höhlenmalereien Europas gefunden worden waren. Auf meine Frage, was er dabei empfunden habe, antwortete er, dieses Erlebnis habe seine Sicht auf die Welt verändert. Diese Höhle, das erste Heiligtum der Kunst, hatte ihn schier überwältigt. Konnte die Entdeckung der geheimnisvollen Welt unter der Erde auch die Menschheit verändert haben? Unser Treffen dauerte nur kurz, aber es ermutigte mich, die Bühne zu betreten. Es hatte mir gezeigt, wie wichtig es ist, von meinen Erlebnissen unter der Erde zu erzählen.

Diese Begegnung war ein Wendepunkt. Der dunkle Kontinent war ans Licht der Öffentlichkeit gelangt und präsentierte sich einer breiten Öffentlichkeit. Ich war aufgeregt, spürte aber gleichzeitig eine große Verantwortung. Doch schon nach den ersten Worten meiner Rede merkte ich, dass es mir gelang, das Publikum auf meine Reise unter die Erde mitzunehmen. Ich sprach von den Höhlen, die ich auf mehreren Kontinenten erforscht hatte, und zeigte beeindruckende Aufnahmen von Fotografen der Associazione La Venta. Doch trotz aller Bilder, Beschreibungen und Geschichten, die die Entdecker-DNA in uns zum Schwingen bringen kann, wurde mir klar, dass der dunkle Kontinent nicht allein aus Schwärze, Gestein und Wasser besteht, sondern dass es dort Energien gibt, die nur schwer wahrzunehmen und noch schwerer zu beschreiben sind.

In meinem Vortrag sprach ich auch über eine uralte Höhle in Venezuela, die ich 2013 als erster Mensch überhaupt erforscht hatte. Einige Gänge gehörten zu den ältesten, die ich jemals betreten hatte. Eine Stille, wie sie dort herrscht, hatte ich noch nie zuvor erlebt. Ich erzählte, wie ich mir vorgestellt hatte, mein Atem und der Klang meiner Schritte wären die ersten Laute, die die Jahrmillionen währende Stille durchbrachen. Es war das erste Mal, dass ich diese tiefere Dimension in der Öffentlichkeit erwähnte.

Nachdem ich anschließend die Fragen des Publikums und interessierter Journalisten beantwortet hatte, kam ein Mann auf mich zu und lud mich ein, mit ihm über das Thema zu diskutieren. Es handelte sich um Professor Michel André, Meeresbiologe der Barcelona Tech, der 2003 den Rolex-Preis gewonnen hatte. Ich hatte ihn schon vor einigen Jahren in Paris getroffen, aber wir hatten noch keine Gelegenheit gehabt, über unsere Forschungen zu sprechen, die auf den ersten Blick nichts miteinander gemein hatten. Unser jetziges Zusammentreffen sollte mir eine neue Perspektive auf die unterirdische Welt eröffnen, auf Phänomene, die bei meinen bisherigen Forschungen kaum eine Rolle gespielt hatten. Gemeinsam würden wir etwas erforschen, das nur schwer wahrzunehmen ist.

Michel wartete vor dem Auditorium auf mich. Er saß an einem Tisch und trank einen Kaffee. Er hatte dicke Locken, einen gepflegten Bart und blaue Augen, irgendwie erinnerte er mich an eine Romanfigur von Dumas dem Älteren.

Sein Englisch war von einem starken französischen Akzent geprägt. Er bat mich, Platz zu nehmen, und sagte mit einer gewissen Skepsis: »Ich habe deinen Vortrag gehört. Die Passage über die absolute Stille hat mich sehr erstaunt.« Tatsächlich hatte ich den Begriff »absolut« immer mit der Dunkelheit in der Höhle verbunden und selbstverständlich angenommen, dasselbe gelte auch für die Stille. Ich antwortete: »Diesen Eindruck habe ich beim Betreten von besonders alten Höhlen oft, dort höre ich meine Schritte und meinen Herzschlag – sonst nichts.«

Michel war immer noch nicht überzeugt und erklärte auch, warum: »Als ich begann, die Ozeane zu erforschen, nahm ich ebenfalls an, dass in der Tiefe absolute Stille herrschen würde. Man sagt ja auch, die Meere seien das Reich der Stille. Aber so ist es gar nicht! Geräusche gibt es überall, wo es Teilchen gibt, die eine Schwingung übertragen können. Bist du sicher, dass in den Höhlen absolute Stille herrscht?«

Die Frage irritierte mich, forderte mich aber auch heraus. Mit meiner ganzen Expertise als Geologe antwortete ich: »Natürlich lässt sich das nicht verallgemeinern, aber in einer Höhle geschieht Millionen Jahre gar nichts, die einzigen potenziellen Geräuschquellen sind sich bewegendes Gestein oder eindringendes Wasser.«

Michel unterbrach mich: »Aber vergiss nicht, dass das menschliche Gehör begrenzt ist, wir können nur bestimmte Frequenzen wahrnehmen, andere nicht. Denk an die Fledermäuse, die sich mit Hilfe von Ultraschall im Dunkeln orientieren können. Mit Sicherheit gibt es dort auch Lebensformen, die nicht sehen können und deshalb andere Kommunikationskanäle nutzen.«

Seine Argumentation war schlüssig, aber meine Erfahrungen bei Höhlenexpeditionen hatten mich von der absoluten Stille dort überzeugt. Deshalb entgegnete ich: »Du hast grundsätzlich recht, aber in unterirdischen Hohlräumen, die von Lebensumständen gekennzeichnet sind, die wir Speläologen ›Fossilzonen‹ nennen, ist alles anders. Sie liegen häufig mehrere hundert Meter unter der Erdoberfläche, dort fließt meist kein Wasser mehr, und man findet auch keinerlei Leben, außer Bakterien. Vielleicht herrscht dort die absolute Stille – zumindest nimmt man keine Geräusche wahr.«

Jetzt schien ich ihn überzeugt zu haben, sein Gesicht entspannte sich, und er lächelte nachdenklich. Nach kurzem Schweigen packte er mich am Arm, als wollte er mir ein Geheimnis verraten, und schaute mir eindringlich in die Augen: »Wenn du wirklich glaubst, dass es dort unten einen Ort gibt, an dem die absolute Stille herrscht, müssen wir ihn finden.« Es klang wie eine Herausforderung, ein Impuls für ein faszinierendes gemeinsames Projekt.

Michel André ist einer der wichtigsten Forscher auf dem Gebiet der Bioakustik. Sein Arbeitsgebiet ist das Klangspektrum und die Fähigkeit der Lebewesen, den Klang als Wahrnehmungssensorium zu nutzen. So wie sich andere für optische Reize begeistern, ist Michel mit Leidenschaft in Klanglandschaften unterwegs – angefangen von den Weltmeeren bis hin zu den Regenwäldern des Amazonas. Das Labor für angewandte Bioakustik (LAB), das er im Küstenstädtchen Villanova i la Geltrù unweit von Barcelona aufgebaut hat, ist ein Augen- oder besser gesagt Ohrenöffner, was diesen bislang unbekannten Teil der Natur betrifft. Wenige Monate nach unserem Gespräch besuchte ich ihn dort, um über das neue Projekt zu sprechen. Als ich das direkt am Meer liegende Gebäude betrat, stand ich vor einem riesigen interaktiven Bildschirm mit einer Weltkarte, auf der Lichtpunkte zu sehen waren. Wenn man einen davon auswählte, wurde ein Klangspektogramm geladen, das sich immer weiterentwickelte, ein Abbild der Intensität und unterschiedlicher Frequenzen, die in Echtzeit von einer Station aufgezeichnet und per Satellit übertragen wurden – von Orten, die Tausende von Metern unter dem Atlantik oder auf einem Baumwipfel am Rio Negro in Brasilien liegen. Besonders beeindruckte mich ein hochauflösendes akustisches Gerät, das Laute von sich gab. Das Frequenzspektrum reichte vom Gesang der Wale bis zum Affengeschrei. Hinzu kamen unergründliche Signale, die vielleicht noch nie ein Mensch gehört hat. Das weltweite LIDO-System, das Michel entwickelt hat, erlaubt es, dank Unterwassermessstationen auch Geräusche zu hören, die wir sonst nicht wahrnehmen würden. Komplexe Algorithmen sind in der Lage, in Echtzeit Tiere zu erkennen, die diese Frequenzen produzieren, ein perfektes Monitoringsystem der Fauna und der Besiedlungsprozesse im jeweiligen Gebiet.

Nachdem Michel die Geräuschkulisse der Tiefsee und den Klang der Biodiversität des Amazonas untersucht hatte, hatte er die Stiftung »The Sense of Silence« gegründet, die »Bedeutung der Stille«, mit dem Ziel, seine Forschung auch an den abgelegensten Gebieten der Erde weiter voranzutreiben. Was auf seiner akustischen Landkarte fehlte, waren die Höhlen.

Nach meinem ersten Gespräch mit Michel hatte ich über die Klangnatur der Höhlen nachgedacht. Meine Expeditionen in die unterirdischen Systeme, ob im Inneren der Berge oder unter Wüsten und Wäldern, hatten mich Klänge kennenlernen lassen, denen ich nur wenig Bedeutung beigemessen hatte. Das Licht der Stirnlampe, der Aufenthalt der Forscher in den Gängen stört die reine Natur der Höhle. Bergschuhe, die Kiesel unter den Sohlen knirschen lassen, das Klappern der Ausrüstung wie Karabiner und Seilbremsen oder das Schleifen der Rucksäcke am Boden. Wenn man in sehr engen Gängen unterwegs ist, werden die menschengemachten Geräusche ohrenbetäubend laut. Die Reibung an den Felswänden verursacht ein Knistern und Schwingungen, die die gesamte Umgebung erfüllen. Man fühlt sich nicht nur von Felswänden umgeben, sondern auch von einer Welt aus Geräuschen, die erst dann verklingen, wenn man reglos erstarrt. Manchmal habe ich mich wenige Augenblicke an einer engen Stelle auf dem Boden ausgestreckt, um mich ein wenig auszuruhen und Kraft zu tanken. Dann legte ich die Wange auf den kalten Stein, schloss die Augen und konzentrierte mich auf die Stille. In diesen Momenten war der Herzschlag besonders laut zu hören. Auch wenn ich den Atem anhielt, hallte er von den Wänden der Höhle wider und wurde dadurch noch verstärkt. Jedes Mal, wenn ich auf die Stille lauschte, war der Klang meines Herzschlags so merkwürdig, dass ich mich instinktiv bewegte, um wieder das vertraute Pochen zu hören.

Die Höhle ist ein geschlossener Raum, in dem man außergewöhnliche Klangerfahrungen machen kann. Alles hängt von der Geometrie der Umgebung ab, von den Echos, die manchmal unglaublich verstärkt werden.

Während eines Speläologiekurses hatten wir in einer Höhle in Slowenien ein Lager im Inneren einer etwa 40 Meter hohen kuppelförmigen Halle eingerichtet. Nachts konnten einige von uns wegen eines anhaltenden Brummens nicht schlafen, dessen Ursprung unerklärlich war. Am nächsten Morgen behauptete ein erfahrener Teilnehmer, einer aus dem Expeditionsteam hätte wohl gefroren und sich deshalb ständig in seinem Schlafsack bewegt. Andere wiesen diese These weit von sich und glaubten, in der Nähe hätte sich ein unterirdischer Erdrutsch ereignet. Nacht für Nacht wurden die Erklärungen abenteuerlicher, auch ich bekam ein wenig Angst, obwohl ich mir sicher war, dass es einen geologischen Grund für dieses Phänomen geben musste. Vielleicht existierte unter dem Zeltlager Wasser, das sich bewegte, oder es war in noch unentdeckten Gängen in der Nähe zu einem Steinschlag gekommen. Da die Höhle im Zweiten Weltkrieg als Friedhof für deutsche Soldaten genutzt worden war, begannen Gerüchte über Gespenster die Runde zu machen. Das Geheimnis wurde gelüftet, als wir eines Morgens das Frühstück vorbereiten wollten und im Vorratssack aufgerissene Tortellinipackungen vorfanden. Ein Siebenschläfer sprang heraus und rannte zwischen meinen Beinen hindurch.

Sorgfältig verschloss ich den Sack mit den Vorräten, und in der darauffolgenden Nacht war es still. Das beängstigende Geräusch war also nur ein Nager gewesen, der sich nachts über unseren Proviant hergemacht hatte! Durch den Widerhall in der Kuppel war es uns wie das Grollen eines Monsters aus den Tiefen der Erde vorgekommen. Ein kleiner Siebenschläfer und sein Schmatzen hatten eine Gruppe hartgesottener Speläologen nächtelang wachgehalten.

Das Echo eines Geräuschs kann einem Höhlenforscher aber auch helfen, sich zu orientieren. Wenn man sich beispielsweise in einem engen Gang befindet, hinter dem sich eine große Halle öffnet, kann man mit der eigenen Stimme und ihrem Widerhall die Ausmaße des Raumes sondieren. Das geht auch mit Steinen, die man in noch unerforschte Schächte wirft, um deren Tiefe zu bestimmen. Dabei interessiert nicht der Fall des Steines, den man sowieso nicht mehr erkennen kann, nachdem er im Schacht verschwunden ist, sondern vielmehr der Klang, den er produziert. Das sich immer weiter entfernende Aufprallen an den Seitenwänden zu hören, ist eines der intensivsten Gefühle eines Höhlenforschers überhaupt. Es ist, als käme das Geräusch von einem anderen Planeten und eine Tür zu neuen Welten ginge auf. Aber häufig führen die akustischen Signale auch in die Irre und zu Fehlinterpretationen.

Ich habe schon Hunderte Steine in unbekannte Schächte fallen hören, aber ein Steinwurf ist mir in besonderer Erinnerung geblieben: Wir waren in Mexiko, im Chiapas-Gebirge, das an den tiefen Cañón del Sumidero grenzt. Wir hatten eine neue Verzweigung in der Cueva del Puercoespín gefunden, eine Höhle, die einige Jahre zuvor von mexikanischen und französischen Höhlenforschern entdeckt worden war. Der neue Weg führte über mehrere kurze Schächte zu einem breiten Gang, der sich hinter Tropfsteinsäulen zu einer riesigen Halle öffnete, deren Boden in der Dunkelheit versank. Wir blieben vorsichtig am Rand des Trichters stehen und fanden einen Stein, der passend für eine Messung war. Einer von uns warf ihn in die Tiefe. Sein Aufprall gegen die Felswände durchschnitt die Stille. Nach wenigen Sekunden hörten wir einen Knall, dann noch einen in weiterer Entfernung. Einige Sekunden blieb es still, und schließlich erfüllte ein gewaltiges Grollen die Halle. Es war nicht das Geräusch eines Aufpralls, es klang eher so, als wäre der Stein von der Untiefe aufgesogen worden. Danach war kein Aufprall mehr zu hören, der Schacht schien kein Ende zu nehmen. Ungläubig suchten wir weitere Steine und versuchten es erneut. Jedes Mal das gleiche furchteinflößende Grollen. Sollte der Schacht etwa mehr als 300 Meter tief sein? Einige von uns wichen voller Angst zurück. Dafür würden unsere Seile an diesem letzten Expeditionstag nicht mehr ausreichen. Wir tauften den Trichter »Leviathan-Abgrund«, nach dem Untier, das sich dort unten verbergen musste.

Ein Jahr später kehrten wir in die Cueva del Puercoespín zurück und kletterten den Leviathan-Abgrund hinab, der gar nicht so tief war wie angenommen. Nach etwa 100 Metern trafen wir auf einen blau schimmernden See. Der Stein hatte den Boden nie berührt, sondern war ins Wasser gefallen und hatte Wellen geschlagen, die an der Oberfläche das Donnergrollen verursacht hatten, das Geräusch, das uns veranlasst hatte, ein zweites Mal in den Bauch des Monsters hinabzusteigen.

Der Klang des Steins, der in die Tiefe fällt, aber auch die Bewegungsgeräusche sind externe Einflussfaktoren, die durch die Forscher selbst ausgelöst werden. Die Frage, die sich Michel und ich bei unserem ersten Treffen gestellt hatten, um das Projekt »Sounds of Caves« zu entwickeln, war eine andere: Welche Geräusche existieren in der Höhle, wenn der Mensch nicht präsent ist? Was ist die wahre Natur des Höhlenklangs?

Um die absolute Stille zu finden, muss man erst einmal die natürlichen Geräusche aufspüren, die unter der Erde entstehen können und zum Wesenskern der Höhle gehören. Es sind vor allem zwei Elemente, die die Klangwelt dominieren können: Wasser und Luft. Außerdem die Fauna, die es manchmal bis in die Tiefe schafft und den Klang zur Orientierung und Kommunikation benutzt. Schließlich die Geräusche der Erdkruste: Erdbeben und Felsbewegungen. Beides kann furchteinflößend sein, aber man hört diese Klänge nur äußerst selten, denn man muss genau in dem Moment in einer Höhle sein, in dem das Ereignis auftritt, was wiederum nicht empfehlenswert ist. Und dann ist auch noch längst nicht gesagt, dass man das Geräusch mit dem menschlichen Gehör überhaupt erfassen kann.

Wir begannen unsere Mission mit dem Element Wasser. Wir suchten nach einem Hohlraum unter der Erde, der von einem Fluss durchzogen wurde und bei dem auch Wasser durch Felswände in die Halle sickerte. Wir entschieden uns für die Bossea-Höhle, eine der größten Höhlen der italienischen Seealpen, in der es seit einigen Jahren raffinierte unterirdische Messlabore gibt. Alle physischen Parameter wurden ständig überwacht, auch der Wasserstand des Flusses und das aus den Felsen sickernde Wasser. Spezielle Instrumente zählten die Tropfen, die ununterbrochen von der Decke auf einen bestimmten Bodenabschnitt fielen. Aber noch niemand hatte daran gedacht, die Geräusche zu messen.

Wir positionierten ein hochsensibles Aufnahmegerät mit breitem Frequenzspektrum in einer Halle, in der ein unterirdischer Fluss unablässig plätscherte, dazu gesellte sich ein Konzert aus Tropfen, die von der Decke auf den Boden fielen. Die Daten wurden über sechs Monate gesammelt und dann von LIDO ausgewertet. Jetzt konnte man alle Geräusche der unterirdischen Gewässer in einem Spektogramm bildlich darstellen. Die Bossea-Höhle war »aktiv«, das heißt, sie »lebte«, das Wasser veränderte sie Tag für Tag. Ihre Klanglandschaft war von der Lebendigkeit des Wassers geprägt und hatte keinen Platz für Stille. Die Tropfenfrequenz hing davon ab, wie viel Wasser von oben durch die Risse im Fels drang, auf den Boden fiel und dabei ein Geräusch wie das Ticken einer Uhr, die die geologische Zeit anzeigte, versursachte. Gleichzeitig war die Intensität des Gurgelns des Flusses, der die Bossea-Höhle durchzog, vom Zufluss abhängig. Führte der Fluss viel Wasser, weil es zum Beispiel viel geregnet hatte, wurde das Geräusch lauter und bestimmte die Natur des Klangs. Manchmal konnte man wegen des ohrenbetäubenden Tosens sein eigenes Wort nicht verstehen. Das Klangspektrum beschreibt demnach nicht nur die Höhle selbst, sondern auch ihre Beziehung zur Außenwelt und die Wassermenge, die durch sie hindurchfließt.

Ich habe die Klanggewalt des Wassers erstmals während einer Expedition in den Dolomiten erlebt. Und zwar beim Abstieg in eine Höhle unter den Piani Eterni, ich war erst 14 und wurde von Franco Capretta begleitet, der viele Jahre Erfahrung hatte. Außer uns gehörten noch drei weitere Speläologen zur Gruppe. Beim Abstieg in den 140 Meter tiefen Schacht war nur das Plätschern eines harmlosen Rinnsals zu hören. Wir erreichten den Seitengang, in dem sich das unterirdische Biwak befand. Im Vergleich zum Schacht war es hier still. Wir gingen noch eine Weile weiter, bis wir uns trennten: Unsere Begleiter drangen weiter vor, während wir wieder nach oben steigen wollten. Als wir am Biwak waren, machten wir uns einen heißen Tee. Mir fiel sofort auf, dass sich etwas verändert hatte. Die Stille hatte einem Rauschen Platz gemacht, eine anhaltende tiefe Frequenz. Wir schauten uns an und begriffen sofort: Eine Flutwelle rollte heran. Hochwasser. Wir krochen aus dem Zelt und gingen Richtung Basis des Schachts. Das Geräusch wurde immer lauter, bis es schließlich zu einem ohrenbetäubenden Brausen anschwoll. Als wir zum Schacht kamen, fiel das Licht unserer Stirnlampen auf einen großen Wasserfall, der über die Seile, die nach oben und schließlich nach draußen führten, hinabrauschte. Jeder, der versucht hätte, die Höhle auf diesem Wege zu verlassen, wäre ertrunken. Uns blieb nichts anderes übrig, als ins Biwak zu gehen und zu warten. In der Zwischenzeit waren auch die anderen zurückgekehrt, sie waren ebenfalls vor dem Hochwasser geflohen, das alle unterirdischen Flüsse hatte anschwellen lassen. Zu fünft warteten wir eng zusammengekauert in dem kleinen Zelt darauf, dass die Welle wieder abflaute. Unsere Kleidung war durchnässt, zur Angst gesellte sich bald Eiseskälte. Das Warten kam uns endlos vor. Erst als es nach mehr als 20 Stunden wieder stiller wurde, konnten wir durch einen Wasserschleier nach oben klettern.

Bei Hochwasser dominiert das Geräusch der unterirdischen Flüsse alles. Die anhaltenden Schwingungen können extrem an den Nerven des Forschers zerren, der stundenlang mit diesem drohenden Grollen leben muss. Man versucht dann bis in die »fossilen Zonen« vorzudringen, nur um dem Geräusch zu entfliehen. Das sind Orte unter der Erde, in denen kein Wasser mehr fließt, also Gänge oder Schächte, in denen es still ist. Dort gibt es keine Überschwemmungen mehr, das Wasser hat sich zurückgezogen. Es herrscht Ruhe, ob nun seit zehn oder seit hunderttausend Jahren, kann man nicht sagen. Weit weg von der Klangmacht des Wassers können wir hier die Energie eines weiteren Elements wahrnehmen, das uns in der Welt unter der Erde ständig begleitet: die Luft.

Michel und ich spürten diese Energie sofort, als wir die Aufnahmen aus dem fossilen Tunnel der Piani-Eterni-Höhle anhörten, in der ich vor vielen Jahren während des Hochwassers eingesperrt gewesen war.

Nach den Versuchen in der Bossea-Höhle hatte ich dort, im Herz der Dolomiten, in etwa 500 Metern Tiefe ein Aufnahmegerät platziert, an einem Ort, den ich nach ersten Analysen für absolut still hielt: Kein einziger Wassertropfen drang durch den Fels. Aber auch hier gab das Spektogramm ein niederfrequentes Geräusch an – weniger stark und regelmäßiger als das Rauschen des Flusses in der Bossea-Höhle, aber mit deutlichen Unterschieden zwischen

Tag und Nacht. Auch wenn uns das bei unserem Aufenthalt nicht aufgefallen war: In diesem Tunnel bewegten sich Luftmassen, die beim Aufprall gegen die Wände ein Geräusch erzeugten, das wir allerdings nicht hören konnten, weil die Schallwellen unter 20 Hertz, also unterhalb der menschlichen Wahrnehmungsgrenze lagen.

Das war keine neue Erkenntnis, ähnliche Untersuchungen hatte Giovanni Badino bereits über Jahre hinweg angestellt, um ein komplexes Phänomen zu verstehen: die Zirkulation der Luftmassen unter der Erde. Leider war Giovanni kurz vor dem Ziel gestorben, innerhalb von wenigen Jahren von einer schrecklichen Krankheit dahingerafft worden. Das Ergebnis seiner Forschungen, ein Meilenstein in der modernen Speläologie, wurde 2019 posthum in der Zeitschrift *Frontiers in Earth Science* veröffentlicht.

Giovanni Badino war Teilchenphysiker, aber wie schon im vorherigen Kapitel erwähnt, gehörte seine Leidenschaft der Höhlenforschung. Ihr hatte er sein Leben gewidmet. Und das nicht nur in Bezug auf die Geografie, sondern auch auf Wissenschaft und Kultur. Er hat nicht nur viele unterirdische Hohlräume kartografiert, sondern uns auch eine komplexere Sicht auf das Phänomen Höhle eröffnet. Er war auch der Erste, der vom »dunklen Kontinent« gesprochen hat. Mit seiner letzten Forschungsarbeit über die Luftbewegungen unter der Erde hat Giovanni uns inspiriert, Höhlen als »Systeme« zu begreifen: als verzweigte, dreidimensionale Hohlräume, die mit der Erdoberfläche verbunden sind. Durch Öffnungen, die meist für den Menschen unpassierbar sind, gelangt die Außenluft ins Innere und füllt die Gänge unter der Erde. Deshalb finden die Speläologen in den Höhlen keine andere Luft vor als draußen. Darüber hinaus passt sich die Luft in der Höhle an die Temperatur der sie begrenzenden Steinwände an. Die bleibt fast das ganze Jahr konstant und entspricht ungefähr der Jahresdurchschnittstemperatur der Zone über der Erde. Eine Höhle in den Alpen auf 2000 Metern Höhe dürfte eine Durchschnittstemperatur von zwei, drei Grad Celsius aufweisen – egal, ob es draußen Sommer oder Winter ist. Das bedeutet, dass die Luft innerhalb der Höhle jahreszeitenbedingt ein thermisches Ungleichgewicht zur Außentemperatur aufweist und deshalb dichter und schwerer oder dünner und leichter ist. Liegen die Eingänge auf verschiedenen Höhen, können Luftbewegungen entstehen, so als würde man im Haus Fenster in unterschiedlichen Stockwerken öffnen, sodass im Treppenhaus Durchzug entsteht. Und hier kommt auch noch der Luftdruck ins Spiel, der nie gleich bleibt und wetterabhängig ist. Er wird mit Barometern gemessen. Eine Veränderung des Luftdrucks im Freien führt zu einem Druckausgleich im Inneren der Grotte, sodass die Luft unterschiedlich schnell zirkuliert. Der Effekt ist in etwa so, wie wenn man eine Flasche an die Lippen setzt und über ihre Öffnung hinwegbläst, um einen Ton zu erzeugen. Dieses Phänomen heißt Helmholtz-Resonanz, und je nach Luftvolumen des Systems ändert sich die Frequenz, was sich in einer mathematischen Formel darstellen lässt. Ein physikalisches Phänomen, das dem hölzernen Resonanzraum von Streichinstrumenten seinen charakteristischen Klang entlockt – angefangen von der kleinen Violine bis hin zum voluminösen und tiefen Kontrabass. Vereinfacht gesagt: Giovanni hat entdeckt, dass unterirdische Gänge die größten Musikinstrumente der Erde sind. Jeder Gang hat seine eigene Tonalität, je nach Luftvolumen. Die »Melodie« lässt sich aber nur mit Anemometern (Windmessern) messen. Hören können wir sie erst, wenn die Schallwellen komprimiert und in einen Frequenzbereich gebracht werden, den das menschliche Ohr erfassen kann. Wir hören nur das Geräusch des Windes an den Wänden, das lauter wird, wenn der Gang enger wird. Solche Luftbewegungen sind daher extrem wichtige »Führer« des Forschers: Je mehr Luft in den Gängen zirkuliert, desto größer sind die Höhenunterschiede und Volumina eines Höhlensystems.

2008 hat Giovanni seine Theorie in der Antro del Corchia in den Apuanischen Alpen im Nordwesten der Toskana überprüft. Im

Inneren des Monte Corchia befindet sich eine der größten Höhlen Italiens, die sich hauptsächlich innerhalb des berühmten weißen Marmors von Carrara erstreckt. Es handelt sich um ein Netz aus miteinander verbundenen Gängen, das in den 1920er Jahren erstmals erforscht wurde.

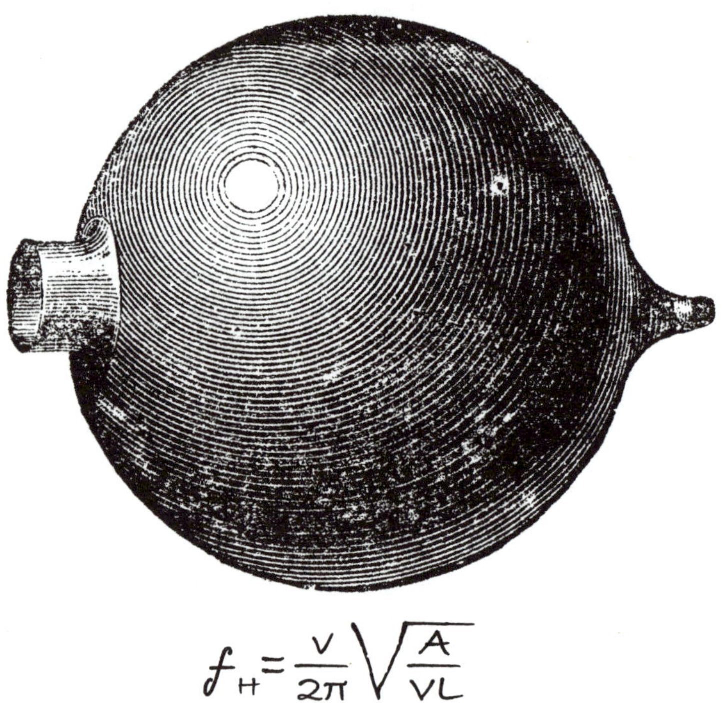

Das Volumen eines Helmholtz-Resonators lässt sich aus der Frequenz der Schwingungen errechnen, die durch die Luftzirkulation in seinem Inneren entstehen. Ähnliches geschieht in Höhlen.

Bis heute wurden mehr als 65 Gangkilometer kartografiert, die Höhle ist 1200 Meter tief und hat mehr als 20 bekannte Eingänge.

Indem er die Akustischen Resonanz-Anemometer an zwei Eingängen positionierte (einer war die Buca di Eolo, »Das Loch des Aiolos«, weil dort immer ein starker Wind herrscht), konnte er wiederkehrende Schwingungsfrequenzen messen, die mit bestimmten Veränderungen des äußeren Luftdrucks einhergehen: Dabei handelt es sich um die »musikalische Note« der Unterwelt dieses Berges. Mit Hilfe des Helmholtzschen Resonanzprinzips konnte man berechnen, dass das unterirdische Höhlensystem mindestens doppelt so groß sein muss wie bisher angenommen.

Die Luft steht für das Fluide, und noch viel mehr als das Wasser kann sie den Klang des dunklen Kontinents bestimmen. Aber Michel und ich wollten verstehen, ob es neben diesen beiden dominanten »Musikern« noch weitere natürliche Geräuschquellen gibt, die vielleicht weniger häufig, aber nicht weniger wichtig sind. Wasser und Luft interagieren mit der Außenwelt, aber was ist mit den Geräuschen aus dem Erdinneren? Als wir 2016 mit unseren Recherchen begannen, lag das verheerende Erdbeben in Mittelitalien gerade hinter uns, dem mehr als 50 000 Nachbeben gefolgt waren. Auch zwei Jahre danach gab es immer noch zahlreiche, wenn auch schwache Erdstöße. Wir entwickelten die Idee, eine ruhige Höhle unweit der vom Erdbeben betroffenen Zone zu finden, um zu hören, welche Erschütterungen in ihrem Inneren wahrnehmbar sind. Wir installierten das Aufnahmegerät einige Monate lang in der Grotta Nera, einer Felshöhle im Nationalpark Majella. Die ungestörte Umgebung und einige kurze Nachbeben, die auch vom Italienischen Seismologischen Institut für Geophysik und Vulkanologie erfasst wurden, erlaubten es uns, im tiefsten Bereich des Spektogramms ein Summen festzustellen, das von den Felsbewegungen stammte. Aber in der Grotta Nera wurde dieser Teil des Klangspektrums, besonders die Ultraschallwellen, überraschend gestört. Ohne dass wir das wussten, suchten nachts Fledermäuse in der Höhle Unterschlupf. Fast jedes andere Geräusch wurde von ihrer Aktivität überlagert, die unsere Untersuchung wertlos machte. Das Klangspektrum ist die effektivste Methode, die die Evolution entwickelt hat, um in der Unterwelt zu »sehen« – wenn auch mit anderen Augen. Es ist ein System, das auf Echoortung beruht. Die funktioniert mit Ultraschallwellen, die der Mensch nicht hören kann. Die Fledermaus misst den zeitlichen Abstand, nach dem die von ihr ausgesandten Schallwellen als Echo wieder bei ihr ankommen. Bei Walen und anderen großen Meeressäugern, die sich in den dunklen Untiefen der Ozeane bewegen, ist das ähnlich, aber auch einige Vögel haben diese unglaubliche Fähigkeit entwickelt.

2010 hatte ich auf einer Venezuelareise das Glück, Zeuge eines einzigartigen Naturschauspiels zu werden. Jeden Abend bei Sonnenuntergang flogen Abertausende von Vögeln aus der Cueva del Guácharo – ein Ereignis, das der faszinierte Alexander von Humboldt 1799 erstmals beschrieben hat. Der Guácharo, auf Deutsch Fettschwalm, ein Vogel, dessen wissenschaftlicher Name *Steatornis caripensis* lautet, trägt in seiner Heimat nicht umsonst einen so lautmalerischen Namen: Seinem schrillen Kreischen folgt ein ohrenbetäubendes Klackern im Frequenzbereich von zwei Kilohertz: Damit kann er sich in der Dunkelheit der Höhle orientieren. Der Guácharoschwarm fliegt aus der Höhle, um Ölbaumfrüchte zu sammeln. Damit warten die Tiere allerdings bis Sonnenuntergang, damit eventuelle Räuber sie in der Dunkelheit nur schwer finden können. Der Guácharo hingegen kann nachts hervorragend sehen, besser als jedes andere Tier an der Erdoberfläche. Im Laufe der Jahrmillionen dauernden Evolution hat er eine unglaubliche Dämmerungsempfindlichkeit entwickelt: Seine Netzhaut hat die höchste Sehzellenkonzentration aller Wirbeltiere, mehr als eine Million pro Quadratzentimeter. Aber das ist eben noch nicht alles: Wenn es völlig dunkel wird, kann er sich mit Echoortung orientieren.

Kurz bevor die Vögel bei Sonnenuntergang die Höhle verlassen, geschieht Unglaubliches: Das Klacker- und Kreischkonzert wird lauter, die Schallwellen werden von den Felswänden reflektiert. Man hat den Eindruck, jeden Moment könnte ein Schnellzug den Tunnel verlassen. Nachdem der Lärm seinen Höhepunkt erreicht hat, sieht man einen Guácharoschwarm aus dem Höhleneingang fliegen, sein Schatten wirkt wie eine bedrohliche schwarze Wolke.

Guácharo, *Steatornis caripensis*, eine Abbildung aus dem Jahr 1911.

Dieser unglaubliche Vogel findet sich in vielen unterirdischen Hohlräumen – von den Regenwäldern Guyanas bis ins Amazonasgebiet. Genetische Untersuchungen des Smithsonian Institute zeigen, dass seine Geschichte weit zurückreicht: Er ist mit keinem anderen heute bekannten Vogel verwandt, lebt jedoch seit bereits mehr als 50 Millionen Jahren auf der Erde, wie Fossilien aus Wyoming und Frankreich zeigen. Der Guácharo ist wie ein prähistorischer Vogel, der sich in den Höhlen versteckt und deshalb bis heute überlebt hat.

Der Gesang der Guácharos hat mich auf vielen Expeditionen durch Südamerika, von Venezuela bis nach Brasilien und Kolumbien, begleitet. Im dichten Urwald der Hochebene von Sarisariñama im Süden Venezuelas haben uns ihr Ausschwärmen in der Abenddämmerung sowie ihr Kreischen über unseren Zelten gezeigt, in welcher Richtung wir am nächsten Tag den Höhleneingang suchen mussten. Im Amazonasgebiet ist der Guácharo der ungekrönte Herrscher der Höhlen, in Asien hingegen sind es verschiedene Schwalbenarten der Gattung *Aerodramus*, auch Salanganen genannt.

Auch sie nutzen Echoortung, um sich in Höhlen zu bewegen – nicht ganz so raffiniert wie die Fledermaus, aber ebenso effektiv. In der Saint-Paul-Underground-River-Höhle auf der Insel Palawan auf den Philippinen leben etwa 270 000 Salanganen und etwa 130 000 Fledermäuse. Während einer Expedition mit dem La Venta Exploring Team war ich genau in dem Moment auf dem unterirdischen Fluss unterwegs, als die Schwalben bei Sonnenuntergang in ihre unterirdischen Nester zurückkehrten und dabei auf die Fledermäuse trafen, die zur nächtlichen Jagd ausschwärmten. Aus relativer Ruhe wurde ein regelrechter Lärmorkan. Wir lagen auf dem Boden unseres Bootes und konnten das Spektakel über uns hören. Es war schier unglaublich, dass diese gewaltigen Schwärme in der absoluten Dunkelheit nicht zusammenstießen.

Die Guácharos, die Schwalben und Fledermäuse bringen Geräusche in viele Höhlen, sie selbst können jedoch nicht tief in sie vordringen. Ihre Präsenz beschränkt sich auf den Bereich rund um den Eingang, maximal auf mehrere hundert Meter in den Hohlraum hinein.

Michel und ich diskutierten über die Spektogramme, die wir in den verschiedenen Hohlräumen aufgezeichnet hatten. Uns wurde klar, dass wir eine Felshöhle ohne fließende Gewässer und ohne jedes Leben suchen mussten, um die absolute Stille zu finden (Mikroorganismen einmal ausgenommen). Leider erlaubte es die politische und gesellschaftliche Lage in Venezuela nicht, noch einmal zur Imawarí Yeuta zurückzukehren, zu jener Höhle, über die ich auf der Konferenz in Los Angeles berichtet hatte. Aber wo sonst konnten wir ähnliche Bedingungen finden?

Ich dachte an die vielen Höhlen zurück, die ich schon erforscht hatte, und wieder fielen mir die Dolomiten ein. 2009 hatte ich an einer Expedition in die Grotta Isabella teilgenommen – die älteste Felshöhle des Gebirgsmassivs, die mit dem Höhlensystem der Piani Eterni im Nationalpark Belluneser Dolomiten verbunden ist. Vielleicht würden wir in diesen verzweigten Gängen einen Ort ohne Wasser und Luft und ohne jedes Leben finden.

Die Möglichkeit, dort ein Messinstrument zu positionieren, bot sich 2020, dank des Interesses der National Geographic Society, die eine Expedition organisierte und unsere Arbeit dokumentierte. Die Suche nach dem leisesten Ort der Welt war in den Fokus der Öffentlichkeit gerückt, und eines Wintermorgens standen wir vor dem Eingang der Grotta Isabella im Schnee. Es war Michels erste schwierige Höhle, und je weiter wir in die Dunkelheit vordrangen, desto mehr freute ich mich über seine staunende Begeisterung. Durch ihn hatte ich gelernt, die Welt um mich herum mit anderen Ohren zu hören. Und jetzt war ich glücklich, mich revanchieren und ihm den dunklen Kontinent zeigen zu können.

Wir drangen tiefer in die Gänge vor, durch die seit Jahrmillionen von Jahren kein Wasser mehr floss, und spitzten die Ohren, um auch noch das leiseste Geräusch wahrnehmen zu können. Einige Minuten standen wir vollkommen reglos da, um zu prüfen, ob es nicht doch irgendeinen Wassertropfen gab, der kurz vor dem

Herabfallen war und die Stille durchbrechen könnte. In besonders engen Passagen war aber nach wie vor ein zarter Lufthauch zu hören. Wir suchten weiter nach dem absolut Unhörbaren, dem Nichtwahrnehmbaren, wie ich es nennen würde.

Ein wenig entmutigt erreichten wir etwa 300 Meter hinter dem Eingang eine Stelle, wo sich der Gang zu einer breiten Halle öffnete. Die Wände waren staubig, der Boden vom Steinabrieb der Felswände vom Sand bedeckt, der sich im Laufe der Zeit dort angesammelt hatte. Orte wie dieser wirkten wie aus der Zeit gefallen, hier passierte gar nichts mehr. Wir verharrten einige Minuten regungslos in der Dunkelheit. Nichts, man hörte nichts, außer unserem Atem. Vielleicht hatten wir den Ort der absoluten Stille gefunden. Wir stellten das Messgerät auf, das einen Monat lang alles aufzeichnen sollte, was in dieser Halle passieren würde.

Im darauffolgenden Sommer kehrte ich in die Höhle zurück, um die Daten zu holen, und schickte Michel umgehend die SD-Karte mit 500 Gigabyte Datenmaterial. Sie wurden sofort ins LIDO eingespeist, um die Klangwellen sichtbar zu machen. Aber es war nur eine durchgehende Linie zu sehen, es gab nichts, was deren Monotonie unterbrach. Nur ganz selten waren tiefste Frequenzen zu erkennen, die wahrscheinlich von Erdbeben aus dem Erdinneren stammten. Aber sonst nichts. Nicht das geringste Geräusch. Wir hatten gefunden, wonach wir gesucht hatten. Näher ans Nichts würden wir nicht herankommen. Die absolute Stille in der absoluten Dunkelheit. Im begrenzten Raum einer Höhle wie jenseits der Grenzen des Universums.

DIE TIEFE

Vielleicht war es Jules Vernes Roman »Reise zum Mittelpunkt der Erde« und die darin beschriebene Faszination der Tiefe. Vielleicht auch der Schwindel, den ich empfand, als ich das erste Mal wie eine Spinne an ihrem Faden in 100 Metern Höhe freischwebend über dem Boden einer Höhle hing. Das damit verbundene Adrenalin machte mich süchtig, trieb mich dazu, jede Woche wieder in diese Tiefe hinabzuklettern.

Vielleicht träumte ich auch gar nicht mal so sehr von der Tiefe, sondern von ihrem Ende. Wie sah der Boden dort unten aus? Wo hörte die Tiefe auf? Ging es vielleicht doch noch weiter hinab oder musste ich den Blick wieder nach oben richten und mit dem mühsamen Aufstieg beginnen?

Im September 2001 war ich 16 und wollte unbedingt dorthin, nichts und niemand konnte mich aufhalten. Obwohl ich körperlich am Ende war, wollte ich noch weiter hinunter. Dass der anstrengende Rückweg zu Licht und Sonne noch mindestens 15 Stunden dauern würde, schreckte mich nicht. Mein Begleiter, Marco Salogni, warf mir einen zweifelnden Blick zu, als ich ein schlammiges Seil in die Seilbremse einführte. Das Seil war mit einem einzigen Knoten befestigt, 850 Meter unter der Erdoberfläche, vor dem letzten Stück Schacht. Darunter befand sich der Boden der Spluga della Preta.

Marco protestierte: »Mir reicht's! Das ist doch verrückt. Und viel zu gefährlich.« Aber er konnte mich nicht umstimmen. Der Abgrund unter mir zog mich magisch an. »Warte hier auf mich« war der einzig vernünftige Satz, den ich noch herausbekam. Ich betätigte den Hebel, um den Seillauf freizugeben, und wagte mich an die letzten 40 Meter. Die Wände glitten an mir vorbei, der Boden näherte sich. Nach wenigen Sekunden landete ich auf einem kleinen Felsvorsprung. Ich dachte, ich wäre unten, aber nein, es ging noch weiter! Und ich hatte kein Seil mehr. Kurz vor dem Ziel musste ich aufgeben.

Obwohl ich total erschöpft war und mich wegen des wenigen Schlafs kaum noch auf den Beinen halten konnte, kletterte ich ohne Seil weiter nach unten. Der verschlammte Fels war rutschig. Irgendwann dachte ich daran, was passieren würde, wenn ich ausgleiten und mir ein Bein brechen würde. Wer konnte mich hier rausholen? Ich schob den Gedanken beiseite, ich konnte es mir einfach nicht leisten, einen Fehler zu machen. Unten angekommen, stand ich in einer kleine Halle. Erleichtert bemerkte ich die in den Fels geritzten Namen der ersten Forscher. Es war geschafft. Als ich mich umsah, merkte ich, dass im Boden ein unüberwindbarer Spalt klaffte. Ich beugte mich darüber und spürte einen Luftzug im Gesicht. Ein kleiner Stein löste sich, und ich hörte, wie er nach wenigen Sekunden aufkam. Was war da unten? Der Spalt war zu eng für einen menschlichen Körper, aber die Höhle ging weiter. Es gab keinen wirklichen Boden. Diese Entdeckung ließ mir keine Ruhe, aber ich musste den Blick wieder nach oben richten und mit dem langen Aufstieg beginnen.

Es war hart. Ich war völlig verdreckt und verschwitzt. Ich weiß noch, dass ich bei jeder Pause einschlief und dann wieder hochschreckte. Ich zitterte vor Angst und Kälte. Marco ging es nicht besser, er schaute mich mitleidig an, und ich war mir sicher, dass er dachte: »Wie konnte ich mich auf so etwas einlassen? Mit einem halben Kind?« 400 Meter unter der Erdoberfläche trafen wir andere Mitglieder der Höhlenforschungsgruppe Padua, die auf uns warteten. Der Aufstieg war immer noch lang. Sie schlugen vor, einen heißen Tee zu trinken, aber meine vor Kälte verkrampften Muskeln und der durchnässte Anzug ließen eine längere Pause nicht zu.

Nach 33 Stunden erreichte ich den Schachteingang. Endlich trafen mich die wärmenden Strahlen der Sonne. Mein Vater stand oben, er hatte stundenlang auf mich gewartet. Ich erinnere mich noch an den Kontrast zwischen der kalten Dunkelheit und den sonnenüberfluteten Wiesen. Erschöpft ließ ich mich zu Boden sinken und schlief fast zwei Tage lang.

Die Tiefe hatte mich in ihren Bann gezogen und in den darauffolgenden Jahren sollte ich bestimmt hundertmal hinabsteigen, um nach weiteren Verzweigungen der Höhle zu suchen, deren Eingang quasi vor unserer Haustür lag. Der tiefste bekannte Punkt der Spluga della Preta lag 877 Meter unter der Erdoberfläche. Er wurde erstmals 1981 erreicht – nach mehr als 60 Jahren vergeblicher Anläufe hunderter Speläologen, die in den Tiefen der Lessinischen Berge oberhalb von Verona unterwegs waren.

Aber diese kräftezehrende Erfahrung hatte mir gezeigt, dass die Tiefe per definitionem kein Ende hat. Es gibt immer noch etwas zu entdecken – eine unüberwindliche Spalte, eine Steinlawine, einen Siphon. Die Tiefe ist nichts anderes als eine Grenze, ab der der Mensch nichts mehr sehen kann. Ich war besessen von diesem Gedanken und erkannte mich voll und ganz in den Versen von Charles Baudelaire, der genau beschrieb, was ich fühlte. Ich notierte sie auf der Rückseite des Fotos vom ersten Schacht der Spluga, das ich als Lesezeichen für meine Schulbücher verwendete.

Abgrund ist alles uns. Tat, Traum, Verlangen.
Wie oft hob sich mein Haar in starrem Bangen,
Durchschauerte mich Grauen eisig kalt!
In Höh'n und Tiefen, wo kein Ton mehr hallt,
in Ländern, furchtbar und doch voller Prangen,
Ist Gottes Hand durch meinen Schlaf gegangen,
Ein Schreckbild malend, grausam, vielgestalt.

Die Tiefe, der zentrale Begriff der Zeilen dieses unglücklichen Dichters, ist das beherrschende Merkmal vieler Höhlen. Sie bohren sich in die Tiefe und folgen damit dem Prinzip der Erdanziehung. Das Wasser, das durch die Ritzen eines Berges dringt, vereint sich gern zu Flüssen, die immer weiter nach unten streben, die Risse im Fels breiter werden lassen, Canyons und unterirdische Schächte öffnen und Wasserfälle erzeugen. Bis das Wasser aus einer Quelle am Fuß eines Tals an die Oberfläche tritt oder sich mit dem verbindet, was Geologen die »Erosionsbasis« nennen, das Höhenniveau eines Fließgewässers. Daraus ergibt sich, dass Höhlen in den Bergen zwangsläufig weiter in die Tiefe reichen, bei flachen Hügeln und in der Ebene stoßen wir dagegen schon bald unter der Erdoberfläche auf Wasser. Kein Fluss erodiert tiefer als die Höhenlage seiner Mündung, die nicht zwangsläufig der Meeresspiegel ist. Aber dieses geologische Prinzip hat Höhlenforscher nicht davon abgehalten, nach den tiefsten Tiefen zu streben, so wie es in entgegengesetzter Richtung bei Bergsteigern die höchsten Gipfel sind. Trotzdem gibt es einen fundamentalen Unterschied, sodass man die höchsten Berge und die tiefsten Höhlen nicht miteinander vergleichen kann: Von Gipfeln kennen wir die genaue Höhe, noch bevor wir oben sind. Wir können auch von bestimmten Orten aus erkennen, wo der Berg »aufhört«. Bei Höhlen dagegen weiß niemand, wie tief sie sind, solange sie nicht bis zu ihrem Boden erforscht sind. Und oft ist dieser Boden nur die Grenze, bis zu der der Mensch in diesem Augenblick vordringen kann, vielleicht kommt die nächste Expedition noch weiter. Die Erdoberfläche ist durch Satelliten vermessen, wir wissen genau, dass es keinen höheren Gipfel als den Mount Everest gibt, der sich 8848 Meter über den Meeresspiegel erhebt. Aber im Augenblick gibt es noch keine Technologie, mit der sich messen ließe, wie tief die tiefste Höhle der Welt ist, die wir womöglich noch gar nicht gefunden haben. Zu der messbaren, »wissenschaftlichen« Tiefe kommt noch die des Unbekannten, des Geheimnisvollen, was eine weit größere Wirkung auf unsere Fantasie hat.

Bei meinem ersten Abstieg in die Spluga della Preta trat ich in die Fußstapfen der Forscher aus dem Alpenverein Verona (CAI di Verona), die vor mir den Höhlenboden erreicht hatten. In eine erforschte Höhle hinabzusteigen, ist etwas anderes, als wenn man der Erste ist, nicht weiß, wie viel Seil man noch brauchen wird, und keine Ahnung hat, wie tief der nächste Schacht sein wird.

Als die Höhlenforschung sich im Laufe des 19. Jahrhunderts langsam entwickelte, wusste niemand, wie weit der Mensch in die Tiefe vordringen würde. Die ersten Höhlen wurden aus reiner Notwendigkeit erforscht und nicht, um Rekorde zu brechen.

Während einer Expedition im Bundesstaat Minas Gerais in Brasilien hatte ich die Möglichkeit, die Gruta das Torres zu besuchen, eine beeindruckende Höhle, die ein Fluss in den Quarzstein gegraben hat. Die Höhle ist 190 Meter tief und hat einige kleine Wasserfälle. Auf dem Weg in die Tiefe sind noch Reste von Stein- oder Holzkonstruktionen der Diamantensucher zu erkennen, die dabei helfen sollten, noch weiter in den Berg vorstoßen zu können. Kurz vor dem Höhlenboden taucht an der Decke die Zahl 1855 auf, geschrieben mit dem Ruß einer Fackel. Auf der Suche nach Diamanten hatten sich die Abenteurer immer weiter in die Tiefe vorgewagt, ohne zu ahnen, eine der damals tiefsten Grotten weltweit erkundet zu haben.

Ähnliches ereignete sich einige Jahre zuvor im Karstgebirge zwischen Triest und dem heutigen Slowenien. Hier gibt es viele Höhlen und unterirdische Flüsse, denn das Wasser dringt in den Kalkstein ein und verhindert die Bildung überirdischer Flüsse, was für die Wasserversorgung der Stadt Triest seit jeher problematisch war. Die Erforschung der Höhlen begann hier nicht, um Diamanten, sondern um Wasser zu finden.

Der unbestrittene Pionier dieser Mission war Antonio Federico Lindner, ein venezianischer Bergbauingenieur, der davon träumte, unter dem Hochplateau den Timavo zu finden, einen geheimnisvollen Fluss, der in den Höhlen von Škocjan verschwindet, um in San Giovanni di Duino, kurz vor Mündung in den Golf von Triest, wieder aufzutauchen. Zwischen 1839 und 1841 stieg Lindner in die größten Tiefen hinab, die ein Mensch in einer natürlichen Höhle bis dahin jemals erreicht hatte. Alles begann mit der Erforschung der Grotta di Padriciano. Er benutzte dafür Seile, die er sich bei Seeleuten im Hafen von Triest geliehen hatte. Gemeinsam mit dem »Brunnenmeister« Giacomo Svetina erreichte er am 20. Juni 1839 eine Tiefe von 270 Metern und stellte damit den ersten Tiefenrekord auf. Aber die größte Entdeckung machte er später, als er gemeinsam mit einigen Arbeitern den Durchgang zur Abisso di Trebiciano öffnete. Der typisch vertikale Gang am Anfang der Höhle weitet sich zu einem etwa 50 Meter tiefen Schacht, der wiederum in einer weitläufigen Halle endet, durch die ein Fluss fließt. Dieser Aufbau gab der Höhle den Namen »Abgrund«.

Der tatsächliche Boden der Höhle wurde erst vier Monate nach Beginn der Expedition erreicht, am 6. April 1841. Jetzt lag der Tiefenrekord bei 321 Metern. Wie ihre Aufzeichnungen belegen, war die Motivation dieser Männer weder, sich zu beweisen noch einen Rekord aufzustellen, sondern die Sorge um die Wasserversorgung von Triest. Dass der Fluss so tief lag, war für sie eher eine Tragödie, denn damals gab es keine Möglichkeit, ihn über Kanäle mit der entsprechenden Neigung in die Stadt zu leiten. Lindner starb wenige Monate nach der Expedition, ohne jede Anerkennung. Dennoch blieb sein Tiefenrekord ganze 84 Jahre lang bestehen. Seitdem hat keine andere Höhle diesen Titel so lange getragen.

Obwohl bereits in der zweiten Hälfte des 19. Jahrhunderts in ganz Europa Expeditionen zur Erforschung von Höhlen durchgeführt wurden, beschränkten sie sich meist auf Hohlräume mit einer

Längenprofil der Trebicer Höhle

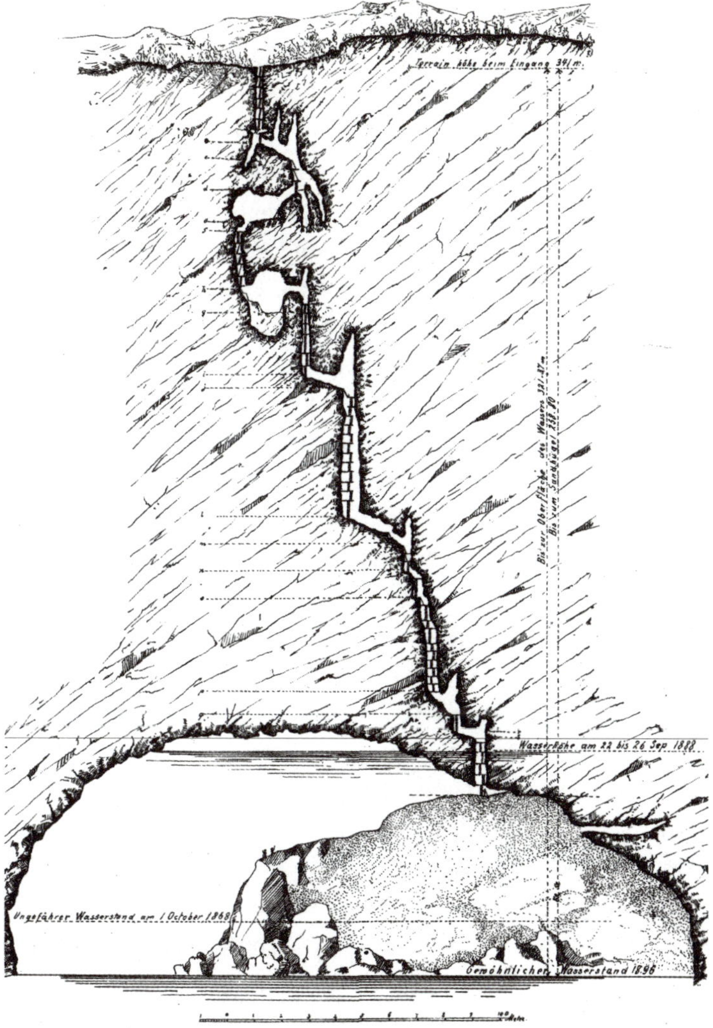

Topografisches Profil des Abisso di Trebiciano von Antonio Polley aus dem Jahre 1908, angefertigt mehr als ein halbes Jahrhundert nach der Erforschung durch Antonio Federico Lindner.

überschaubaren Tiefe. Die Ausrüstung war schlecht, die Risiken waren kaum einzuschätzen. Der erste Höhlenforscher, der sich systematisch und wissenschaftlich den Herausforderungen der Tiefe stellte, war der französische Anwalt Édouard-Alfred Martel. 1895 ließ er sich im Alleingang mit einer Strickleiter in den Gaping Gill in Yorkshire hinunter, ein 110 Meter tiefer Höhlenschacht. Das war zwar weit weniger tief als die Höhlen im Karstgebirge, aber während die Grotta di Padriciano und der Abisso di Trebiciano Höhlen mit Felsvorsprüngen, Terrassen, Hallen und kurzen Gängen waren, wo man sich unterwegs ausruhen und den Abstieg in mehrere Etappen aufteilen konnte, war Gaping Gill ein durchgängig senkrechter Schacht mit starker Luftzirkulation, die durch einen Wasserfall ausgelöst wurde. Die Strickleiter führte in der Mitte des Schachts hinab und baumelte hin und her, weit weg von den Wänden. Die Sprossen waren rutschig, die Hanfseile mit Wasser vollgesogen, der herabstürzende Wasserfall zwang zur Eile. Und unter Martel lag der pechschwarze Abgrund. Es fällt schwer, sich das ganze Ausmaß dieses Abenteuers vorzustellen, doch der Vater der modernen Speläologie hatte keine Angst. Er war der Wegbereiter für alles, was in den nächsten Jahrzehnten geschehen sollte. Ihn motivierten weder ökonomische Beweggründe noch Rekordstreben, sondern einzig und allein sein Wissensdurst.

Die Expedition, die den Tiefenrekord von Trebiciano brach, fand erst in den 1920er Jahren statt. An diesem Punkt der Geschichte der Speläologie änderte sich der Antrieb, möglichst weit ins Erdinnere vorzudringen: Nationalistische Propaganda, der Übermenschenkult von Friedrich Nietzsche und das Gedankengut Gabriele D'Annunzios machten den Abgrund zu einem Ziel, das es zu erobern galt. Wie schon auf die höchsten Berge wollte der Mensch auch in die tiefsten Tiefen vordringen – nicht aus gesellschaftlichem oder finanziellem Interesse, sondern allein um der Herausforderung willen oder einfach nur, um zu zeigen, dass es möglich ist.

1924 begann in Triest der Wettstreit zwischen zwei konkurrierenden speläologischen Vereinigungen, zwischen der Società Alpina delle Giulie und der Associazione XXX Ottobre, die eine neu entdeckte Höhle im Valle di Raspo untersuchen wollten. Dieses Tal lag damals im italienischen Istrien und gehört heute zu Kroatien. Die Höhle lud förmlich zum Abstieg ein: Nach einem Tunnel zu Beginn öffnete sie sich zu einem Schacht, dessen Tiefe man nicht einschätzen konnte. Die Società Alpina delle Giulie hatte den Eingang 1922 entdeckt, ohne jedoch weiterzuforschen. Die Associazione XXX Ottobre war 1924 mit Strickleitern bis in eine Tiefe von 307 Metern vorgedrungen, den Boden hatten die Männer jedoch nicht erreicht. Von Ehrgeiz gepackt, organisierte die Società Alpina eine weitere Expedition, die am 2. November des gleichen Jahres den bestehenden Tiefenrekord brach, wenn auch nur knapp. Sie erreichte eine Tiefe von 381 Metern.

Der Rekord wurde am 24. August des Folgejahres von der Società Alpina bestätigt, deren neue Expedition jedoch von einer schrecklichen Tragödie überschattet wurde. Nach 15-stündigen Vorbereitungen, bei denen die Schächte mit Strickleitern präpariert und Helfer auf den verschiedenen Terrassen positioniert wurden, überwand die Gruppe die Grenze von 381 Metern und erreichte um 23:30 Uhr eine Tiefe von 450 Metern. Doch der Gang war überflutet und nicht begehbar. Sie hatten den Boden erreicht und einen neuen Rekord aufgestellt, doch es schien, als lehnte sich die Natur dagegen auf, dass jemand in ihre verborgenen Tiefen vordrang: Ein fürchterliches Unwetter traf das Valle di Raspo.

Über ein Telefonkabel versuchte man von außen mit den Forschern Kontakt aufzunehmen, mit der Aufforderung, sich in Sicherheit zu bringen. Einige kauerten sich auf schmalen Felsvorsprüngen des Schachts zusammen, aber nicht alle fanden Platz. Es war unmöglich, sich von dort in Sicherheit zu bringen. Schon wenige Minuten später kam die Flut, ein Sturzbach ergoss sich in den Schacht. Später stand in der Zeitung: »Dann kam eine tödliche Welle, die alles mit sich riss, was sich ihr in den Weg stellte, sie rauschte durch den Gang und stürzte in einem Wasserfall in die Tiefe. Für die Menschen im Abgrund blieb der Zeiger der Lebensuhr am 25. August 1925 um Mitternacht für immer stehen.«

Die Vorhut konnte sich in einen schmalen Seitengang flüchten, aber wer im breiten Schacht hing, war verloren. »Der Flügel des Todes erfasste den ersten Felsvorsprung und riss zwei der fünf Helfer aus Raspo in die Tiefe, Biagio und Carlo Bozic, während die anderen drei gegen eine Vertiefung im Felsen gedrückt wurden. Das war ihr Glück.« Sechs Männer steckten 48 Stunden in der Höhle fest, verletzt und unterkühlt, bevor sich das Wasser beruhigte und sie wieder aufsteigen konnten. Aber die Brüder Bozic waren tot. Zwei einheimische Bauern, die sich auf das Abenteuer eingelassen hatten, um zu gucken, was es mit der Höhle auf sich hatte, die unter den Feldern ihres Tals lag. Biagios Leichnam konnte wenige Tage später geborgen werden, Carlo blieb verschollen, das Wasser hatte ihn an einen unbekannten Ort mitgerissen.

1925 wurde zum Schicksalsjahr: Tiefenrekord und Tragödie im Valle di Raspo. Seitdem wird die Höhle auch »Abisso Bertarelli« genannt, zu Ehren des damaligen Leiters der Höhlenforscher der Società Alpina delle Giulie. Aber 1925 wurde auch die Spluga della Preta entdeckt, das tiefe Loch, das unter den Wiesen der Lessinischen Berge klafft und das ich als Jugendlicher jahrelang erforscht habe.

Zwei Bergsteiger der Sezione Universitaria dal CAI di Verona, Debattisti und Cabianca, beschlossen, sich dieser Herausforderung zu stellen, die noch gewaltiger war als der Abisso Bertarelli oder der Abisso di Trebiciano. Der erste Schacht der Spluga ist ein Ort, an dem die Bedeutung des Wortes »Abgrund« besonders deutlich wird. Man hat es mit einer alles verschlingenden Tiefe von 131 Metern zu tun. Man seilt sich etwa 20 Meter in einem Felstrichter bis zu einer Verengung ab, dort öffnet sich der Schacht glockenförmig, sodass man sich freischwebend etwa 110 Meter in die Tiefe abseilen muss, weit weg von den Wänden, mitten hinein in den Abgrund. Der erste Schacht fasziniert vor allem durch die Lichtreflexe an den feuchten Felswänden. Man hat das Gefühl, sich inmitten eines riesigen Kaleidoskops zu befinden. Debattisti und Cabianca hatten sich Rücken an Rücken auf einem Holzbalken sitzend an einem Seil nach unten gelassen, das ihre Kameraden von außen festhielten, hochgezogen wurden sie von zwei Maultieren, die ihre Arbeit zum Glück zuverlässig erledigten. Am Fuß des ersten Schachts öffneten sich weitere Abgründe. Dieser Abstieg war der Anfang eines langen Abenteuers.

Expedition folgte auf Expedition, begleitet vom breiten Medienecho der faschistischen Presse, und schon 1926 verkündeten die Forscher, dass sie den Bertarelli-Rekord gebrochen und eine Tiefe von 510 Metern erreicht hatten. Ein neuer Weltrekord. Aber die Spluga della Preta war noch tiefer, und erst eine Expedition im Jahr 1927 überwand eine Felsenge am Ende des dritten Schachts, in einer geschätzten Tiefe von 643 Metern unter der Erdoberfläche.

Ich habe die Geschichte der Erforschung der Spluga della Preta in einem Buch mit dem Titel *Der Abgrund* beschrieben, das 2007 bei Vivalda erschienen ist. Ich war 23 und hatte das Bedürfnis, die Geschichte dieser Höhle und ihrer Finsternis zu erzählen. Wenn man von Abgründen und Tiefenrekorden spricht, ist es wichtig, daran zu erinnern, dass die Messungen in diesen Jahren mit Barometern/Höhenmessern durchgeführt wurden und es noch keine trigonometrische Entfernungsbestimmung gab. Im Fall des Abisso di Trebiciano war es aus ökonomischem Interesse wichtig, die Tiefe zu messen, Ziel war es ja, Wasser nach Triest zu leiten. Bei den Expeditionen in den 1920er Jahren hingegen ging es nur um den Rekord. Und die Messungen waren häufig gefälscht, manchmal um bis zu 100 Meter! Beim Abisso Bertarelli wurde eine Tiefe von

450 Metern angegeben, dabei ergaben nachfolgende Messungen, dass die Forscher der Società Alpina delle Giulie lediglich 345 Meter tief gewesen waren. Aber die auffälligste Fälschung betraf die Spluga della Preta, deren Tiefe 1927 mit 643 Metern angegeben wurde. 1958 wurde sie neu vermessen und die Tiefe auf bloße 354 Meter korrigiert! Der Mythos des Übermenschen und die Jagd nach Rekorden hatten die Wissenschaft verdrängt, vor allem bei der Spluga, wo die Forscher von faschistischer Propaganda dazu gedrängt worden waren, »fantastische« Zahlen zu liefern. Es sollte weitere Jahrzehnte und Expeditionen von den 1960er bis zu den 1980er Jahren benötigen, bis der alte Rekord gebrochen und der Tiefe mit 877 Metern unter der Erdoberfläche eine neue Dimension gegeben wurde – diesmal ohne Fehler oder Einmischungen von außen gemessen.

Die Verzerrung der Tiefe eines Abgrunds kommt häufig vor, vor allem, wenn Menschen das erste Mal mit diesem Naturphänomen in Kontakt kommen, das immer auch ein wenig Angst macht. Während meiner Forschungsreisen in Europa und auf der ganzen Welt habe ich Einheimische gefragt, ob sie in ihrer näheren Umgebung eine Höhle kannten. Es gab zahlreiche Hinweise auf unendlich tiefe, bodenlose Abgründe. Die Tiefe, die man mit einem Steinwurf schätzen kann, wird oft überbewertet, manchmal um das Zehnfache. Mexikanische Bauern, die sich mit Taschenlampen und Seilen in eine Höhle in der Umgebung gewagt hatten, erzählten mir von Felsvorsprüngen von mehr als zehn Metern Länge, von nicht enden wollenden Gängen und einem schwindelerregend tiefen Schacht, der ihnen das Blut in den Adern gefrieren ließ. Bei meiner eigenen Expedition fand ich heraus, dass die Höhle gerade einmal 30 Meter tief war und der Schacht, von dem sie gesprochen hatten, nicht sehr beeindruckend war. Als wir sie mit der fertigen Höhlenskizze konfrontierten, behaupteten sie steif und fest, dass sie in einer anderen Verzweigung gewesen wären, die zehnmal größer war als die, die wir gefunden hätten. Sie wollten nicht wahrhaben, dass Angst und Dunkelheit ihre Wahrnehmung derart verzerrt hatten.

In den 1920er Jahren hatten manche Höhlenforscher sicherlich ähnliche Wahrnehmungsverzerrungen, und in der Erinnerung wuchs das Gesehene ins Unermessliche – besonders angesichts der primitiven technischen Möglichkeiten von damals. Gemessen wurde mit Hilfe von Seilabschnitten, die man in die Schächte hinunterließ, und man neigte – vielleicht sogar mit Absicht – zu Übertreibungen.

Diese geschönten Messwerte überschatteten andere aufsehenerregende Expeditionen, wie den Abstieg florentinischer Speläologen 1934 in den Antro del Corchia in den Apuanischen Alpen in der Toskana. Sie waren die Ersten überhaupt, die tiefer als einen halben Kilometer unter die Erde vordrangen. Sie maßen 541 Meter (spätere Messungen lagen bei 520 Metern) und hätten den Rekord verdient gehabt, aber leider konnten sie mit den fabulierten Zahlen der Spluga della Preta nicht mithalten.

Unter den Teilnehmern dieser Expedition war einer, dessen große Stunde nach dem Zweiten Weltkrieg schlagen würde: Giuseppe »Beppo« Occhialini. Der Physiker gehörte zur Elite der Speläologen und erwarb weltweite Anerkennung durch seinen Beitrag zur Teilchenphysik: die Entdeckung des Positron- und des Pion-Teilchens, für die er fast den Nobelpreis bekommen hätte, der dann aber seinen Kollegen Blackett und Powell verliehen wurde (vielleicht wurde er übergangen, weil er sich weigerte, am Bau der Atombombe mitzuwirken). Neben seiner Leidenschaft für kleinste Teilchen widmete sich Occhialini der Erforschung des dunklen Kontinents. Seine Kompetenz in theoretischer Physik setzte er in seiner Passion für die Höhlenforschung praktisch um. »Eine Expedition ist der physische Ausdruck einer intellektuellen Leidenschaft«, sagte er gerne zu seinen Studenten an der Universität Mailand.

Neben der Erforschung des Antro del Corchia trieb Occhialini 1931 auch den ersten Abstieg in den Abisso Revel voran, eine Höhle, die ebenfalls in den Apuanischen Alpen liegt. Dort musste man sich 316 Meter ins Nichts abseilen. Der Abisso Revel galt damals als der tiefste Schacht der Erde, ein furchterregender Schlund, so tief wie der Eiffelturm hoch. Solche Abgründe sind besonders faszinierend, da man vom Boden aus das von oben einfallende Licht erkennen und so die ungefähre Entfernung zur Erdoberfläche abschätzen kann.

Doch der Höhepunkt seiner speläologischen Entdeckungen fand in den 1950er Jahren statt. Nach seiner Zeit in Brasilien, wohin er vor den Faschisten geflohen war, war Beppo Occhialini wieder nach Europa zurückgekehrt und traf sich in Paris und Brüssel mit französischen und belgischen Abenteurern, darunter der Vulkanologe Haroun Tazieff und der Physiker Max Cosyns. Letzterer war 1932 mit Auguste Piccard in einem Ballon in die Stratosphäre aufgestiegen und hatte dabei mit 16 200 Metern über der Erde einen neuen Höhenrekord erzielt. Aber die Begeisterung für den dunklen Kontinent trieb ihn wieder unter die Erde. Er scharte eine hochqualifizierte Forschergruppe um sich. 1950 beschlossen sie, sich einem der faszinierendsten Karstberge der Pyrenäen zu widmen, dem Col de la Pierre Saint-Martin an der Grenze zwischen Frankreich und Spanien. Hier gibt es ein ausgedehntes Höhlensystem mit meist unproblematischen Schächten. Ihre Entdeckung war reiner Zufall. Eines Morgens im August saßen Beppo Occhialini und Georges Lépineux auf einer Wiese, um sich nach der Erkundung eines etwa 20 Meter tiefen Schachts auszuruhen. An der Felswand dieses Schachts öffnete sich ein schmaler Spalt. Lépineux nahm einen Stein und sagte scherzhaft: »Wollen wir wetten, dass ich den Spalt schon beim ersten Versuch treffe?«

»Auf keinen Fall!«, erwiderte Beppo.

»Und warum nicht?«

»Weil du ihn sowieso treffen wirst«, lautete die ergebene Antwort.

Lépineux warf den Stein, der einen Bogen in der Luft beschrieb und genau in der Öffnung landete. In diesem Moment kam ein schwarzer Pyrenäen-Rabe aus der Spalte und bewegte etwas verwirrt die Flügel. Weitere Vögel folgten, die schließlich unter tosendem Lärm über ihre Köpfe hinwegflogen.

Die beiden wussten genau, dass sich dort, wo Raben nisten, oft große Höhlen befinden. Sie näherten sich der Öffnung und schauten in die Dunkelheit. Sie warfen einen zweiten Stein, der gegen eine Wand prallte, dann hörten sie nichts mehr. Sie suchten nach einem größeren Stein, warfen ihn hinein und hörten mehrere Aufprallgeräusche, dann wieder Stille. Sie versuchten es mit einem noch größeren Stein, aber auch seine Aufprallgeräusche wurden nach und nach immer leiser. Konnte das tatsächlich ein bodenloser Abgrund sein?

Durch Zufall hatten die beiden eine der beeindruckendsten Untiefen unseres Planeten entdeckt. Sie standen am Rand eines mehrere hundert Meter tiefen Abgrunds!

Am folgenden Tag kamen sie mit einer Bleileine zurück und rollten die gesamten 200 Meter ab, aber das Blei schwebte im Nichts. Erst mit einer zusätzlichen zweiten Leine konnten sie eine Tiefe von 320 Metern messen.

Die Geschichte der Erforschung dieses Höhlensystems wird in zahlreichen Büchern erzählt, wie zum Beispiel in *Le Gouffre de la Pierre Saint-Martin* von Tazieff oder in *Dreißig Jahre unter der Erde* von Casteret. Sie schildern aufsehenerregende Entdeckungen, die aber von einem schrecklichen Unfall überschattet wurden. An der danach eingeleiteten Rettungsaktion nahm auch mein späterer Mentor Attilio Benetti teil. 1951 hatten die Forscher den Abstieg mit Hilfe einer mit Pedalkraft betriebenen Seilwinde zur Hälfte überwunden und hingen inmitten einer riesigen Halle, die so groß war, dass die Kathedrale von Notre-Dame darin Platz gefunden hätte. Dabei entdeckten sie einen unterirdischen Fluss, der

Schematisches Profil des Gouffre de la Pierre Saint-Martin, vom 320 Meter tiefen Lépineux-Schacht bis zur Salle de la Verne, aus dem Buch *Dreißig Jahre unter der Erde* von Norbert Casteret.

zwischen riesigen Felsbrocken ins Unbekannte strömte. Im folgenden Jahr wurde in großem Stil eine neue Expedition organisiert, die leider kein gutes Ende nehmen sollte. Marcel Loubens, ein Schüler von Norbert Casteret und Anführer der Gruppe, hing etwa 20 Meter über dem Boden am Stahlseil inmitten der Halle. Der

Rückweg hatte gerade begonnen, als die Winde angehalten wurde, damit Loubens eine Magnesiumfackel entzünden und die Umgebung ausleuchten konnte, während Tazieff und Occhialini den Boden mit ihren Kameras abfilmten. In diesem Moment gab die Klemme nach, die den Ring im Klettergurt blockierte, und das Seil lief durch. Die Kameraden sahen Loubens in die Tiefe rauschen, gegen die Felsen schlagen und dann auf sich zukommen. Sie fingen ihn auf, er war bewusstlos, aber noch am Leben, hatte sich jedoch schwere Verletzungen an der Wirbelsäule zugezogen.

Um aus dem Schacht hinauszukommen, musste man eine Stunde lang wie an einem Fallschirm im Gurt hängen. Das würde Loubens in seinem Zustand nicht schaffen. Während sich die Nachricht vom Unfall in ganz Europa verbreitete und viele (darunter auch Attilio) zum Berg eilten, um zu helfen, versuchten Occhialini und Tazieff, zusammen mit dem Arzt Mairey, der sich nach unten abseilen ließ, ihren Kameraden am Leben zu erhalten. Leider vergebens. Marcel Loubens starb 36 Stunden nach dem Unglück. In diesem Augenblick soll Occhialini ein Gedicht von Garcia Lorca zitiert und mit dem Ruß seiner Karbidlampe folgende Inschrift auf einem riesigen Stein hinterlassen haben:

ICI
MARCEL
LOUBENS
A VÉCU LES
DERNIERS JOURS DE
SA VIE COURAGEUSE
(HIER HAT MARCEL LOUBENS DIE LETZTEN TAGE
SEINES MUTIGEN LEBENS VERBRACHT)

Sein Leichnam wurde erst zwei Jahre später an die Erdoberfläche gebracht, dank einer von Casteret organisierten Expedition. 60 Jahre danach hatte ich Gelegenheit, die riesige Lépineux-Halle zu durchqueren und mir Occhialinis französische Inschrift anzusehen. Das Motiv dieser Männer, sich der Herausforderung der Tiefe und der Dunkelheit dieser Höhle zu stellen, war wirklich reiner Wissensdurst. Sie verloren dabei einen Freund, gaben aber auch den Startschuss zu zahlreichen, bis heute andauernden Expeditionen in die Unterwelt der Pyrenäen. 1953 erreichte eine Gruppe französischer Speläologen den Boden des Gouffre de la Pierre Saint-Martin. Sie wurde von Casteret und Tazieff angeführt und von einer Höhlenforschergruppe aus Lyon begleitet. Die Männer folgten dem Lauf des unterirdischen Flusses. Die Höhle wurde immer voluminöser, die Decke war nicht mehr zu erkennen, die Wände entfernten sich immer mehr, bis sie endlich am Ziel waren. Sie hatten die damals größte bekannte unterirdische Halle der Welt entdeckt. Noch heute gilt sie als die größte Europas: die Salle de la Verne. Ein riesiger Hohlraum im Fels mit einem Durchmesser zwischen 200 und 250 Metern. Der Boden liegt 736 Meter unter der Erdoberfläche, ein neuer Tiefenrekord, der sogar die Spluga della Preta übertraf. 1958 wurde von der französischen Elektrizitätsgesellschaft EDF ein Tunnel gegraben, um das Wasser des unterirdischen Flusses zur Stromerzeugung zu nutzen.

2006 wollte ich diese Höhle durchqueren, betrat sie durch den obersten Eingang (den SC3, der 1975 entdeckt wurde) und kam durch den EDF-Tunnel wieder ins Freie, dabei überwand ich insgesamt 1000 Höhenmeter und eine Vielzahl unterirdischer Gänge. Den Gouffre de la Pierre Saint-Martin zu durchqueren, ist einer der faszinierendsten Ausflüge, die ein Speläologe unternehmen kann: Schritt für Schritt steigt man in die immer breiter werdende Höhle hinab. Über Schächte gelangt man zu Mäandern und tiefen Canyons, überwindet breite Gänge und immer größere Hallen, bis man schließlich in der Salle de la Verne steht. Ich habe meine Gefühle beim Abstieg in einem Notizbuch festgehalten und bin beim erneuten Lesen auch noch nach Jahren von den Worten überrascht, die ich beim Anblick des imposanten Raums gewählt habe: »An der Schwelle zur großen Halle wird der Wind stärker, genau wie meine Gefühle, die Schritte werden schneller, der Herzschlag gleichermaßen. Es braust, es klingt wie das Knurren eines Ungeheuers, das in wenigen Sekunden die Wände zum Einsturz bringen und uns in eine finstere, sternenlose Nacht schleudern wird. Die gewaltige Kuppeldecke lässt sich nur erahnen. Sie wird von Dutzenden silbrig glänzenden Säulen getragen, Wasserfälle stürzen aus unvorstellbarer Höhe nach unten. Ich kann mir vorstellen, wie ungläubig die Forscher aus Lyon im Juli 1953 vor diesem Spektakel gestanden haben müssen. Die physikalischen Gesetze scheinen hier außer Kraft gesetzt zu sein. Weder Brunelleschi noch Leonardo da Vinci, ja nicht mal Jules Verne hätten sich ein solch architektonisches Meisterwerk ausdenken können, das die Natur hier geschaffen hat.«

Nach Jahrzehnten erfolgreicher Forschung ist das Höhlensystem im Karst des Col de la Pierre Saint-Martin inzwischen weitgehend erschlossen: 83 Gangkilometer, 1410 Meter Tiefe mit 14 bekannten Eingängen und der größten unterirdischen Halle Europas. Neben der Salle de la Verne gibt es noch weitere Hallen wie die Salle Chevalier oder die Salle de l'Eclipse im Fluss parallel zum Gouffre de Partages. Unter diesem Gebirgsmassiv erstreckt sich eine fantastische Welt aus Stein, Wasser und Dunkelheit, die der unterirdischen Fantasiestadt Khazad-dûm von Tolkien in nichts nachsteht.

Durch die Expeditionen der 1950er Jahre und die Tragödie um Marcel Loubens geriet die Höhlenforschung in den Einflussbereich nationaler Interessen, und die Jagd nach Rekorden wurde immer härter. Die italienischen Höhlenforscher waren vom Ehrgeiz gepackt und intensivierten die Vorstöße in der Spluga della Preta, aber den verlorenen Rekord eroberten sie nicht zurück.

Jenseits des Scheinwerferlichts kam es jedoch zu einem Paradigmenwechsel: Vor dem Krieg wurden Höhlenforschungen mit »schwerem Gepäck« durchgeführt, vergleichbar mit dem der Bergexpeditionen in den Himalaya, manchmal sogar mit Unterstützung durch die Armee und mit militärischer Ausrüstung. Das galt auch für die Expeditionen ins Pierre-Saint-Martin-Massiv. Danach war alles anders – dank einer Gruppe von Freunden aus Lyon, die schon seit mehreren Jahrzehnten in den Höhlen der Felsenfestung Dent de Crolles über dem Isèretal nahe Grenoble unterwegs waren. Dieser karstige Berg ist vom Fuß bis zum Gipfel von kilometerlangen Mäandern und Gängen durchzogen. Die bedeutendsten Höhlenforscher waren Fernand Petzl und Pierre Chevalier, zwei Autodidakten, die ihre Ausrüstung eigenhändig in Fernands Werkstatt anfertigten. Anfang der 1930er Jahre begannen die damals 20-Jährigen mit ersten Streifzügen durch das Höhlensystem. Sie betraten die Felsenfestung durch den Gang, durch den das Wasser austrat, an der Quelle des Flusses Guiers Mort. Die beiden verstanden sich weniger als Erforscher der Tiefe, sondern vielmehr als Bergsteiger im Reich der Dunkelheit. Aus diesem Grund nannte Chevalier das Buch, das er über seine Expeditionen in den Dent de Crolles geschrieben hat, auch »Escalades souterraines« (»Unterirdische Klettertouren«). Mitten im Zweiten Weltkrieg, während der deutschen Besatzung, hatten die beiden unter diesem Berg ihre ganz persönliche Freiheit gefunden. Bei ihren Erkundungen fanden sie eine weitere Pforte, die Trou du Glaz, die sie vom Gipfel aus erforschten, wobei sie mehrere Hindernisse überwinden mussten. Sie erfanden eine zerlegbare Kletterstange als Hilfsmittel für komplizierte Aufstiege und sorgten auch sonst für zahlreiche Neuerungen bei der Ausrüstung, die die Speläologie, aber auch den Alpinismus revolutionieren sollten. Dazu gehörten Nylonseile, leicht und stabil zugleich, sowie Haken für den Aufstieg an mit Knoten versehenen Seilen, die schwere Strickkleitern überflüssig machten. Petzl erfand auch neue Kletterhilfen aus Stahlseilen und Aluminiumtritten, anstelle von Strickleitern aus Hanfseilen und Holz, die sich mit Wasser vollsaugten und immer schwerer wurden.

Zwölf Jahre nach ihren ersten Versuchen fanden die beiden 1944 endlich das Verbindungsstück zwischen beiden Höhlen, der Gesamthöhenunterschied betrug 512 Meter. Bis 1947 hatten sie weitere 17 Kilometer Tunnel entdeckt, mit fünf deutlich sichtbaren Eingängen und einem Höhenunterschied von 603 Metern, darunter auch den höchstgelegenen Höhleneingang am Berg, die Grotte Annette. Von den falschen Zahlen der Spluga einmal abgesehen, wies die Höhle im Dent de Crolles damals den größten bekannten Höhenunterschied weltweit auf. Anders als bei anderen unterirdischen Hohlräumen war der Höhlenboden hier der »Ausgang«, der Austritt eines Flusses, folglich hatte man einen Ein- und Ausgang und konnte das gesamte Bergmassiv in unterschiedlichen Richtungen durchqueren.

Kein Wunder, dass Petzls und Chevaliers Erfahrungen im Dent de Crolles auch den Weg für ein noch aufsehenerregenderes Ereignis wenige Jahre später ebneten: die Überwindung der magischen 1000-Meter-Marke. Bei einer Expedition in den französischen Voralpen zur Gouffre-Berger-Höhle, die später ebenfalls berühmt werden sollte, schafften es die beiden tatsächlich: Schon 1952 hatten sie das Gängesystem und die gewaltigen Wasserfälle dieser herrlichen Höhle erforscht. 1955 erreichte Petzl bei einer 218-stündigen Expedition eine Tiefe von 985 Metern. Unter ihm öffnete sich der »Orkanbrunnen«, der noch mal geschätzte 50 Meter tief war. Sie hatten keine Leitern mehr, aber eines war sicher: Sie hatten die 1000-Meter-Marke erreicht. Im folgenden Jahr drangen die beiden während einer 380-stündigen Expedition (das heißt, sie waren mehr als zwei Wochen unter der Erde) zu einem 1122 Meter tiefen Siphon vor: ein neuer Weltrekord. Dieses Ereignis und der erneute

Abstieg in die Spluga della Preta im Jahr 1963 bis auf tatsächliche 870 Meter Tiefe markierten die Höhepunkte dieser Pionierleistungen.

Mit der Einführung neuer technischer Hilfsmittel wie der des Einfachseils mit Seilbremse und Blockierunterstützung wurde die moderne Speläologie geboren. Man brauchte keine zentnerschwere Ausrüstung und keine großen Mannschaften mehr, um eine Höhle zu erforschen. Von diesem Augenblick an gab es kein Halten mehr: In Europa, aber auch auf der ganzen Welt wurden Expeditionen zusammengestellt und Hunderte bisher unbekannte Höhlen entdeckt. Angesichts der spektakulären Entdeckungen der letzten 60 Jahre verblassten die großartigen Leistungen der 1920er Jahre. Heute kennt man mehr als 110 Höhlen mit mehr als 1000 Metern und mindestens 1000 Höhlen mit mehr als 500 Metern Tiefe. Und die Liste wird ständig länger.

Aber wo ist die Grenze? Wie tief kann es gehen?

Wir wissen es nicht und werden es vielleicht auch nie erfahren. 1983 überwanden französische Höhlenforscher in der Réseau-Jean-Bernard-Höhle in Hochsavoyen die Grenze von 1500 Metern (später auf 1602 Meter präzisiert). Auch auf anderen Kontinenten wurde Jagd nach dem Tiefenrekord gemacht: 1989 die Boy-Bulok-Höhle in Usbekistan (-1415 Meter), im Laufe der 1990er Jahre die Chevé Cave in Mexiko (-1524 Meter) und 1996 Neide-Muruk auf der Insel New Britain in Papua-Neuguinea (-1258 Meter), die erste Höhle der südlichen Hemisphäre mit mehr als 1000 Metern Tiefe.

Im Rahmen der Erforschung des westkaukasischen Arabika-Massivs sind ukrainische Höhlenforscher am 19. Oktober 2004 unter der Leitung von Jurij Kasjan in der Woronja-Höhle mehr als 2000 Meter in die Tiefe vorgedrungen. Einige Monate zuvor war Alexander Klimchuk, ein renommierter Wissenschaftler und Expeditionsleiter, einige Zeit bei uns zu Gast gewesen. Damals arbeitete er mit meinem Vater, einem Geografen und Geologen, der auf das Quartär spezialisiert ist, an der Universität Padua zusammen. Wie hypnotisiert hörte ich seinen Geschichten zu, die er in nicht immer verständlichem Englisch erzählte. Diese außergewöhnliche Tiefe war Traum und Albtraum jedes Speläologen dieser Welt. Dieser Rekord war das Resultat eines Wettlaufs zwischen russischen und ukrainischen Forschern, die sich Monat für Monat gegenseitig übertrafen. Damals galten das Arabika-Massiv und das Bzybsk-Massiv in Abchasien als das Gebiet mit den meisten tiefen Höhlen der Welt. Der Grund dafür war einleuchtend: Die Höhleneingänge befinden sich auf über 2000 Metern Höhe, und die Ausgänge, aus denen das Wasser wieder austritt, liegen unter dem Spiegel des Schwarzen Meeres. In der Woronja-Höhle trifft man in 2140 Metern Tiefe auf Wasser, dort ist alles überflutet. Aber die ukrainischen Speläologen wollten noch weiter vordringen. Sie sind 2012 mit dem Spelosub Hennadij Samokhin noch die letzten Meter getaucht und haben den Tiefenrekord auf 2197 Meter gesteigert. Aber mit Sicherheit ist der Ort, in den das Licht des Samokhin gedrungen ist, noch nicht das Maximum, bestimmt wird auch dieser Rekord wieder gebrochen werden. Allein für diesen Tauchgang brauchte man ein 59-köpfiges Team, das 27 Tage in der Höhle gewesen ist. Ein immenser Aufwand, nur um eine Höchstleistung zu erzielen.

Die neuen Tiefenrekorde verdanken wir nicht zuletzt den neuen Technologien. Die Bemühungen des einzelnen Speläologen sind nur winzige Fortschritte bei der Erforschung des dunklen Kontinents. Wir wissen nicht, wo die nächste Grenze geknackt wird. Vielleicht wird sie nicht mehr im Kaukasus, sondern im Karstgebirge von Westneuguinea in Indonesien liegen, wo sich die Kalksteinschichten mehr als 3000 Meter über den Quellen der unterirdischen Flüsse erheben. Der Höhlenboden ist eine Grenze für den Menschen, aber es treibt uns weiter, wir wollen sehen, was sich jenseits der Grenzen befindet, »jenseits der Säulen des Herkules«.

Hinter all den Zahlen und strapaziösen Expeditionen ins Innere der Erde verbergen sich immer auch Strapazen und Angst, aber vor allem Leidenschaft und Neugier auf das Unbekannte. Alle, die dem Rekord nachgejagt sind, standen dem Abgrund und dem, was er symbolisiert, nämlich dem Nichtgreifbaren und dem Flüchtigen unserer begrenzten Wahrnehmung, von Angesicht zu Angesicht gegenüber.

2018 musste auch die Woronja-Höhle das Zepter aus der Hand geben. Ein Team von Speläologen aus Moskau erforschte die einzigartige Verevkina-Höhle im Kaukasus. Als Pavel Demidov, der Leiter der Expedition, mir zum ersten Mal das Profil der Höhle zeigte, konnte ich es kaum glauben: Sie erstreckt sich über mehrere Schächte direkt bis auf 2000 Meter Tiefe. Dort verzweigt sie sich in ein riesiges Netz aus horizontalen Gängen.

Sie sieht aus, als ob ein Blitz eingeschlagen, seine Energie in tausend verschiedene Richtungen gelenkt und den Abgrund in ein Labyrinth verwandelt hätte. Bis heute sind etwa acht Gangkilometer erforscht, bis zu einem großen See auf 2212 Metern Tiefe.

Aber keiner weiß, wie die Entwicklung weitergehen wird. Immer wenn man glaubt, endlich den Boden erreicht zu haben, geht es noch ein Stück tiefer. Jedes Mal, wenn wir glauben, angekommen zu sein, beginnt eine neue Reise. Der tiefste Punkt existiert nur in unserem Kopf.

DAS LABYRINTH

Wenn man zum ersten Mal eine Höhle betritt, hat man meist Angst sich zu verlaufen. Das Licht der Stirnlampe fällt auf Schatten, die sich mit uns bewegen, auf Weggabelungen, die sich weiter verzweigen, ohne uns eine Chance zur Orientierung zu geben. Ohne den Kompass wären wir verloren, und wenn wir uns umdrehen, kann es sein, dass uns die veränderte Perspektive verwirrt und wir gar nicht wissen, dass wir wieder am Ausgangsort angekommen sind. Vielleicht haben wir den Eindruck, einen unbekannten Felsblock vor uns zu haben, aber in Wahrheit ist es nur das Licht, das aus einer anderen Richtung darauffällt und ihn anders aussehen lässt. Man läuft im Kreis, biegt in Gänge ein, die abrupt enden, oder stößt auf unerwartete Abgründe.

Ich habe mich bei Höhlenexkursionen auf dem Rückweg nur sehr selten verlaufen. Meist genügt es, ein paar Schritte zurückzugehen, um die richtige Perspektive und damit den Weg zum Ausgang zu finden. Aber wenn man erstmals in eine unbekannte Höhle vordringt, ist das ganz anders. Oft stand ich vor der Entscheidung, welchen Weg ich einschlagen soll, folgte einem Luftzug oder dem Murmeln eines Baches, dem Aufprall eines Steins, der in ein tiefes Loch gefallen war. Hinter einem diffusen Schatten könnte ein Durchgang liegen, vielleicht eine Halle mit einer Öffnung nach wer weiß wohin, vielleicht genügt es, einen Stein zur Seite zu rollen, und man entdeckt einen unbekannten Gang. Jedes Mal, wenn wir an einer Weggabelung stehen, müssen wir uns bewusst sein, dass unsere Entscheidung den Ausgang der Expedition fundamental beeinflusst. Eine Sackgasse kann uns schon nach wenigen Metern zum Rückzug zwingen, oder aber das Gängesystem verzweigt sich immer weiter und tiefer in den Berg hinein. Den Weg zu finden, ohne das Ziel zu kennen, ist ein außergewöhnliches Spiel, das wahrscheinlich seit Urzeiten gespielt wird.

Das ist das Charakteristikum des Labyrinths, ein Mythos, der die Menschheitsgeschichte seit Jahrtausenden geprägt hat. Samivel (das Pseudonym des französischen Schriftstellers und Forschers Paul Gayet-Tancrède) hat vielleicht am treffendsten beschrieben, warum uns das Labyrinth so viel mehr fasziniert als jede menschliche Erfindung: »Es enthält ein Thema, das universell ist, eine Mischung aus Angst und Hoffnung, das eine Art intellektuellen Albtraum nährt, der uns fast wahnsinnig machen kann, auf der anderen Seite aber auch der Meditation eines Weisen gleichkommt. Und all das nur dank eines einzigen Bildes, das zu ›irgendetwas‹ führt, zu einem Ungeheuer oder zu einem Schatz, vielleicht zu beidem.«

Die grundlegende Aussage Samivels ist die, dass der Forscher in einem Labyrinth nicht weiß, was er sucht. Vielleicht die Mitte dieser symmetrischen Anordnung, vielleicht einen anderen Ausgang, ein Gefühl angesichts einer unerwarteten Entdeckung. Der Faden der Ariadne ist die einzig sichere Verbindung mit der Vernunft, aber das mutige Voranschreiten in diesem Gewirr erlaubte es Theseus, den Minotaurus zu besiegen und zu überleben.

In all den Jahren meiner Forschung, beim Kartieren der Welt unter der Erde, beim Michverlieren in immer größeren und weniger greifbaren Systemen im Karst habe ich mich unzählige Male gefragt, was wir da eigentlich suchen.

Dem Phänomen Labyrinth stand ich erstmals in der ersten Hälfte der 2000er Jahre gegenüber. Ich kannte viele Höhlen, die bereits erforscht und deren komplexes Netz aus ehemaligen und heutigen Wasserläufen, die die unterirdische Welt wie Arterien durchzogen, auf Karten festgehalten worden war. Und dennoch war es die Faszination der Tiefe, die mich antrieb, weiter vorzudringen. Deshalb war ich jedes Jahr, ob Sommer oder Winter, in den Piani Eterni der Belluneser Dolomiten unterwegs. Damals war die Höhle bis zu einer Tiefe von 966 Metern und ein Gängesystem von etwa zehn Kilometern Länge erforscht, aber man wusste, dass es noch weitergehen musste, da die Quellen am Fuß des Berges tiefer lagen. Die Bemühungen der italienischen Speläologen, mit denen ich dort gewesen war, zielten darauf hin, einen Weg zu finden, die bisher bekannten Grenzen zu überschreiten.

Das Höhlenprofil war einfach: Eine Reihe von mehr oder weniger parallelen Schächten bohrte sich in den Berg. Nach jahrelangen erfolglosen Versuchen (darunter der Abstieg in einem Wasserfall, der 850 Meter in die Tiefe stürzte, bei dem ich wegen Unterkühlung fast gestorben wäre) hatten wir beschlossen, uns noch etwas mehr in horizontaler Richtung umzusehen und einem kleinen Seitengang zu folgen, durch den man nach wenigen hundert Metern über einige Ab- und Aufstiege zu einem See gelangte, der fast bis an die Höhlendecke reichte. Dabei handelte es sich um die sogenannten »Nord-West-Verzweigungen«, die nicht nach unten führten, sondern sich horizontal in Richtung Bergmitte zogen. Für diese Erkundung hatten wir uns Paolo Grotto, Marco Salogni und Giancarlo Prenotto anvertraut, drei Pioniere der ersten Stunde. Bei ihren Vorstößen waren sie bis zum See, aber nicht weiter gekommen. Diesmal war die Wasseroberfläche gekräuselt, was dafür sprach, dass es auf der anderen Seite weiterging. Im August 2005 wagten Paolo und ich uns mit »Hydroanzügen«, die wir uns von russischen Forschern ausgeliehen hatten (ein unbequemer wasserdichter Latexanzug), in das eiskalte Wasser (drei Grad!) des Sees. Wie erwartet ging die Höhle in einem Mäander weiter, durch den ein Fluss führte. Nach wenigen hundert Metern erreichten wir eine Kreuzung, von der aus sich mehrere Gänge ins Dunkel erstreckten. Jetzt wurde es spannend, aber ich machte mir Sorgen, weil ich mir an einem scharfkantigen Felsen auf Höhe des Knöchels ein Loch in den Hydroanzug gerissen hatte. Auf dem Rückweg tat ich alles, um den Fuß trocken zu halten, aber das Wasser drang trotzdem ein. Doktor Kneipp wäre stolz auf mich gewesen: Ich war völlig durchnässt, dazu kam eine eiskalte »Brise«, die selbst einem Finnen unangenehm gewesen wäre! Zum Glück lag im Basislager auf 450 Metern Tiefe warme und trockene Kleidung bereit, und ich konnte mich umziehen.

Um uns von der Kälte zu erholen und ein wenig zu schlafen, wollten wir die Nacht in unseren warmen Schlafsäcken in dem kleinen Zelt verbringen. In solchen Situationen schläft man nie ruhig. Zwischen schnarchenden Kameraden, in feuchter Luft, bei absoluter Dunkelheit und in unbequemer Lage auf einer dünnen Isomatte auf dem harten Boden ist man in einer Art Warteposition. Aber man wartet nicht auf den Sonnenaufgang, sondern auf das Klingeln des Weckers. Trotzdem hatte ich in dieser Nacht intensive Träume. Wir stiegen in einen nicht enden wollenden unbekannten Schacht hinunter, und plötzlich wurde mir schwindlig. Ich schreckte aus dem Schlaf, getrieben von einer Mischung aus Angst und Aufregung. Aber auch mit offenen Augen konnte ich nichts erkennen, die Stille wurde nur von den Atemgeräuschen meiner Gefährten durchbrochen.

Im Sommer 2006 kehrten wir zurück, um die Erforschung der Höhle jenseits des Sees fortzusetzen. Diesmal hatten wir eine Methode entwickelt, das Wasser im See abzulassen: Einer von uns musste sich im Hydroanzug auf die andere Seite durchkämpfen und das Wasser mit einem langen Rohr umleiten, sodass die anderen nach einer Stunde trockenen Fußes durchgehen konnten. Wir passierten gefährliche Engstellen, dann entdeckten wir einen nach oben führenden Gang, der uns über kleinere Hallen auf einen Felsvorsprung brachte, von dem aus es wieder nach unten ging. Wir schlugen ein paar Felsnägel und Seilhaken ein und seilten uns ab. Jenseits einer Terrasse klaffte ein tiefer Abgrund, aber wir hatten nur noch 15 Meter Seil. Wir warfen einen Stein, der mehrere Sekunden bis zum Aufprall brauchte, gleichzeitig erstreckte sich der Schacht kerzengerade nach oben. Er sah aus wie eine Rakete. Das schien die entscheidende Stelle im Herzen des Berges zu sein, von hier aus ging es senkrecht nach oben und nach unten.

Der Sommer war zu Ende. Im Herbst fällt in diesen Bergen reichlich Regen, die Höhle konnte jeden Moment von einem Hochwasser überschwemmt werden. Wir hätten bis zum nächsten Jahr warten sollen, aber mein Forscherdrang ließ mir keine Ruhe. Was würde uns am Boden der Höhle erwarten? Mein nächtlicher Traum schien Realität zu werden, was mir fast ein wenig Angst machte.

Wir beschlossen, eine trockene und kalte Schönwetterperiode Anfang November zu nutzen und es noch einmal zu versuchen. Innerhalb von drei Tagen erforschten wir den tiefen Schacht. Wir hatten 100 Meter Seil dabei, und nachdem wir zahlreiche Nägel ins Felsgestein geschlagen hatten, hatte ich das Gefühl, es endlich geschafft zu haben. Doch der Knoten, der das Ende des Seils markierte, schwang im Nichts hin und her. Obwohl es für uns nicht weiterging, glaubte ich, den Boden zumindest erkennen zu können. »Wer weiß, was da noch ist? Vielleicht Quergänge, die man erforschen kann?«, dachte ich beim Blick in die Tiefe.

In diesem Moment ahnte ich, dass diese Höhle nicht nur ein tiefer Einschnitt in den Berg war, sondern dass sich um uns herum etwas entfaltete, was wir noch nicht verstanden hatten.

Mein Traum sollte sich schließlich bewahrheiten. Im Januar 2007 erreichten wir den Boden der Höhle und entdeckten einen zwei Kilometer langen Gang, der fast waagrecht tiefer in den Berg hineinführte und in dem ein Luftzug zu spüren war. Euphorisiert drangen wir weiter ins Innere vor, ließen Gabelungen und Verzweigungen hinter uns, die noch nie jemand betreten hatte. Wir folgten dem vermeintlichen Hauptgang, aber es gab so viele Nebengänge, dass wir sie gar nicht alle erforschen konnten. Ihre Zahl war fast schon beängstigend. Wir hatten ein Höhlensystem entdeckt, dem wir später den Namen »tiefes altsteinzeitliches Labyrinth« gaben.

Die Labyrinthe im Karst entstehen durch die wasserbedingte Zersetzung des Gesteins, und zwar über Millionen und Abermillionen von Jahren hinweg. Um die Geometrie eines Karstsystems zu verstehen, muss man sich ein Buch vorstellen, das neben der räumlichen auch noch eine zeitliche Dimension hat. Die Gewässer verschiedener Epochen haben sich in den Fels gegraben und verbinden sich, dabei folgen sie zwei grundlegenden Prinzipien. In der »ungesättigten« Zone eines Gebirges (wo das Wasser in die teilweise mit Luft gefüllten Poren der Risse eindringt) gräbt sich das über dem Grundwasserspiegel liegende Wasser durch die Erdanziehung ins Felsgestein nach unten und formt auf seinem Weg große Schächte, Canyons, Mäander und tiefe Abgründe. Weiter unten jedoch, in der »gesättigten« Zone, wo das Grundwasser alles überflutet und die Fließgeschwindigkeit geringer ist, wird der Fels durch den Wasserdruck abgebaut. Das Wasser versucht sich in alle Richtungen auszubreiten, und zwar nicht notwendigerweise nur nach unten, sondern auch zur Seite. Auf diese Weise entstehen horizontale Höhlensysteme. All dies geschieht, während der Berg selbst durch tektonische Stöße nach oben gedrückt wird, mit der Folge, dass die einst in der Tiefe entstandenen Höhlen im Laufe von Jahrmillionen aus dem Wasser auftauchen und angehoben werden, manchmal Hunderte von Metern über der ursprünglichen Position. Es entsteht ein komplexes Labyrinth aus trockengefallenen Gängen, in denen die Zeit stillsteht. Doch in der Zwischenzeit bilden sich in der Tiefe neue Grundwasserschichten, die sich im Laufe der Jahrmillionen nach oben bewegen.

Das Ergebnis ist ein Geflecht von Gängen und Schächten, durch die Wasserfälle hinabstürzen, die von den tiefen Grundwasserschichten aufgefangen werden und ein verzweigtes Labyrinth bilden. Um es zumindest annähernd zu verstehen, können wir uns das Ganze als mehr oder weniger geometrisch angeordnete horizontale Labyrinthe vorstellen, die oftmals übereinanderliegen und durch vertikale, gerade oder spiralförmige Schächte, Stollen und Canyons, durch die Wasser fließt, miteinander verbunden sind. Unter einem Quadratkilometer Bergoberfläche kann es mehr als 100 Gangkilometer geben. Die Dreidimensionalität der Unterwelt ist überwältigend. Giovanni Badino hat mir das Phänomen erklärt, indem er es mit seinem Lieblingswein verglich: »Die Korbflaschen wirken groß, aber erst wenn sie mit Wein gefüllt werden, wird klar, dass ihr Volumen sehr viel größer ist als ihre Oberfläche. Genau so ist es mit den Bergen: Sie wirken mächtig, aber die Hohlräume in ihrem Inneren sind um ein Vielfaches größer.«

Damals war uns noch nicht klar, dass auch zehn Leben nicht reichen würden, um dieses Labyrinth in seiner Gesamtheit zu erforschen. Wir errichteten ein neues Basislager, in einer Halle mit Sandboden im Herzen des Höhlensystems, um bis zu einer Woche unter der Erde verbringen und unsere Erkundungen so effizient wie möglich machen zu können.

Bei der Erforschung einer so komplexen dreidimensionalen Welt ist es wichtig, jeden Ort, den man durchquert, bewusst wahrzunehmen und ihn systematisch festzuhalten. Die Anfertigung von Karten ist dabei besonders hilfreich, aber vor allem auch die Toponomastik: Der Speläologe hat die Möglichkeit, bislang unentdeckten Orten einen Namen zu geben. Bei der Erstellung der Karte des Piani-Eterni-Labyrinths ließen wir unserer Fantasie freien Lauf, gaben jeder Halle, jedem Schacht, jeder Verzweigung und jedem Gang, die wir entdeckt hatten, einen aussagekräftigen Namen. Normalerweise greift man dabei auf Sagen oder Märchen zurück. So wurde unser neues Lager zur »Seeräuberschenke«, während ein Felseinschnitt in der Nähe »Schlucht der Dichter« hieß. Wir kamen uns vor wie Entdecker auf hoher See – nur eben im Inneren der Erde. Nach und nach erkundeten wir immer neue Verzweigungen, erreichten »Nimmerland« und den »Tunnel der verlorenen Kinder«, stiegen den »Käpt'n-Hook-Schacht« hinab. Bei der »Trimurti«-Gabelung ließen wir uns von der indischen Mythologie inspirieren. Von dort zweigten die Gänge »Shiva«, »Brahma« und »Vishnu« ab, bis wir schließlich durch den »Moby-Dick-Tunnel«, den »Käpt'n-Ahab-Canyon« und die »Ismael-Klamm« wieder nach oben stiegen. Und so ging es immer weiter, je weiter die Karte auf dem Millimeterpapier voranschritt, desto mehr Namen vergaben wir, von denen einer exotischer und fantasievoller als der andere war. Die Namensgebung war wichtig, um uns über einen bestimmten Ort verständigen zu können, ohne ihn detailliert beschreiben zu müssen, und gemeinsam von Orten zu träumen, die wir sonst nicht so schnell hätten identifizieren können.

So reihte sich Kilometer an Kilometer, Jahr an Jahr, und wir drangen immer weiter vor, verloren in einem Labyrinth, das kein Ende zu nehmen schien. Anfangs genossen wir noch jeden Schritt, jede neue Verzweigung, jeden Gang, in den wir als Erste einen Fuß setzten. Aber mit der Zeit wurde uns bewusst, dass einige Zonen des Höhlensystems mehrere Kilometer vom Eingang entfernt lagen und sich den Talhängen rund um die Piani Eterni näherten. Die Intensität der Höhlenwinde machte uns klar, dass der Berg an mehreren Stellen durchlöchert sein musste.

Nach was suchten wir eigentlich? Und die Antwort kam prompt: Wir suchten nach einem neuen Ausgang. Die Expedition, die uns Engagement, Technik, Risikobereitschaft und Ausdauer abverlangte, hatte zwei eng miteinander verwobene Ziele: Wir wollten die Geometrie des Höhlenlabyrinths verstehen und trotz dieser Komplexität gleichzeitig einen Weg ins Freie finden, um uns aus den Fängen des unterirdischen Monsters zu befreien. Aber nicht durch den Eingang auf dem Hochplateau. Wir nährten den Traum, die

Höhle bei Sonnenuntergang im Westen zu betreten, den Berg im Inneren zu durchqueren, um ihn bei Sonnenaufgang im Osten wieder zu verlassen. Richtig nachgedacht habe ich damals nicht darüber, aber jetzt, wo ich diese Zeilen schreibe, wird mir bewusst, dass es bei dieser Expedition um den Mythos vom Tod und von der Wiedergeburt der Sonne ging, der in vielen Kulturen auf allen Kontinenten der Erde verbreitet ist.

Würden wir den dafür nötigen Hauptgang jemals finden? Die Luftströme und Karten legten nahe, dass es noch einen anderen Zugang geben musste. Aber er schien unauffindbar zu sein. Ich war wie besessen von dieser Idee, konnte an gar nichts anderes mehr denken und brütete nächtelang über den Karten. Allmählich wurden wir müde. Immer weniger Kameraden waren bereit, ihre Ferien zu opfern. Es war an der Zeit, die Strategie zu ändern und von außen zu suchen. Aber auch das war schwierig, denn die Berghänge waren steil und unzugänglich: Das, was wir suchten, konnte in einem Wald oder in einer Felswand versteckt sein.

Erst als ich zum ersten Mal am Eingang der Grotta Isabella stand, wurde mir klar, dass ich der Lösung ganz nah gekommen war. Wilderer hatten diese Höhle in den 1970er Jahren in einem der ursprünglichsten Gebiete der Dolomiten entdeckt. Um ihren Eingang zu erreichen, musste man fünf, sechs Stunden klettern, auf schmalen Felsbändern am Fuß von mehr als 700 Meter hohen Gesteinswänden, immer an den Flanken der Valle del Mis entlang, die tiefe Schlucht, die im Osten an die Piani Eterni grenzt. Unter den Wilddieben war auch ein Adliger, der Conte Miari Fulcis, der der Lokalpresse von seiner Entdeckung berichtete. Er widmete die Höhle seiner Mutter Isabella. Viele Jahre später erregte dieser Bericht die Neugier einiger Speläologen in Feltre – vor allem der Teil, in dem er davon erzählt, dass sie nach etwa 70 Metern in der Höhle vor einem niedrigen Tunnel standen, in dem man einen Fluss rauschen hörte. Als die Höhlenforscher 1997 das erste Mal an dieser schier unüberwindbaren Stelle standen, wurde ihnen klar, dass das Geräusch nicht von Wasser, sondern von Wind verursacht wurde, der mit großer Geschwindigkeit durch die Felsenge brauste. Der Berg atmete.

Aber damals interessierte uns dieses Höhlensystem noch nicht, weil wir die Komplexität des Labyrinths nicht annähernd begriffen hatten. Erst nachdem wir Kilometer um Kilometer erforscht hatten, kam uns der Gedanke, dass diese abgelegene Höhle der Ausgang sein könnte, nach dem wir suchten.

Jetzt, wo ich in meinen Aufzeichnungen wieder nachlese, was ich vor dem Eingang der Grotta Isabella empfand, während mir der Wind sanft übers Gesicht strich, wird mir klar, dass vielleicht alles längst in diesem Gewirr aus Gängen geschrieben stand: »Der Zugang zur Höhle ist schwer zu beschreiben. Schwer zu sagen, warum … aber ich glaube, dass alle Öffnungen zur unterirdischen Welt, vor allem die weiter unten liegenden Ausgänge, sich ein wenig ähneln: nicht so sehr in ihrer Beschaffenheit, sondern in ihrer Magie. Man spürt etwas, man ahnt, dass das das Tor zu einer Welt ist, das nur vom Wind völlig durchdrungen wird. Ein Luftzug, der endlich von seiner unterirdischen Reise zurückkehrt. Ein lautes Rauschen an der ersten Felsenge, das keinen Zweifel lässt: Das ist der Atem des Monsters.«

Wir begannen die Grotta Isabella zu erforschen und verloren uns in scheinbar endlosen Gängen. Dann verglichen wir die Karten der beiden Höhlen. Aber obwohl alles auf eine Verbindung hinwies, gelang es uns nicht, sie zu finden. Das Problem war offensichtlich: Es handelte sich um zwei übereinanderliegende Labyrinthe. Die Grotta Isabella erstreckte sich etwa 200 Meter über dem altsteinzeitlichen Höhlensystem, das wir in den Piani Eterni entdeckt hatten, deshalb gab es nur eine Möglichkeit, die Verbindung zu finden: Wir mussten in die Grotta Isabella hinabklettern.

Die einzigen Verbindungen zwischen übereinanderliegenden Höhlen sind häufig die schmalen Mäander der ungesättigten Zone, die vor gar nicht allzu langer Zeit durch unterirdische Flüsse entstanden sind. Wir fanden einen Flusslauf und folgten ihm durch feuchte Mäander und Engstellen – das alles mit schweren Rucksäcken voller Seile, die wir für kurze Kletterpassagen und zur Sicherung bei gefährlichen Übergängen benötigten. Nur der deutlich spürbare Wind ließ uns durchhalten. Nach mehreren Versuchen waren wir im Sommer 2009 endlich auf der richtigen Höhe. Nach jahrelangen Anstrengungen hatten wir es geschafft und waren höchstwahrscheinlich am Ziel.

Am 22. August wagten wir voller Begeisterung den finalen Abstieg. Anhand der Karten musste das Labyrinth der Piani Eterni in greifbarer Nähe sein, nicht weit von der »Seeräuberhöhle«, unserem Basislager, entfernt. Aber leider standen wir nach wenigen Metern vor einem fast komplett überschwemmten Durchgang. Damals schrieb ich: »Ich weiß nicht, was ich machen soll. Mir ist klar, dass ich ins Wasser muss, denn das ist die letzte Chance, mein Ziel zu erreichen. Doch wenn ich die Höhle danach nicht rasch verlasse, erfriere ich. Doch was, wenn das Labyrinth der Piani Eterni tatsächlich auf der anderen Seite ist? Wenn ich an den Weg denke, den ich bisher zurückgelegt habe, gibt es keine andere Möglichkeit. Der Wind zeigt mir den Weg. Ich muss ihm nur folgen.«

Ich bat meine Kameraden zu warten. Ich war regelrecht besessen von dieser Vorstellung, die Lösung musste ganz nah sein. Ich warf alle Bedenken über Bord und ging ins Wasser, drang fünf, zehn, zwanzig Meter vorwärts. Ohne Taucheranzug, ohne Hydroanzug, es gab nichts, was mich schützen konnte. Die Kälte war überall spürbar, aber ich hatte keine Angst. Jenseits des Wassers zwängte ich mich durch einen schmalen Gang. Ich starrte auf den Boden, auf der Suche nach Fußspuren, die wir auf unserer Expedition vor vielen Monaten hinterlassen haben konnten. Aber da war nichts. Der Wind drang durch eine Spalte, die selbst für einen Schlangenmenschen eine Herausforderung gewesen wäre. Ich legte alles ab, was mich behindern könnte, sogar den Helm, und schob ihn vor mir her. Ich zwängte mich durch die Spalte, doch nach wenigen Metern war die Decke so niedrig, dass ich nicht weiterkam, ich hätte stecken bleiben können. Ich war allein, hilflos im Angesicht des Monsters, ein Minotaurus, der mich zu einem fatalen Fehler verleiten konnte. Ich versuchte die Finsternis zu durchdringen, in Gedanken war ich bereits jenseits des Durchgangs. Ich war mir sicher, dass dort die »Seeräuberhöhle« lag, mit den Zelten, in denen wir während der Erkundung der anderen Seite so viele Nächte verbracht hatten. Aber es gab kein Durchkommen. Ich hatte keine Chance. In einer der demütigendsten und gefährlichsten Situationen, in der ich jemals war, musste ich aufgeben. »Was soll's«, sagte ich mir, »im Grunde war diese Expedition nichts als ein Spiel.«

Der Historiker und Dichter Paolo Santarcangeli, einer der größten Kenner der mykenischen Kultur und Minotaurusforscher, hat eine neue und überzeugende Übersetzung des Wortes »Labyrinth« vorgeschlagen. Es komme nicht von *labrys,* Doppelaxt, ein Symbol, das sich wiederholt in den Ruinen des Palastes von Knossos findet, sondern von *laura* oder *labra*, was Stein bedeutet. Ein Weg durch den Stein, ein Stollen oder Gang mit der Endung -inda, die im Altgriechischen ausschließlich im Zusammenhang mit Kinderspielen verwendet wurde. Die Antwort auf unsere Ausgangsfrage: »Was bringt den Menschen dazu, ein Labyrinth zu betreten?« oder noch konkreter »Was bringt uns Speläologen dazu, das Labyrinthsystem der Piani Eterni zu erforschen?« ist damit offensichtlich: das Spiel. Es gibt kein faszinierenderes Spiel, als die unglaubliche Komplexität der Natur zu erkunden. Das Labyrinth versinnbildlicht dieses Spiel, und wenn wir es mit einer Höhle, einem real existierenden Ort verbinden, der noch größtenteils unerforscht ist, kann man der Herausforderung nicht widerstehen.

Diesmal musste ich kehrtmachen, ohne den Durchgang gefunden zu haben. Völlig durchnässt eilte ich zum Eingang der Grotta Isabella, um nicht zu erfrieren. Mit Mauro Bordin an meiner Seite, während Marco Salogni und Omar Canei noch die Seile einsammelten und nachkommen würden. Ich war enttäuscht, ich hatte das Spiel, das mich jahrelang beschäftigt hatte, verloren. Es war eine Nummer zu groß für mich, zu komplex. Die Vorstellung, dass meine Kameraden hinter uns die Seile aufrollten, hatte den Beigeschmack einer bitteren Niederlage. Keiner von uns würde dorthin zurückkehren. Mitten in der Nacht erreichten Mauro und ich den Eingang der Grotta Isabella. Wir entzündeten den Gaskocher, um uns zu wärmen, und ich zog trockene Kleidung an, während wir auf die beiden anderen warteten. Doch auch nach mehreren Stunden waren sie noch immer nicht aufgetaucht. Wir begannen uns Sorgen zu machen. Um zwei Uhr nachts beschloss ich, meinen nassen Anzug und den Helm wieder anzuziehen, um nach ihnen zu suchen. Zu der Enttäuschung, es nicht geschafft zu haben, gesellte sich Angst. War ihnen etwas passiert? Kurz nachdem Mauro und ich wieder in die Höhle eingestiegen waren, sahen wir zwei Lichter auf uns zukommen. Wir atmeten erleichtert auf, aber als wir die Gesichter der beiden sahen, wussten wir, dass etwas passiert war.

»Ist alles in Ordnung? Das hat ja ewig gedauert«, fragte ich Marco.

Er zögerte mit der Antwort und lächelte.

»Es ist etwas passiert, aber du wirst es nicht glauben.«

»Gab es Schwierigkeiten? Konntet ihr die Seile nicht bergen?«

»Nein, die Seile haben wir alle.«

Ich verstand nicht, was vorgefallen sein konnte, die beiden wirkten überhaupt nicht beunruhigt.

»Wir haben es geschafft! Wir haben das Labyrinth der Piani Eterni erreicht!«

Ich sah die beiden ungläubig an. In meiner Erinnerung gab es nur die eine Spalte. Machten sie sich über mich lustig?

»Als wir mit dem letzten Seil knapp über dem Boden hingen, entdeckten wir in einer Nische einen schmalen Gang. Omar ist ihm gefolgt und hat einen Fußabdruck gefunden.«

»Das glaub ich nicht.«

»Wir konnten es zuerst auch nicht glauben. Wir sind den Spuren bis in die Piani Eterni gefolgt, kamen an ›Nimmerland‹ vorbei, bis wir schließlich die ›Seeräuberschenke‹ erreichten.«

Mauro und ich blickten uns wortlos an. Dann brachen wir in Jubel aus, umarmten uns, klopften uns auf die Schultern und begannen wie verrückt zu lachen. Das war ein historisches Ergebnis, und es war völlig unwichtig, wer den Übergang tatsächlich gefunden hatte. Der Erfolg stand uns allen zu, im Nu waren die Mühen und Enttäuschungen der vergangenen Stunden vergessen.

Das Labyrinth hatte mir eine wichtige Lektion erteilt: Man darf sich nicht endgültig geschlagen geben. Auch wenn man glaubt, dass es keinen anderen Weg gibt, auch wenn man glaubt, dass das Spiel vorbei ist.

Wenige Wochen später betraten wir bei Sonnenuntergang die Höhle der Piani Eterni ganz in der Nähe des Gipfelplateaus, dann durchquerten wir den Hauptgang des Labyrinths, stiegen die Mäander wieder hoch, um schließlich durch den Ausgang der Grotta Isabella wieder ans Tageslicht zu kommen. Die Reise war zu Ende.

Aber auch diesmal war uns nicht klar, dass wir nur einen von unzähligen Wegen durch das Labyrinth genommen hatten. In den darauffolgenden Jahren haben wir noch weitere zehn Gangkilometer entdeckt, bis heute sind 40 Kilometer des Höhlensystems bis zu 1052 Metern Tiefe kartografiert, sechs Eingänge sind bekannt. Trotzdem bin ich mir sicher, dass wir bislang nur einen kleinen Teil dieses Geflechts in dem Berg gefunden haben.

Dass man eine Verbindung zwischen zwei Höhlen findet, ist nur aus unserem menschlichen Blickwinkel etwas Besonderes. Die

Höhlen waren längst eine Einheit mit mehreren Eingängen, bevor die Speläologen gekommen sind. Wir machen nichts anderes, als diese »Punkte zu verbinden«. Und dennoch verändert sich unsere Sicht auf ein Höhlensystem, wenn wir diese Verbindung und damit weitere Zugänge entdecken. Die Suche nach diesem »Verbindungsstück« verbindet viele Expeditionen weltweit. In meiner Heimat berühmt ist die Verbindung zwischen dem Abisso Fighiera und dem Antro del Corchia in den Apuanischen Alpen, wo man das erste Höhlensystem Italiens gefunden hat, mehr als 1000 Meter unter der Erdoberfläche. In die Geschichte der Speläologie eingegangen ist auch die Entdeckung der Verbindung zwischen mehreren Höhlen im Nationalpark Ordersa in den Pyrenäen (das Arañonera-System, mit einem Höhenunterschied von 1340 Metern). In Österreich ist es polnischen Höhlenforschern in den Leoganger Steinbergen gelungen, die PL2-Höhle mit dem Lamprechtsofen zu verbinden. Der gesamte Höhenunterschied beträgt 1632 Meter, damals ein Weltrekord. Ebenfalls in Österreich, im Karst des Dachsteinmassivs im Gemeindegebiet Hallstatt, gelang englischen Speläologen der Durchstieg zwischen Hirlatzhöhle und WUG-Pot. Dadurch ergab sich ein System von 113 Kilometern Gesamtlänge und einem Höhenunterschied von 1560 Metern.

Die Geschichte von unserer Erforschung der Piani Eterni hat viele Parallelen zu anderen Expeditionen in Karstlabyrinthen weltweit. Wir Speläologen können uns der Faszination für Labyrinthe nicht entziehen. Doch wer angesichts derart komplexer Systeme mit Dutzenden kilometerlangen Gängen in mehreren hundert Metern Tiefe versucht, all ihre Geheimnisse zu enthüllen, ist von vornherein zum Scheitern verurteilt.

Wir wissen noch immer nicht, wie viele Tunnelkilometer in den Piani Eterni unerforscht sind, das gilt auch für das Dachsteinmassiv oder das Innere des Monte Corchia. Es gibt keine geophysischen Messinstrumente oder technische Hilfsmittel, die uns darauf eine

Antwort geben. Schätzungen aufgrund nationaler Datenerhebungen (aber nicht alle von Speläologen gesammelten Daten werden öffentlich gemacht!) ergaben zusammen mit Daten der speläologischen Gesellschaften, dass es weltweit etwa 40 000 Kilometer kartografierte Höhlen gibt.

Jetzt, wo ich diese Zeilen schreibe, kennen wir weltweit 36 Höhlen mit mehr als 100 Tunnelkilometern. Mit Abstand die weitläufigste ist die Mammoth Cave in Kentucky, mit einem 678 Kilometer langen Gangnetz. Es handelt sich um ein horizontales Labyrinthsystem auf fünf Ebenen, die wenige Meter voneinander entfernt und insgesamt nur 130 Meter hoch sind. Die Mammoth Cave ist nur eine von 25 Höhlen in diesem Gebiet, deren Verbindungen im Laufe von zwei Jahrhunderten entdeckt worden sind. Die wichtigste Verbindung wurde 1972 gefunden, zwischen der Mammoth Cave und dem Flint-Ridge-System. William Halliday erzählt in seinem Buch *Depths of the Earth* davon. Auch in diesem Fall war die Verbindung zwischen den weitverzweigten Systemen eine sehr enge Spalte, auf die man vorher nicht geachtet hatte. Erst dank der Hartnäckigkeit und der zierlichen Figur der Speläologin Patricia Crowther ist es gelungen, die »Tight Spot« genannte Spalte zu durchqueren und das Rätsel zu lösen, wie man vom Flint Ridge zur Mammoth Cave gelangen kann.

Auch das weltweit zweitlängste Gängesystem wurde dadurch entdeckt, dass man eine Verbindung mehrerer Höhlen fand, die anfangs für Einzelphänomene gehalten wurden. Es handelt sich um Sac Actun, ein unterirdisches Flusssystem, das sich unter der mexikanischen Halbinsel Yucatan über fast 400 Kilometer erstreckt. Unter den prächtigen Mayatempeln von Tulum versteckt sich eines der faszinierendsten Unterwasserhöhlensysteme, die der Mensch je erforscht hat. In Trockenperioden der Erdgeschichte (in der Eiszeit, als der Meeresspiegel noch niedriger lag) lagerten sich dort riesige Stalaktiten und Stalagmiten ab, die nach Anstieg des

Meeresspiegels wieder überflutet wurden (in den zwischeneiszeitlichen Perioden wie der, in der wir gerade leben). Die Vermischung von Salzwasser und Süßwasser schuf besondere Bedingungen, unter denen sich das Kalkgestein aufgelöst und ein Höhlensystem geschaffen hat, das sich von der Küste mehrere Kilometer ins Innere der Halbinsel erstreckt. Man erreicht die Höhle durch zahlreiche runde Schächte, *Cenotes*, die sich im Regenwald öffnen und einen beeindruckenden Zugang zur unterirdischen Flusslandschaft bieten.

Während diese *Cenotes* anfangs nur oberflächlich untersucht wurden, eher für touristische und weniger für wissenschaftliche Zwecke, begann Anfang der 1990er Jahre eine internationale Gruppe von Höhlentauchern das Gebiet zu erforschen und zu kartografieren. Je weiter es vorankam, desto mehr Verbindungen zwischen den *Cenotes* wurden gefunden, sie bildeten ein gemeinsames Unterwasserhöhlensystem. Das Sistema Sac Actun und das Sistema Dos Ojos bildeten 2018 einen Höhlenkomplex von mehr als 300 Kilometern Gesamtlänge, 2020 waren es bereits 370 Kilometer. Aber das ist noch nicht alles: Mehr als 500 Höhlentaucher aus der ganzen Welt, deren Einsätze von der QRSS (Quintana Roo Speleological Survey) organisiert werden, erforschen das Sistema Sac Actun in Richtung des Höhlensystems Ox Bel Ha, von dem bereits 284 Kilometer vermessen sind. Hinzu kommen zahlreiche kleinere Höhlen mit mehr als 30 Kilometern Tunnellänge. Die Vorstellung, dass alle diese Verzweigungen ein einziges gigantisches Unterwasserhöhlensystem bilden, zu dem man über Hunderte von *Cenotes* Zugang hat, ist heute keine Hypothese mehr, sondern eine seriöse wissenschaftliche Erkenntnis. Wenn es den Forschern gelingt, alle Puzzleteile zusammenzusetzen, kann das unterirdische Flusssystem der Halbinsel Yucatan womöglich eine Ausdehnung von 1500 Kilometern haben und die Mammoth Cave auf den zweiten Platz verdrängen.

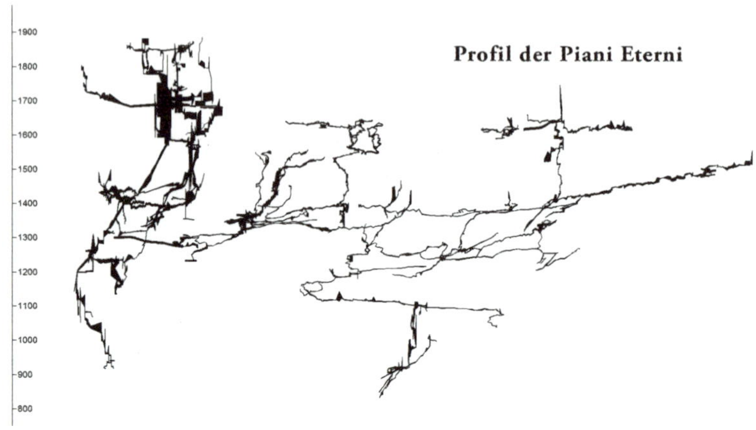

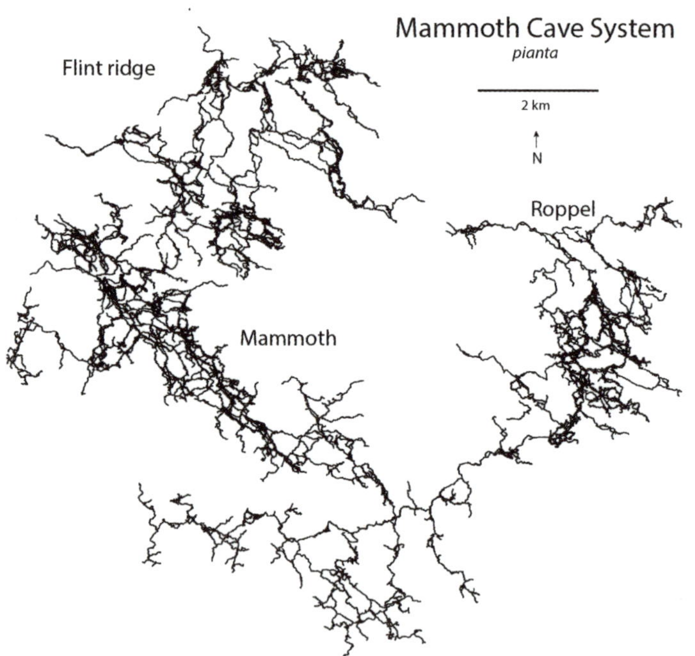

Profile und Grundrisse labyrinthischer Höhlensysteme, auf einer oder mehreren Ebenen, geometrisch oder chaotisch angeordnet, entlang eines Netzes aus Rissen oder Schichtungen.

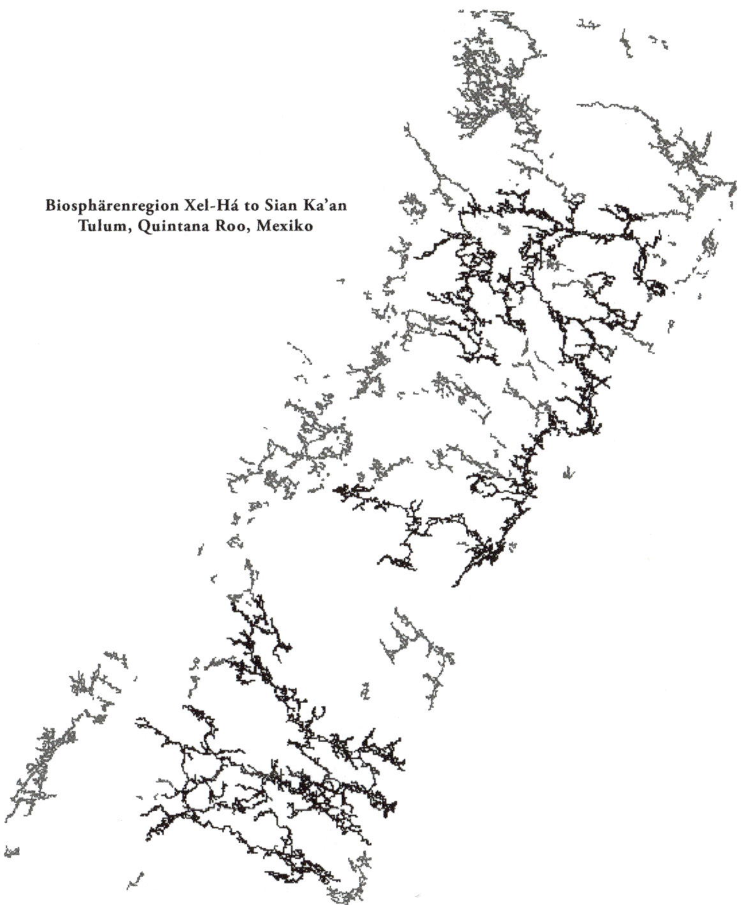

Topografische Karten mehrerer *Cenotes*, unterirdische Wasserhöhlensysteme, wie sie bis heute im Gebiet von Tulum (Yucatan, Mexiko) erforscht werden.

Die bisher erwähnten Höhlen (von Flüssen und Bächen im Laufe von Jahrmillionen ins Gestein gefressene Labyrinthe) haben geometrische Strukturen, die noch einfach aufgebaut zu sein scheinen im Vergleich zu denen, die man in Fachkreisen mit dem englischen Begriff *maze caves* (Irrgartenhöhlen*)* bezeichnet und die zu den vertracktesten überhaupt gehören. 2017 habe ich an einer Expedition in der regenreichen Gebirgslandschaft von Meghalaya in Indien teilgenommen, um eine sehr alte Höhle zu untersuchen und zu kartografieren: die Krem-Puri-Sandsteinhöhle. Das kalkhaltige Sedimentgestein ist äußerst wasserdurchlässig und wird oben und unten von Sandsteinschichten begrenzt, in denen wenig Erosion stattfindet. Durch die sintflutartigen Regengüsse (die von den gewaltigen Monsunströmen im Golf von Bengalen ausgelöst werden) hat sich das Wasser in die Karstschicht gegraben. Die unterirdischen Flüsse haben sie überschwemmt und damit ein geometrisches Labyrinth geschaffen, dessen Form, Gestalt und Struktur von mathematischer Regelmäßigkeit ist. Alle fünf Gangmeter kommt eine Abzweigung, und egal, welchen Gang man nimmt, kommt nach fünf Metern die nächste Abzweigung. Und das auf 25 Kilometer Länge! Ich habe noch nie eine Höhle erlebt, in der man sich so schwer orientieren konnte. Sämtliche Abzweigungen sehen weitgehend gleich aus, und man muss auf kleinste Details achten, die einem auf dem Weg begegnen. Die englischen und schweizerischen Forscher des »Caving in the Abode of the Clouds«-Projekts (Höhlenforschung im Reich der Wolken) haben sich in Gruppen aufgeteilt und mussten am Berg äußerst diszipliniert vorgehen, um diesen riesigen Irrgarten in kurzer Zeit kartografieren zu können.

Bei Höhlen wie der Krem Puri ist die Hypothese, sie hätten deshalb so viele Gänge, weil die unzähligen unterirdischen Wasserläufe das Gestein durchfeuchtet und ausgehöhlt haben, nicht vollends überzeugend. Es muss etwas Durchdringenderes gewesen sein, das sich entlang des Spaltengeflechts ausgebreitet, die Höhlen überflutet und das Labyrinth geschaffen hat. Anfang der 1990er Jahre gab es zahlreiche Theorien und Hypothesen, um die Entstehung der *maze caves* zu erklären.

In Europa erforschten Speläologen der neu entstandenen Republik Ukraine, die sich gerade von der Sowjetunion gelöst hatte, die

Ozernaya-Höhle und die Optimistycna-Höhle, die erste mit 117, die zweite mit 214 Kilometern Ganglänge. Alexander Klimchouk, einer der wichtigsten Höhlenforscher überhaupt, ging davon aus, dass diese Höhlen nicht von Flüssen und Bächen durchzogen gewesen waren, sondern sich bei ihrer Entstehung in einem ganz anderen Zustand als heute befunden hatten. Die Tunnelsysteme erstreckten sich in einer Kreideschicht, die von weniger wasserdurchlässigen Gesteinsschichten eingefasst wird: Es gibt dort keinerlei Anzeichen für Wasserläufe. Die einzige überzeugende Erklärung ist, dass die Hohlräume unter dem Grundwasserspiegel entstanden sind, das Wasser also hauptsächlich von unten und nicht von oben gekommen sein muss und somit ganz andere thermische und chemische Zusammensetzungen hatte als das Oberflächenwasser. So entstand die Hypothese der »unterirdischen« Speläogenese. Ein Großteil der bekannten Höhlen entstand durch Wasser von oben, das durch die Erdoberfläche ins Gestein sickerte, weshalb man sie supergene Höhlen nennt, die sich von oben nach unten formten. Verläuft der Prozess jedoch umgekehrt und Wasser aus der Tiefe gräbt im Inneren Hohlräume, dann handelt es sich um eine hypogene Entstehung. Solche Höhlen haben häufig nur wenige Eingänge, und das Wasser kann sich in alle Richtungen unter der Erde ausbreiten. Im Fall der riesigen Kreidehöhlen in der Ukraine gibt es pro Quadratkilometer 150 Kilometer Gänge, und man kann sich leicht vorstellen, wie viele Abzweigungen und Verzweigungen es dort geben muss.

Andere Beispiele für gewaltige Höhlenlabyrinthe finden sich in den USA, vor allem in den Black Hills in South Dakota. Die berühmtesten sind die Jewel Cave mit 330 Kilometern und die Wind Cave mit 250 Kilometern Ausdehnung. Ihre Erforschung hat Generationen von Speläologen auf eine harte Probe gestellt. Nur eine mathematisch-methodische Herangehensweise hat dazu geführt, dass wir heute Karten von diesen Höhlen haben. Untersuchungen der Luftströmungen und Computersimulationen erlauben die Annahme, dass lediglich 6–9 Prozent der Gänge erforscht und vermessen sind. Das bedeutet, dass die Ausdehnung der Jewel Cave in Wirklichkeit mehr als 4000 Kilometer und die der Wind Cave etwa 3000 Kilometer betragen könnte!

Die hypogenen Labyrinthe haben nicht die gleichen Merkmale wie die supergenen der Karsthöhlen in den Alpen oder der Mammoth Cave. Das Wasser aus der Tiefe kann sich sehr aggressiv und zersetzend auf Kalkstein auswirken, weil es viel Schwefelsäure und Kohlendioxid enthält. Das Höhlensystem kann sich im Gestein deshalb in alle Richtungen, auch nach oben und nach unten, ausbreiten. Das Gangnetz ist nicht geometrisch, sondern *spongework*, vergleichbar mit den Poren eines Schwammes. Wer die Touristenhöhlen in Postojna in Slowenien und im Anschluss die Carlsbad-Höhle in New Mexiko besucht, wird grundsätzliche Unterschiede feststellen. In Postojna wurde das Tunnelsystem offensichtlich von einem Fluss gegraben, auf den man entlang der Strecke immer wieder stößt. In Carlsbad dagegen befindet man sich in kugelförmigen Hohlräumen, die miteinander verbunden sind, mit abzweigenden Labyrinthen, deren Ausmaße sich nur schwer abschätzen lassen.

Die beeindruckenden Frasassi-Grotten in Italien sind ähnlich entstanden, aber das faszinierendste hypogene Labyrinth ist sicher die Lechuguilla-Höhle in den Guadalupe Mountains in New Mexiko. Für viele ist sie die schönste Höhle der Welt, auf jeden Fall gehört sie zu den komplexesten. Das Labyrinth breitet sich von einem einzigen Eingang aus dreidimensional aus, es umfasst 240 Kilometer kartografierte Gänge und hat einen Höhenunterschied von 484 Metern. Es ist unmöglich, diese Höhle mit Worten zu beschreiben. Man muss sich ein Gewebe vorstellen, das sich in alle Richtungen ausbreitet, ein Labyrinth par excellence. Der Zersetzungsprozess durch das schwefelsäurehaltige Wasser hat einen kuppelförmigen Hohlraum und große Hallen geschaffen, die wie Blasen im Gestein wirken, und einzigartige Formationen entstehen lassen. Andere Höhlen dieser Art, ebenfalls hypogenen Ursprungs, befinden sich in Texas, so auch die Amazing Maze Cave, die mit ihrem geometrischen Aufbau wie ein am Reißbrett entworfenes Labyrinth aussieht.

Ausgehend von den Legenden um Dädalus, Minos und Minotaurus haben viele Archäologen im Labyrinth eine künstliche Struktur gesehen wie die Ruinen des Palasts von Knossos oder das Labyrinth im ägyptischen Hawara. Fest steht jedoch, dass jeder, der sich – egal in welcher Epoche – mit einer Fackel in eine Höhle vorgewagt hat, von ihrer komplexen Struktur, wie nur die Natur sie schaffen kann, fasziniert gewesen sein muss. Es gilt als sehr wahrscheinlich, dass die Labyrinthe der ägyptischen und der minoischen Kultur von natürlichen Höhlen inspiriert sind. In Kreta gibt es zahlreiche Höhlen im Karst, viele Wissenschaftler halten die Große Labyrinth-Höhle bei Gortyna für das Vorbild des Labyrinths in der Mythologie. Allerdings hat der Mensch die Höhlen verändert, sie vielleicht als Steinbruch genutzt. Es gibt jedoch Dutzende anderer Höhlen auf der Insel, die als Vorbild gedient haben könnten. Viele werden noch heute erforscht, vor allem die im Lefka-Ori-Bergmassiv, wo eine Gruppe französischer Speläologen in den 1990er Jahren die tiefsten Höhlen Griechenlands, Gorgouthakas (-1208 Meter) und Liontari (-1100 Meter), entdeckt hat. Man muss auch in Betracht ziehen, dass der Mythos des Labyrinths älter ist als die minoische Epoche. Es wurde in dem Moment geboren, als der Mensch erstmals eine Höhle betrat. Die Gestalt des Minotaurus kommt nicht umsonst in vielen anderen Legenden vor: als alles verschlingender Dämon, Monster oder Drache, der in einer Höhle haust. Er ist die personifizierte Angst vor dem Unbekannten, die man besiegen muss, bevor man sich befreien und ins Freie retten kann. Schon im sumerischen Gilgamesch-Epos wird der Abstieg ins dunkle Labyrinth in einigen hethitischen Fragmenten als Traum des Helden beschrieben: »Ich stand einem starken Mann gegenüber. Sein Gesicht war düster wie die Nacht (...). Er packte mich, warf mich in einen Abgrund und sagte: ›Flieg nach unten, dorthin, wo das Dunkel wohnt, ins Haus von Irkalla. Steig hinab, dorthin, von wo noch niemand wieder herausgekommen ist, der es einmal betreten hat. Geh den Weg, den man nicht zweimal macht, wenn sein Leben sich nicht rechts und links abspielt.‹«

Der dunkle Kontinent hat also schon immer eine unwiderstehliche Anziehung auf den Menschen ausgeübt. Er löst sowohl Neugier als auch Ablehnung aus. Mit der Zeit wurde seine Magie auf die Architektur übertragen und damit gebannt. So wie der primitive Mensch erst in Höhlen lebte und dann dazu überging, eine künstliche Behausung nach Menschenmaß zu bauen, die ihn vor der Komplexität der Welt schützt.

Auf vielen Forschungsreisen bin ich immer wieder der Faszination für das Labyrinth erlegen, unter den Piani Eterni, in den riesigen Höhlen der Tepui in Venezuela, in den Nebelbergen Ostindiens sowie in den hochgelegenen Höhlensystemen im Karst von Usbekistan. Es gibt jedoch einen Ort, an dem der Mythos greifbar, gleichsam real wird.

Die Geschichte von Dädalus und Ikarus endet nicht mit ihrer Flucht aus Kreta, die dank der genialen Konstruktion von mit Wachs zusammengehaltenen Flügeln gelang. Die Erzählung des Historikers Diodor geht weit über die Grenzen Kretas hinaus und bringt uns nach Sizilien ins Land der Sikanen. Nachdem Dädalus seinen Sohn auf seinem Flug in die Freiheit in Richtung Sonne verloren hatte, fand er Zuflucht am Hof von König Kokalos, nahe der Stadt Kamikos, einem antiken sikanischen Zentrum, über dessen genaue Lage die Historiker noch uneins sind. Manche sagen, dass sie sich auf einem Felsen unweit des heutigen Sciacca befand. Hinter der kleinen Küstenstadt erhebt sich der Monte Kronio, ein heiliger Berg mit Ruinen antiker Tempel, die heute zur großen Basilika von San Calogero gehören.

Der Legende nach bot Dädalus Kokalos an, neue Gebäude zu errichten, vielleicht auch ein Labyrinth, wenn auch weniger spektakulär als das erste. Aber König Minos, der wütend war, weil sein Baumeister geflohen war, fand durch einen klugen Schachzug heraus, wo er sich versteckt hielt. Er versprach demjenigen eine hohe Belohnung, der einen Leinenfaden durch die Windungen einer Tritonmuschel fädeln konnte. Ohne zu ahnen, dass er in eine Falle getappt war, bat Kokalos seinen Gast, die Aufgabe zu lösen. Dädalus gelang es: Er band den Faden um eine Ameise und bestrich das Ende der schneckenförmigen Muschel mit Honig. Angezogen von seinem Duft, kroch die Ameise durch die Windungen und zog den Faden hinter sich her. Die Muschel wurde Minos als Geschenk überreicht, der sofort wusste, wo sein einstiger Freund sich aufhielt. Er forderte seine Auslieferung. Doch Kokalos, der inzwischen Dädalus' Freund war und in seiner Schuld stand, organisierte einen Mordanschlag auf König Minos. Kokalos' Töchter luden Minos zu einem Dampfbad ein, damit der sich von der langen Reise erholen konnte. Dabei übergossen sie ihn mit kochendem Wasser, das ihn verbrühte und schließlich tötete.

Diodors Geschichte scheint der Fantasie zu entspringen, es erschließt sich nicht, warum Minos so grausam sterben musste. Zumindest nicht, bis man ins Innere des Monte Kronio vordrang.

Als ich 2008 zum ersten Mal die Schwelle zu den »Öfen« überschritt, wurde mir klar, dass der Mythos einen realen Hintergrund hat. Ich nahm an einer gemeinsamen Expedition der Commissione Grotte Eugenio Boegan aus Triest, der Associazione La Venta und dem Archäologischen Institut Agrigent teil. Das Ziel war die Dokumentation der aus Wasserdampf und Schwefelgas entstandenen Dampfhöhlen von San Calogero, auch »Öfen« genannt. Dort ist es sehr heiß (36–42 Grad Celsius), und die Luftfeuchtigkeit beträgt fast 100 Prozent. Betritt man das Dampfbad neben der Basilika von San Calogero, kommt man am ersten Saal mit in den Felsen gehauenen Sitzflächen vorbei, an der »Höhle des Dädalus«. Von dort erreicht man durch einen schmalen Durchgang eine steil nach unten abfallende Rampe, aus deren Dunkelheit Dampf aufsteigt. Als ich mich ihrem Rand näherte, konnte ich mir nicht vorstellen, dass jemand so verrückt gewesen war, sich in dieses Inferno abzuseilen.

Die Dampfhöhlen des Monte Kronio sind eines der spektakulärsten Beispiele für hypogene Höhlen in Europa. Der austretende Dampf stammt aus einer Erdschicht mit Thermalwasser, das wahrscheinlich von einem Vulkan in der Straße von Sizilien erwärmt wird – dort, wo 1831 nach einem Vulkanausbruch die Insel Ferdinandea entstand. Die Höhlen gibt es schon seit Urzeiten, sie galten als heilig und der Dampf als ein Zeichen der Macht der Götter der Unterwelt.

Die erste »moderne« Expedition fand in den 1950er Jahren statt, als eine Gruppe von Speläologen aus Triest in die höllischen Tiefen hinabstieg. Sie brauchten eine spezielle Ausrüstung, darunter Taucheranzüge, die über einen Schlauch mit frischer Außenluft versorgt und damit gekühlt wurden. Das Problem in einer solchen Umgebung ist nicht nur die Hitze, sondern auch die hohe Luftfeuchtigkeit. Unser Körper ist nicht mehr in der Lage, sich durch Schwitzen abzukühlen, und deshalb kann ein Abstieg ohne die richtige Ausrüstung tödlich enden.

Die faszinierendste Entdeckung machten die Forscher in einem Seitengang am Fuße des ersten Abstiegs in 40 Metern Tiefe: Sie waren nicht die Ersten hier. Vor Tausenden von Jahren musste schon jemand hier hinabgestiegen sein, um religiöse Opfergaben darzubringen. Aber diese großen, *pithoi* genannten Gefäße waren nicht die einzigen Zeugnisse menschlichen Lebens. In einem äußerst schwer zugänglichen Bereich der Höhle fanden sich mehrere Skelette, wahrscheinlich hatten sich die frühgeschichtlichen Besucher verirrt, vielleicht waren sie auch in den Schacht gefallen und nicht wieder herausgekommen.

Das Ziel unserer Expedition 2008 war, so tief wie möglich hinabzusteigen und einen weit entfernten Schacht am Ende der Höhle zu erreichen. Wir hatten Sauerstoffgeräte dabei und eisgekühlte Westen übergezogen, um wenigstens für etwa 40 Minuten eine erträgliche Körpertemperatur zu haben. Ich erinnere mich noch gut an meine Ehrfurcht beim Anblick der Opfergaben und Skelette aus grauer Vorzeit. Gemeinsam mit den Triestinern Spartaco Savio und Davide Crevatin versuchte ich die Verbindung zu einem Schacht zu finden, wobei wir der Strömung eines warmen Windes folgten. Der Tunnel ging auf der anderen Seite der Höhle weiter, aber der Sauerstoff wurde allmählich knapp. Ich dachte an den Rückweg, an den Ariadnefaden in unserem Kopf, die einzige Verbindung nach draußen, und überzeugte meine Kameraden, den Rückzug anzutreten. Wir waren mit unseren Kräften am Ende, die Westen aufgeheizt. Wir begannen mit dem Aufstieg, aber bei jedem Schritt erhöhte sich die Herzfrequenz, trotz Ruhepausen beruhigte sie sich nicht. Am Ende des Aufstiegs war ich völlig erschöpft, es pochte in meinen Schläfen. Meinen Kameraden ging es nicht besser, wir sahen uns an und begriffen unsere dramatische Situation. Gegenseitig helfen konnten wir uns nicht, dazu waren wir zu schwach. Nach einer gefühlten Ewigkeit überwand ich die letzte Stufe, betrat den Vorraum der Höhle des Dädalus, öffnete die rettende Tür und brach zusammen. Der Arzt maß eine Körpertemperatur von über 40 Grad Celsius. Hätten wir unserem Forscherdrang nachgegeben, hätten wir es wahrscheinlich nicht mehr zurückgeschafft.

Außer den »Öfen«, die schräg unterhalb der Basilika liegen, gibt es noch weitere Zugänge zum weitgehend unbekannten Höhlensystem des Monte Kronio. Die vielleicht interessanteste Höhle ist die Cucchiara: eine Reihe von Gängen, durch die teils kalte, teils warme Luft strömt; ein Abgrund von mehr als 100 Metern Tiefe, aus dem schwallweise heißer Dampf aufsteigt, der Pozzo Trieste. Bis heute sind nur wenige Speläologen das Risiko eingegangen, sich nach unten abzuseilen. Man könnte fast sagen, dass mehr Menschen den Mond erreicht haben als den Boden der Grotta Cucchiara. Auch wir waren an unsere körperlichen Grenzen gestoßen und mussten kehrtmachen. Hätten wir das Unausweichliche nicht akzeptiert, hätte sich die unstillbare Entdeckerlust in das Minotaurusmonster verwandelt, und wir wären nicht mehr ans Tageslicht zurückgekehrt, so wie die frühgeschichtlichen Menschen vor uns.

Nachdem ich mich wieder erholt hatte, bewunderte ich durch die Fenster des Thermalbads auf dem Monte Kronio einen spektakulären Sonnenuntergang über dem Mittelmeer. Ich musste an Dädalus, Ikarus und König Minos denken, so als ob das alles durch einen einzigen Faden verbunden wäre, wie der, der durch die Windungen der Tritonmuschel gezogen wurde oder wie der Ariadnefaden, der Theseus gerettet hat. Wir Speläologen und diese mythologischen Figuren sind eng miteinander verbunden. Jenseits des Tors, das wir mit letzter Kraft durchschritten haben, verbirgt sich das Geheimnis des Labyrinths. Jenseits der Stufen werden Jahrtausende zu Minuten. Ich konnte noch Minos' Schreie hören, der von Kokalos' Töchtern in die Falle gelockt wurde. Nur Höhlen haben die Macht, die Zeit anzuhalten.

DIE ZEIT

Bei der Erforschung der unterirdischen Welt habe ich spektakuläre Erfahrungen machen dürfen, aber was mir am nachdrücklichsten in Erinnerung geblieben ist, war der Abstieg in die eisige Tiefe der Polkappe in Grönland. Die Glaziospeläologie ist eine relativ junge Forschungsdisziplin, die seit etwa einem Jahrzehnt von ein paar wenigen verrückten Enthusiasten betrieben wird. Die sind regelrecht besessen von der Idee, in das blaue Herz eines Gletschers vordringen zu können. Die Glaziologen haben sich nur am Rande damit beschäftigt und das Potenzial für wissenschaftliche Entdeckungen unterschätzt.

Der Gletscher gilt allgemein als ein majestätisches, aber auch tückisches Gebilde mit Rissen, tiefen und engen Spalten, die jeden verschlucken, der sich leichtsinnigerweise ohne Seil über ihn hinwegbewegt. Die Gletscherspalte ist der Albtraum eines jeden Bergsteigers. Niemand will abstürzen und zwischen hohen Eiswänden, die sich jeden Moment schließen können, enden. Vielleicht ist die Vorstellung, ins Herz eines Gletschers hinabzusteigen, auch deshalb für die allermeisten eine völlig abwegige Idee. Was nur wenige wissen: In ausgedehnten Gletschern können sich nicht nur Spalten, sondern sogar Höhlen entwickeln, die zum Teil von erstaunlicher Größe sind: sogenannte Gletschermühlen.

Speläologen der Associazione La Venta, darunter Giovanni Badino und Leonardo Piccini, waren weltweit die Ersten, die sich mit der Erforschung der faszinierenden Gletscherhöhlen beschäftigt haben. 1985, während der ersten glaziospeläologischen Expedition am Gornergrat in der Schweiz, im Schatten von Matterhorn und Monte Rosa, hatten sie das Glück, einige der außergewöhnlichsten

Gletschermühlen der Alpen zu entdecken. Im Sommer diesen Jahres ließen sie schwer bepackt das von Touristen überlaufene Zermatt hinter sich und fuhren mit der Zahnradbahn bis nach Rottenboden, um den zentralen Teil des Gletschers zu erreichen. In den heißen Augusttagen schmolz das Eis in der sengenden Sonne, und das Wasser sammelte sich zu Rinnsalen, Bächen und Flüssen, um nach wenigen hundert Metern in Form von rauschenden Wasserfällen in tiefe Eisschächte zu fließen. Ein Schacht war besonders beeindruckend. Jeder, der versucht hätte, ihn zu erforschen, wäre von den tosenden Wassermassen verschluckt worden und dabei ertrunken. Man nannte ihn »das donnernde Monster«. Damals konnten die Höhlenforscher nur ehrfürchtig in die Tiefe starren, aber sie überlegten bereits, wie sie dort hinuntersteigen könnten.

Gletschermühlen entstehen durch Schmelzwasser, das im Sommer in die Spalten im Eis eindringt. Tag für Tag werden die Wassermassen größer und tragen Wärme von außen ins Innere des Gletschers. Das Schmelzwasser lässt auch das Eis in der Tiefe schmelzen und gräbt so einen Durchgang nach unten, zu den Gängen und Abbrüchen, um dann weiter bis zur Gletscherzunge vorzudringen, wo es wieder ans Tageslicht kommt. Kein Mensch ist diesem Weg jemals gefolgt, es ist viel zu gefährlich, wenn nicht gar tödlich. Deshalb wissen die Spezialisten genau, dass sie auf den passenden Moment warten müssen, wenn die Sommerwärme schwindet und die Nächte im Herbst wieder kälter werden.

Glaziospeläologen kehrten im Oktober zum Gornergrat zurück, als das Oberflächenwasser wieder zu frieren begann und der Strom in die Gletschermühlen allmählich versiegte. Manchmal muss man Geduld haben und warten, bis endlich alles gefroren und es auf dem Gletscher wieder still geworden ist. Im Morgengrauen seilten sich Giovanni, Leonardo und Mario Vianello in das nunmehr schweigende Monster ab. Sie waren die ersten Speläologen, die sich in diesen Abgrund wagten, umgeben von Eiswänden, die die Strahlen der aufgehenden Sonne reflektierten. Das anfangs schwache Licht drang bis nach unten, wurde immer strahlender und ließ ein Kaleidoskop von Blautönen entstehen. In regelmäßigen Abständen waren merkwürdige Geräusche in den Eiswänden zu hören, ein Knistern, Knacken und Vibrieren, das fast metallisch klang. Mario schilderte es so: »Es war der schönste Schacht, den ich je gesehen hatte, voller Licht, Geräusche und Farben von atemberaubender Schönheit. (…) Die magische Atmosphäre wurde von der Genugtuung gesteigert, dass wir endlich eine Verbindung zu dieser Welt aus Eis hergestellt hatten, die uns zwar lautstark, aber friedlich empfing.« Der Weg nach unten endete rasch, nach gerade mal 90 Metern. Hinter einer Verengung ging die Höhle weiter, aber die Wärme des erwachenden Tages hatte das Wasser anschwellen lassen. Ein weiteres Vordringen wäre zu gefährlich gewesen. Die drei mussten wieder aufsteigen, bevor sich das Schmelzwasser in einem Wasserfall in die Tiefe ergoss.

Im darauffolgenden Herbst kehrten sie an den Gornergletscher zurück, fanden aber an den notierten Koordinaten nur noch eine Mulde. Der große Schacht war verschwunden. Niemand würde die Eiswände des donnernden, blau schimmernden Monsters je wiedersehen – ganz so, als hätte sich dieser Schlund den Forschern für immer verschlossen. Andere, wahrscheinlich weniger spektakuläre Schächte würden entstehen, die Situation war nach jedem Sommer wieder anders, aber der große Schacht würde sich nie mehr öffnen.

Das ist das Risiko der Glaziospeläologie: Man erforscht Orte, die nach wenigen Monaten verschwunden sein können. Im Winter wirkt die Eismasse fast plastisch, die Spalten schließen sich, und neue Risse entstehen, in die im nächsten Sommer neues Schmelzwasser fließt.

Als ich als Kind die Berichte von Giovanni Badino und Leonardo Piccini las, war ich fasziniert von der Vorstellung, ins Innere eines Gletschers vorzudringen. Ich stellte mir vor, wie es wohl wäre,

Schrauben in das Eis zu bohren, um sich abseilen zu können, und fröstelte bei dem Gedanken, dass man schon im Morgengrauen aufbrechen musste, um die Natur zu überlisten. Aber bei aller Faszination fand ich die Vorstellung, etwas zu erforschen, was in wenigen Tagen verschwunden sein konnte, später schon frustrierend. Ich hatte zwar zahlreiche Höhlen auf der ganzen Welt erforscht und kartografiert, Gängeysteme, die Hunderttausende von Jahren alt waren. Doch von der Flüchtigkeit der Gletscher hatte ich mich bislang ferngehalten.

2013 ließ ich mich von meiner Kameradin Daniela Barbieri und dem befreundeten Gletscherforscher und Fotografen Alessio Romero überzeugen, dass der Moment gekommen war, mich doch der Glaziospeläologie zu widmen. Seit Jahren gab es Berichte über den dramatischen Rückgang der alpinen Gletscher aufgrund der globalen Erwärmung, und Alessio wollte wissen, was innerhalb der Eismassen passierte.

Während einer Expedition zum Mer de Glace, einem Gletscher unterhalb von Mont Blanc, Petit Dru und Grandes Jorasses, beschlossen wir das Projekt »Inside the Glaciers«, im Inneren der Gletscher, zu starten. Wir hatten das »Eismeer« aus einem bestimmten Grund ausgewählt. Im Zentrum dieser begrenzten Eisfläche hatte der Gletscherforscher Joseph Vallot 1897 den Versuch gewagt, in die Gletschermühle hinabzusteigen, und war bis auf 60 Meter Tiefe vorgedrungen. Später hatte sich die Gletschermühle geschlossen und sich jedes Jahr erneut geöffnet, immer an der gleichen Stelle, aber immer ein wenig anders als vorher. Deshalb war sie für Forscher eine der attraktivsten Eishöhlen der Welt, sie kamen dafür extra aus England, Frankreich, Italien und der Schweiz angereist. 2013 erreichten wir lediglich eine Tiefe von 70 Metern, aber inzwischen konnte ich die Faszination nachvollziehen, von der die Forscher der Associazione La Venta gesprochen hatten. Die blau schimmernden Eisschichten weckten in mir die Vorstellung, in einem Eispalast zu stehen, der von einem genialen Architekten konstruiert worden ist.

Das Faszinierendste in diesen Höhlen ist das vorherrschende Blau. Das Licht dringt durch das blanke Eis, aber genau wie in den Ozeanen wird ein bestimmtes Spektrum des Sonnenlichts so gefiltert, dass nur noch Blau übrig bleibt. In den Gletscherhöhlen ist das besonders beeindruckend, weil es sich um die einzigen unterirdischen Hohlräume handelt, in denen es Licht gibt, und zwar in Form eines intensiven Blaus, das jedoch manchmal die Entfernungen und Formen leicht verzerrt: Das Eis der Gletschergrotten hat die gleiche Farbe wie der Himmel, strahlend blau – eines der spektakulärsten Naturphänomene unseres »blauen« Planeten.

Im darauffolgenden Jahr waren wir wieder am Gornergletscher und veranstalteten ein internationales Glaziospeläologie-Camp, mit Forschern, Fotografen und Wissenschaftlern aus mehreren europäischen Ländern. Im Vergleich zu den 1980er und 1990er Jahren hatte sich die Situation dramatisch verschlechtert. Durch die außergewöhnlich heißen Sommer hatte der Gletscher mehr als 50 Meter Länge eingebüßt, und die Seitenzungen hatten sich vom Hauptgletscher abgetrennt. Die Gletschermühle gab es zwar noch, aber sie bot ein ganz anderes Erscheinungsbild, ein eindeutiger Hinweis darauf, dass sich die Dynamik im Eis drastisch verändert hatte.

Aus der Situation in den Alpen mit ihren schrumpfenden Gletschern und Eishöhlen, die sich in flache Mulden und Mäander verwandelt hatten, ergab sich spontan die Frage: »Und wie sieht es an den Polkappen aus?« La Venta hatte im Jahr 2000 eine große Expedition in die Antarktis organisiert, aber trotz enormen logistischen Aufwands waren kaum Gletschermühlen gefunden worden. Außerdem schien die extreme Kälte des antarktischen Eises (zwischen -20° und -50° Celsius) die kurzfristige Bildung einer unterirdischen Drainage unmöglich zu machen. Im Gegensatz dazu gab es im arktischen Grönland, unter der zweitgrößten Eiskappe der Erde, zahlreiche unterirdische Höhlen.

Der Grönländische Eisschild hat eine Ausdehnung von 1,71 Millionen Quadratkilometern und ist in seiner Mitte bis zu 3000 Meter dick. Würde dieses Grönländische Inlandeis schmelzen, hätte das einen weltweiten Anstieg des Meeresspiegels um fast sieben Meter zur Folge. Besonders bemerkenswert ist auch, dass sich die enorme Eismasse über viele Breitengrade erstreckt, von fast 85° bis etwa 60° nördlicher Breite, das heißt sogar bis südlich des Arktischen Polarkreises. Das bedeutet, dass die Eistemperatur am südlichen Rand der Eiskappe einem alpinen Gletscher sehr ähnlich ist, zwischen -1° und -3° Celsius. Durch einen warmen Sommer kann es dort demnach zu reichlich Schmelzwasser kommen.

Nach den Pionierleistungen von Paul-Émile Victor in Grönland (die er häufig mit anderen, in diesem Buch zitierten Forschern wie Haroun Tazieff und Samivel erbracht hat) waren es französische Speläologen, die Ende der 1980er Jahre den Weg zur weiteren Erforschung der Gletscher Grönlands ebneten. Die meisten Gletschermühlen, die manchmal riesige Ausmaße haben, wurden nahe der Westküste am Rand des Isunnguata- und des Eqip-Sermia-Gletschers entdeckt. Einige der wichtigsten französischen Forscher haben sich auf Expeditionen gewagt, die im Buch *Voyage dans les glaces* geschildert werden, ergänzt um Bilder des außergewöhnlichen Fotografen Philippe Bourseiller. An vorderster Stelle zu nennen sind Jeannot Lamberton, Serge Aviotte und Luc Moreau.

1993 gelang es den Franzosen, einen riesigen Schacht bis in eine Tiefe von 173 Metern hinabzusteigen. Das war der damalige Weltrekord für einen Abstieg in einem Gletscher. Die Messung war genau und wurde detailliert kartografiert. 1998 schaffte es der charismatische Jeannot Lamberton zusammen mit seinem Sohn, den Rekord zu brechen. Die beiden seilten sich in die Gletschermühle »Malik« ab und erreichten eine Tiefe von 203 Metern.

Jeannot Lamberton hat dieses Erlebnis ganz wunderbar beschrieben: »Malik ist nicht nur ein Monster, wie viele Gletscherhöhlen, die wir erforscht haben. Sie ist auch eine Kathedrale aus Eis, wie aus geschliffenem Glas mit blau schimmernden Gängen, flüchtigen bunten Fenstern und so durchscheinenden Wänden, dass man manchmal dagegenprallt wie in einem Spiegelkabinett. Realität und Traum spielen miteinander und machen sich einen Spaß daraus, unsere Sinne auf eine harte Probe zu stellen. Am Ende hat die Logik das Nachsehen.«

Diesmal wurde die Tiefe allerdings angezweifelt, weil sie nicht exakt vermessen werden konnte. Anschließend verlagerten die Franzosen ihre Expeditionen mehr in den Norden und untersuchten kleinere Höhlen.

2017 begannen Alessio Romeo und ich Satellitenbilder zu untersuchen, die den westlichen Teil der Grönländischen Eiskappe zeigen. Inzwischen waren 20 Jahre vergangen, und die sehr warmen Sommer hatten eindeutig zu mächtigen Schmelzwasserflüssen geführt, einige mehr als 40 Kilometer lang, verschluckt von neuen Gletschermühlen, die sich jedes Jahr ungefähr an der gleichen Stelle bilden. Als wir das Gebiet im Juni 2017 überflogen, bestätigten sich unsere Vermutungen: In einem tief eingeschnittenen Canyon brausten Wassermassen, die in einen großen Schacht hinabstürzten, ungefähr dort, wo Lamberton in den mythischen »Malik« hinabgestiegen war. Einen Monat später erzählten uns Kollegen, die zur gleichen Zeit dort waren, dass aus dem Schacht an Tagen mit viel Schmelzwasser eine Dampfsäule von mehr als 50 Metern Höhe aufstieg, verursacht durch den starken Strudel im Inneren. In dem Film, der vom Hubschrauber aus aufgenommen worden war, sah der Gletscher aus wie der runzlige Rücken eines weißen Wals, die Gletschermühle war sein Blasloch, das explosionsartig Luft ausstieß: ein Spektakel, das wir zweifellos persönlich erleben wollten.

Im Oktober setzte uns ein Sikorski 61N-Helikopter auf der Eiskappe ab, etwa 100 Kilometer von der Küste entfernt und fast 1000 Meter über dem Meeresspiegel. Um uns herum war nichts als Eis, wohin das Auge sah. Der Ort, an dem wir das Basislager errichten wollten, lag genau zwischen zwei Armen eines gewaltigen Schmelzwasserflusses. Obwohl es schon recht kalt war, war der größere Arm noch nicht richtig gefroren, und das Wasser rauschte. Dennoch wuchs die durchsichtige Eisdecke von außen nach innen immer weiter. Wenige Meter von den Zelten entfernt ergoss sich der Fluss wasserfallartig in einen riesigen Schacht, dort konnten wir nicht absteigen. Der andere Arm war inzwischen ohne Wasser. Wir folgten seinem Lauf und stießen auf einen »stillen« Schacht. Dort würden wir mit unserer Erforschung der Eiskappe beginnen.

Diese erste Gletschermühle sollte unsere Erwartungen nicht enttäuschen: Wir ließen uns in den riesigen Schacht hinab, die Wände bestanden aus Eisschichten, die Abertausende von Jahren alt waren. Hinter mir war Joseph Cook, ein englischer Glaziologe und Mikrobiologe, der sich mit Algen und der Mikrobiologie der Eisoberfläche beschäftigt. Diesmal war er an Eisproben aus der Tiefe interessiert. Man muss sich vorstellen, dass sich die Eiskappe über Jahrzehnte, Jahrhunderte und manchmal über Jahrtausende hinweg gebildet hat. Jedes Jahr kam eine neue Eisschicht hinzu, die alles einschloss, was bisher an der Oberfläche gewesen war. In eine so tiefe Gletschermühle hinabzusteigen, war wie in einem Buch zu blättern: Jede Eisschicht war eine Seite der Geschichte der Zeit. Und je tiefer wir kamen, desto interessanter wurde es. Wir lasen in der Geschichte unseres Planeten.

Joseph rief etwas von oben und zeigte auf die Wand wenige Meter unter mir. Dort war ein kleiner dunkler Fleck zu sehen. Er war aufgeregt, das konnte nur ein Kryokonit sein. In diesem Gebiet Grönlands entstehen jeden Sommer konische Löcher von ganz unterschiedlicher Größe im Eis – angefangen von wenigen Zentimetern bis hin zu einem Meter Durchmesser. Sie alle enthalten ein pulverförmiges, dunkles Material. Dabei handelt es sich um den »unsichtbaren Wald«, in dem die Glaziologen und Biologen in den letzten Jahren einen der wichtigsten Kontrollindikatoren erkannt haben, um die Entwicklung der Gletscher in der Arktis zu bestimmen: um Milliarden von algenartigen Mikroorganismen, die sich mit vom Wind verfrachteten Mineralpartikeln zusammenballen. Ihr Vorhandensein verstärkt die Schneeschmelze im Sommer, weil die dunklen Pigmente das Sonnenlicht absorbieren und es in Form von Wärme an den eisigen Boden abgeben. Noch wissen wir nicht, ob diese Mikroorganismen das schnellere Abschmelzen der Gletscher vorantreiben oder ob es schon in der Vergangenheit ähnliche Prozesse gegeben hat, die von den gleichen Cyanobakterien oder anderen Lebensformen kontrolliert wurden. Aber ein Kryokonitloch in tieferen Eisschichten zu finden, bedeutet, uralte Organismen untersuchen und mehr über die Lebensumstände vor Abertausenden von Jahren herausfinden zu können. Eine Reise in die Vergangenheit mit Hilfe der Eiswände einer Gletschermühle.

Während Joseph die prähistorischen Mikroorganismen verpackte, kletterten Alessio und ich weiter hinab. Unter uns war alles schwarz, die Tiefe des Schachtes ließ sich unmöglich bestimmen. Leider beantwortete uns der Rucksack mit Alessios Fotoausrüstung die Frage: Der Seilknoten hatte sich gelöst, ich spürte, wie etwas an mir vorbeirauschte und erst fünf unendlich lange Sekunden später aufschlug. Wasser spritzte auf, gefolgt von Wellengeräuschen. Nach lautem Fluchen trösteten wir uns damit, dass sich niemand verletzt hatte. Anscheinend lag unter uns ein riesiger See. Nach etwa 120 Metern Seil berührte ich mit den Füßen das Wasser. Der Gang war überflutet, aber wir hatten keine Taucherausrüstung dabei, um weiter vorzudringen. Es wäre zu gefährlich gewesen, in dieses eiskalte Wasser zu gehen. Vielleicht waren wir schon zu spät, der trockengefallene Flussarm hatte den Schacht und die Gänge zu früh verschlossen und das Wasser aus tieferen Schichten nach oben steigen lassen. Wir mussten es im »aktiven« Schacht versuchen.

In den nächsten Tagen wurde es erheblich kälter, und bald war der zweite, noch Wasser führende Flussarm ebenfalls von einer Eisschicht überzogen. Das Abenteuer konnte beginnen. Wir ließen uns etwa 50 Meter hinab, dort erreichten wir eine unterirdische Halle. Auf der einen Seite befand sich ein überfrorener Wasserfall, aber durch die transparenten Eiswände konnte man immer noch fließendes Wasser erkennen, das sich wieder befreien wollte. Etwas weiter unten musste ich an einem Eisblock vorbei, der sich von der Wand gelöst hatte und über dem Schacht hing. Wie weit es nach unten ging, war schwer zu sagen, vielleicht 100, vielleicht 150 Meter. Aus unendlich scheinendem Blau stiegen nur das ferne Rauschen eines Wasserfalls und ein Dampfnebel auf, der an den Wänden zu märchenhaften Eiskristallen gefror. Ich befestigte einige Schrauben im Eis und ließ mich am Seil hinunter. Aber der Eisblock schwebte genau über mir, nach wenigen Metern beschloss ich abzubrechen, das Risiko war zu groß. Was, wenn sich der Eisbrocken endgültig löste? Mein Instinkt riet mir, die Seilbremse zu aktivieren und wieder nach oben zu klettern, was ich schließlich auch tat. Meine Kameraden hatten die prekäre Situation erkannt, und abends im Camp waren wir uns alle einig, die Expedition abzubrechen. In der Nacht, bevor uns der Helikopter abholen und in die Zivilisation zurückbringen sollte, wurden wir von einem Erdbeben geweckt. Das Eis unter unseren Zelten vibrierte. Aus dem Schacht drang ein bedrohliches Donnergrollen. Die Wand war in sich zusammengebrochen.

Genau wie in Lambertons Buch beschrieben, hatte uns diese Expedition in eine äußerst fragile Welt geworfen. Wir hatten vor dem Unbekannten kapitulieren müssen, wollten es aber trotzdem noch mal versuchen. Es war klar, dass alles vom Wetter und den äußeren Umständen abhing: Wir mussten den richtigen Moment zum Absteigen finden, abwarten können und bereit sein, erneut abzubrechen, bevor es zu spät war.

Im Oktober 2018 brachen wir zu einer größeren Expedition auf. Diesmal hatte ich nichts dem Zufall überlassen und ein internationales Team zusammengestellt, das nicht nur aus Speläologen bestand, sondern auch aus Mikrobiologen, Glaziologen und Geophysikern, die alle voller Tatendrang den Geheimnissen in den Tiefen des Gletschers auf die Spur kommen wollten. Aber die größten Erwartungen ruhten auf zwei Schweizer Ingenieuren der Flyability Company, Adrien Briod und Geoffroy Le Pivain. In zwei großen schwarzen Kisten, die sie in den Helikopter schleppten, befanden sich fünf unterschiedliche Drohnenprototypen für unterirdische Erkundungen, die noch in der Erprobungsphase waren. Wo wir Menschen nicht mehr hinkamen, sollten diese fliegenden Roboter die Hauptarbeit leisten und uns Bilder und Materialproben liefern, mit deren Hilfe wir die Geheimnisse der Gletschermühlen enthüllen wollten.

Bei einem vorangegangenen Hubschrauberflug hatten wir entdeckt, dass sich neben den Hohlformen im Eis, die wir im Vorjahr erforscht hatten, eine weitere Höhle geöffnet hatte, genau dort, wo die Franzosen 1993 bis auf eine Tiefe von 173 Metern vorgedrungen waren. Wir beschlossen, uns auf dieses Ziel zu konzentrieren, auf eine Mühle mit dem Namen »Krake« – zu Ehren des Meeresungeheuers aus der nordischen Mythologie, das an die Oberfläche kommt und dort Wirbel und Strudel entstehen lässt, die alles verschlucken.

Leider verschlechterten sich die Wetterbedingungen nach unserer Ankunft. Es war uns gelungen, 70 Meter tief hinabzusteigen, aber 40 Meter über mir hatte sich, von einem bedrohlichen Knirschen begleitet, ein Riss im Eis gebildet. Was tun? Zu allem Überfluss setzte starker Schneefall ein, und der Wind wurde immer heftiger. Von der Wetterstation in Kangerlussuaq, mit der wir über Satellit verbunden waren, erhielten wir die Mitteilung, dass ein Schneesturm mit einer Windgeschwindigkeit von mehr als 160 Kilometern in der Stunde nahte. Wir mussten uns darauf gefasst machen, drei Tage im Camp auszuharren und eine Schneemauer zu bauen, eine Art Iglu, um uns zu schützen. Als der Sturm das Camp mit voller Wucht traf, versuchten wir die Zelte immer wieder vom Schnee zu befreien, damit sie nicht einstürzten, aber es gelang nicht bei allen. Wie durch ein Wunder gelang den Biologen inmitten dieses Chaos in ihrem Labor eine DNA-Sequenzierung der gewonnenen Proben – wenigstens ein Teilerfolg. Aber an eine Rückkehr in die Mühle war nicht zu denken, wir sahen kaum mehr als einen Meter weit, alles war weiß, jede Orientierung unmöglich. Das Risiko war zu groß.

Als das Wetter besser wurde, hatten wir nur noch wenige Tage zur Verfügung. Wir beschlossen, in die Mühle zurückzukehren und mit Hochdruck zu arbeiten, sogar nachts, sie mit den Drohnen dreidimensional zu vermessen. Am Nachmittag stiegen wir wieder nach unten, die Drohnen waren im Einsatz und entdeckten einen gefrorenen See in etwa 140 Metern Tiefe. Aber um gute Fotos machen und ein dreidimensionales Modell entwickeln zu können, brauchten wir mehrere Anläufe. Mit unendlicher Geduld steuerten die Jungs von Flyability die Fluggeräte, doch inzwischen war es Nacht und wurde immer kälter, die Temperatur näherte sich -25° Celsius, und Geoffroy hatte erste Erfrierungserscheinungen an den Händen.

Irgendwann geschah etwas völlig Unerwartetes. Wir befanden uns in einer unterirdischen Halle in etwa 40 Metern Tiefe, am Rand des Schachtes, der weiter nach unten führte. Es war stockdunkel, das blaue Licht war verschwunden, nur unsere Stirnlampen strahlten gegen die Eiswände, die unsere Bewegungen wie Spiegel zurückwarfen. Es waren LED-Lampen mit weißem oder gelblichem Licht. Ohne Vorankündigung begannen die Wände grün zu leuchten, das Licht verteilte sich gleichmäßig in der Eishalle. Was ging hier vor? Alles wirkte wie verzaubert, völlig irreal. Aber dann sagte Alessio: »Schaut mal, Polarlichter!«

Wir hoben den Blick zum Eingang der Gletschermühle und sahen ein Stück Himmel, über den in Hunderten von Kilometern Höhe grüne Lichtbänder tanzten, deren Ränder ins Rot gingen. Das Polarlicht projizierte sein Himmelsschauspiel bis in die Tiefe des Eises. Hätte der Sturm uns nicht zu diesem nächtlichen Abstieg gezwungen, wäre uns dieser magische Moment versagt geblieben. So schnell es ging, kletterte ich mit Alessio wieder nach oben, um die Chance zu nutzen, das Spektakel auf einem Foto festzuhalten, das später im *National Geographic* publiziert wurde. Noch heute kommt es mir wie ein Wunder vor, wenn ich es betrachte.

Wenn ich an diesen wunderbaren Ort zurückdenke, an die transparenten Eiswände, die filigranen Schneeschichten, die wie Zuckerwatte aussahen, von den starken Polarlichtern grün gefärbt, muss ich mir immer wieder bewusst machen, wie privilegiert ich bin. Ich habe einen Ort gesehen, den es nicht mehr gibt, der in dieser Nacht von einem magischen Licht erhellt wurde. Es gibt nichts Flüchtigeres als die Erforschung einer Gletscherhöhle. In diesem Moment begriff ich: Selbst wenn ich jedes Jahr meines Lebens nach Grönland zurückkehren würde – ich könnte nie dieselben Landschaftsformen, dieselben Stimmungen wiederfinden. Alles ist vergänglich, genau wie die Zeit.

Es ist schwer, Orte zu finden, an denen einem die verdichtete Zeit so sehr vor Augen geführt wird wie in Höhlen. Für den Philosophen Aristoteles existiert die Zeit nur in dem Moment, in dem etwas geschieht, sie vergeht mit der Geschwindigkeit des Geschehens. Eine für Einsteins Relativitätstheorie wesentliche Auffassung. Je nachdem, wie erosionsbeständig oder isoliert eine Höhle von der Außenwelt ist, kann die Zeit, abhängig von dem Material, das sie umschließt, mal schneller, mal langsamer verstreichen. Alles, was die Höhle ausmacht, kann in wenigen Tagen zerstört oder aber für Jahrtausende bewahrt werden. Die Höhle hat die Fähigkeit, die Zeit zu modulieren. Wenn wir sie betreten, kommt es uns so vor, als könnten wir alles in Zeitlupe ablaufen lassen, die Zeit sogar anhalten oder sie schneller vergehen lassen – je nach Zustand und Einflussfaktoren. In der Welt über der Erde hingegen, zum Beispiel in einer Landschaft aus Bergen und Wäldern, in die der Mensch über Jahrhunderte hinweg eingegriffen hat, lassen sich zeitliche Veränderungsprozesse nicht so leicht nachvollziehen. In einer Höhle begreift man sie dagegen auf Anhieb: Finden wir den Fußabdruck eines primitiven Menschen, der vor mehr als 20 000 Jahren gelebt hat, haben wir das Gefühl, die Zeit sei stehengeblieben. Kaum zu glauben, dass zwischen damals und heute abertausend Jahre liegen sollen! Der Abdruck wirkt frisch, der Sand weich. Oder aber wir erleben das Gegenteil: Die Zeit verrinnt unglaublich schnell, im Schein von Polarlichtern, der für einen Augenblick bis in die Tiefe des Gletschers reicht, wo eine atemberaubend schöne Höhle nur für wenige Tage erreichbar ist und sich dann wieder verschließt. Für uns ist das eine viel längere Zeitspanne als die, wenn wir einen Stein ins Wasser werfen und dieses sich wieder darüber schließt.

So wie sich ein Stein ins Wasser »bohrt«, haben sich auch Höhlen in die Erdoberfläche gebohrt, in ein Material, das dichter ist als das in ihrem Inneren. Manche sind mit Luft gefüllt und leicht zugänglich, andere voller Wasser und nur mit Taucherausrüstung zu erforschen. Immer handelt es sich jedoch um Hohlformen, die über Jahre, Jahrhunderte und Jahrtausende den Witterungsbedingungen ausgesetzt waren. Aber wenn sich der Eingang einer Höhle schließt, wird die Zeit darin eingeschlossen und mit ihr alles, was dort einmal geschehen ist.

Vor etwa 30 Jahren haben Wissenschaftler damit begonnen, nicht nur den Ist-Zustand der Höhlen zu untersuchen, sondern auch ihre Vergangenheit zu erkunden. Inzwischen begreift man endlich den unschätzbaren Wert der Höhlen: Sie sind Archive unseres Planeten.

Wie man Höhlen als Informationsquelle für die Erdgeschichte nutzen kann, haben zwei geniale neuseeländische Geochemiker entdeckt: Chris Hendy und Armin Wilson. Die faszinierendsten Zeitmesser findet man seit jeher in Kalksteinhöhlen: Sie orientieren sich an der Regelmäßigkeit, mit der durch feine Risse im Gestein eingedrungenes Wasser von der Höhlendecke tropft. Das rhythmische Tröpfeln der Stalaktiten stand Pate für die ersten Wasseruhren der Antike, was auch ihr Name »Klepsydra« verrät: »Wasserdieb«. Sie bestanden aus einem Auslaufbehälter, aus dem Wasser in einen Einlaufbehälter tropfte. Die Sanduhr kam erst später auf. Während die Tropfen regelmäßig herabfallen und die Stille der Unterwelt durchbrechen, formen sie Stalagmiten aus Kalziumcarbonat, die vom Höhlenboden nach oben wachsen. In ihrem Inneren bilden sich konzentrische Kreise wie in Baumstämmen. Bereits in der zweiten Hälfte des 18. Jahrhunderts haben sich Naturforscher mit diesen Phänomenen beschäftigt und Hypothesen über ihre Entstehung aufgestellt. Sie bezweifelten, dass es sich um Mineralien handelt, sondern dachten eher an Pflanzenorganismen. Aber vor allem fragten sie sich, wie lange das Wachstum dauerte. Stand jeder Ring für ein Jahr, wie bei den Bäumen, oder für eine viel längere Zeit? Vielleicht für Jahrhunderte oder sogar Jahrtausende? Es gab viele Versuche, das Wachstumstempo zu messen, aber die Ergebnisse widersprachen der biblischen Zeitrechnung, auf der die Erdgeschichte damals basierte. Joseph Anton Nagel zum Beispiel, Hofmathematiker am habsburgischen Kaiserhof, stellte 1748 Vermutungen über die Entstehungsgeschwindigkeit der Stalagmiten in den Höhlen von Postojna an. Sie beruhten auf eingeritzten Markierungen von vor 70 Jahren, die mit einem 0,7 Millimeter hohen Calcitfilm bedeckt waren. Rechnete man diese auf das Volumen der größten Tropfsteine hoch, ergab sich ein Alter von mehr als 90 000 Jahren! Leider schloss er daraus, dass das Wachstum nicht regelmäßig gewesen sein konnte, denn nach der Bibel war die Erde erst vor 5752 Jahren entstanden.

Nagel hat wirklich großartige Arbeit geleistet, aber seine Schlussfolgerungen sind mit Vorsicht zu genießen. Was bedeutet das? Tropfsteine bilden sich tatsächlich in unregelmäßigem Tempo, was nicht nur mit der durchs Gestein dringenden Wassermenge zu tun hat, sondern auch von anderen Parametern abhängig ist. Dazu zählen die Temperatur und die Konzentration von Kohlendioxid, das den Säuregrad des Wassers bestimmt und dafür sorgt, ob es mehr oder weniger gelöstes Calciumcarbonat enthält. Ein Stalaktit kann sich in der einen Höhle in wenigen Jahrhunderten bilden, aber in einer anderen, die vielleicht in einem unterschiedlichen geografischen Kontext existiert, kann es durchaus mehrere hunderttausend Jahre dauern. Zwei Jahrhunderte nach Nagel haben Hendy und Wilson herausgefunden, dass in jeder Schicht dieser aus Mikrokristallen bestehenden Formationen noch Spuren von Sauerstoffmolekülen des Wassers enthalten sein könnten, aus dem sie entstanden sind. Jeder Tropfen hat folglich seinen »Fingerabdruck« hinterlassen, den man mit speziellen Messgeräten entschlüsseln kann. Als Hendy und Wilson 1968 mit einem Massenspektrometer einen Stalagmiten analysierten, den sie in der Waitomo-Höhle in Neuseeland gefunden hatten, entdeckten sie, dass man den Sauerstoffisotopen entnehmen kann, ob es sich um eine kalte oder warme Periode gehandelt hat. Ähnlich verhält es sich bei den alten Eisschichten der Polkappen, in die Sauerstoff aus der Atmosphäre der Vorzeit eingeschlossen ist.

In der russischen Wostok-Station in der Antarktis ist es mit Hilfe von Eisbohrungen gelungen, die Klimabedingungen der letzten 400 000 Jahre zu rekonstruieren. In 30 Jahren Forschungsarbeit wurden dort mehr als 3000 Meter Eis durchbohrt und analysiert. Ausgehend von der Annahme von Hendy und Wilson, wurden

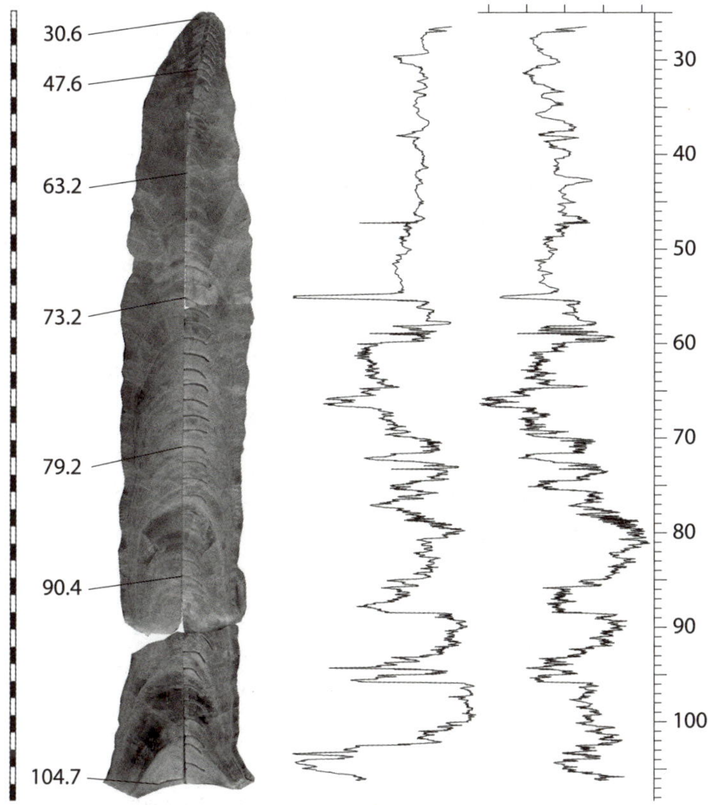

Dieser Stalagmit aus der Cucù-Höhle in Apulien ist 70 000 Jahre alt: Das hat eine Isotopenanalyse ergeben.

1992 im »Devils Hole«, dem »Teufelsloch«, in Nevada Bohrungen in einer Calcitmure durchgeführt. Diese hatte sich in einem unterirdischen Wasserbecken gebildet. Die Bohrprobe war nur 36 Zentimeter lang, aber nach Analyse im Massenspektrometer sowie nach einer radiometrischen Datierung konnten die Wissenschaftler der Amerikanischen Geologischen Gesellschaft herausfinden, dass in diesen wenigen Zentimetern alle Informationen enthalten waren, die in der Antarktis drei Kilometer tiefe Bohrungen erfordert hätten! Was man da in Händen hielt, waren mehr als 500 000 Jahre kontinuierliche Klimaaufzeichnungen von unserem Planeten, eingeschlossen in einer einzigen Probe. Bis heute gehören die Daten aus dem Devils Hole zu den wichtigsten überhaupt, zu ihnen gesellten sich Hunderte von Proben aus Höhlen auf der ganzen Welt. Diese Erkenntnis eröffnete unverhofft die Möglichkeit, die Klimageschichte an Orten zu erforschen, an denen es keine natürlichen Archive wie Gletscher gibt. 2013 hat ein internationales Team von Wissenschaftlern und Speläologen die Klimaveränderungen der letzten 250 000 Jahre in Amazonien untersucht, dabei orientierten sie sich an Stalagmiten aus verschiedenen Höhlen am östlichen Rand der Andenkette. Mit Hilfe moderner radiometrischer Datierungstechniken kann man noch weiter in der Zeit zurückgehen. Im Antro del Corchia in den Apuanischen Alpen wurde das Alter einiger Stalagmiten auf mehr als eine Million Jahre geschätzt. Auf diese Weise konnte man unschätzbar wertvolle Informationen über die Dynamik des Systems Erde gewinnen.

Eine der spektakulärsten unterirdischen Landschaften, in denen die Zeit stehengeblieben zu sein scheint, sind die Nullarbor-Höhlen an der Südküste Australiens. Die Nullarbor-Wüste ist eines der trockensten Gebiete der Erde, in ihrem Inneren verbergen sich riesige Höhlen, gegraben von unterirdischen Flüssen, die heute versiegt sind. In vielen dieser Höhlen gibt es beeindruckende Calcitformationen, Stalaktiten und Stalagmiten in den unglaublichsten Formen und allen nur denkbaren Größen. Aber man kann noch so aufmerksam lauschen oder gucken: Man hört oder sieht keinen Tropfen von der Decke fallen. Heute gibt es dort kein Wasser mehr, alles ist staubig und trocken.

Geologen der Universität Melbourne dachten, dass es sich um Tropfsteine handelt, die sich womöglich auf die letzte Eiszeit vor etwa 20 000 Jahren zurückführen lassen. Damals gab es in der Gegend noch ergiebige Regenfälle. Aber die Analyse ergab, dass sie vor Jahrmillionen entstanden sind, die meisten vor drei bis sechs, eine sogar vor acht Millionen Jahren. Die unterirdische Landschaft von Nullarbor ist irgendwann in einer fernen Vergangenheit stehengeblieben. Das Ticken der Uhr ist plötzlich verstummt, die Zeiger rückten nicht mehr weiter, und seitdem ist nichts mehr passiert. Rein gar nichts.

Wenn wissenschaftliche Fakten uns plötzlich mit einer Zeitrealität konfrontieren, die wir nicht verstehen können, fühlen wir uns orientierungslos, und unsere Sicht auf die Welt verändert sich grundlegend. 2016 luden mich Freunde ein, eine Höhle zu besuchen, die erst kürzlich in 2600 Metern Höhe in den Brenta-Dolomiten entdeckt worden war, umrahmt von beeindruckenden Kalkstein-Berggipfeln und Dolomitstein, unter denen noch weitere, zu großen Teilen unerforschte Höhlen und Gänge existierten. In der neu entdeckten Höhle gelangte man in einen Gang von etwa 200 Metern Länge. Nicht besonders spektakulär, doch die Speläologen hatten dort ein merkwürdiges Sediment entdeckt: glänzenden Sand aus hellen und dunklen Körnern, der an Boden und Decke haften geblieben war, wo er so fest geworden war, dass sich bizarre Gebilde geformt hatten. Auf unseren bisherigen Expeditionen in der Region waren wir noch nie auf etwas Vergleichbares gestoßen.

Als ich vor diesen Ablagerungen stand, begriff ich, dass es sich um Material handelte, das aus tiefster Vorzeit stammte. Die Sandkörner bestanden aus Quarz und anderen intrusiven Mineralien, sie stammten aus Magmagestein aus noch größeren Tiefen, wie zum Beispiel Granit. Um ähnliches Gestein zu finden, muss man zur einige Dutzend Kilometer entfernten Adamellogruppe fahren. Wie gelangte dieses Material hierher, noch dazu in eine Höhle? Hatte es hier früher Gletscher gegeben? Oder hatten die Berge und Täler vor unseren Augen einmal ganz anders ausgesehen?

Um dieses Geheimnis zu lüften, zog ich einen der bedeutendsten Höhlenforscher auf dem Gebiet der Sedimentgesteine hinzu, den Schweizer Speläologen Philipp Hauselmann. Der Sand ließ sich nicht mit den üblichen radiometrischen Methoden untersuchen und datieren, wir konnten es aber mit einer anderen komplexen Technik versuchen, die auf dem Zerfall kosmogenetischer Isotope wie Beryllium und Aluminium beruht. Das Verfahren lässt sich leicht erklären: Wenn sich Sandkörner durch Witterungseinflüsse von den Felsen lösen und von einem Gletscher oder Fluss weitertransportiert werden, sind sie Sonnenlicht und kosmischen Strahlen ausgesetzt, die ständig auf die Oberfläche unseres Planeten treffen. Diese energiespendenden Strahlen lassen im Inneren des Quarzsands instabile Beryllium- und Aluminiumisotope entstehen, die radioaktivem Zerfall unterliegen. Werden diese Körnchen in die absolute Dunkelheit einer Höhle transportiert, können die kosmischen Strahlen sie nicht mehr erreichen und keine neuen Isotope produzieren. Das Aluminium und das Beryllium sind im Höhleninneren radioaktiv, die Isotope beginnen zu zerfallen und verringern ihre Originalkonzentration. Ab da beginnt eine Art Countdown. Indem wir prüfen, wie viele Atome bis heute erhalten geblieben sind, können wir berechnen, zu welchem Zeitpunkt die Körnchen in die Höhle gelangt sind.

Als ich Philipp diese Methode vorschlug, nahm er ein wenig verhärteten Sand in die Hand, schaute ihn an, steckte ihn in den Mund und begann zu kauen. Ich war verblüfft. Gut, wir Höhlenforscher sind alle mehr oder minder exzentrisch, aber er übertraf uns bei weitem.

Mit Mimik und Gestik eines Sommeliers sagte er: »Mmmm …, ja die Zähne knirschen und reiben, es ist definitiv genug Quarz drin! Wir können es versuchen.«

In einem Labor in Wien wurden die Sedimente in einem komplexen Verfahren in Säure gelöst, um auf die Jagd nach Beryllium und Aluminium zu gehen. Nachdem es Philipp gelungen war, ihre Konzentration zu bestimmen, schrieb er mir umgehend eine Mail.

Der Sand, den er mit so viel Genuss »gekaut« hatte, war vor fünf bis sieben Millionen Jahren von einem Fluss in diese Höhle transportiert worden!

Vor uns breitete sich eine Geschichte aus, die vor Jahrmillionen begonnen hatte, lange bevor der Mensch die Erde bevölkerte. Diese Höhle, die sich heute auf 2600 Metern Höhe in einer Felswand in den Dolomiten öffnet, ist ursprünglich viel tiefer entstanden und gehörte zu einem zehn-, vielleicht hundertmal so großen Höhlenkomplex, der durch Flüsse und Wasserströme entstanden ist. Damals gab es die Dolomiten noch nicht, oder sie waren nur Hügel und gerade dabei, sich zu ihrer majestätischen Höhe zu erheben. Zur gleichen Zeit begann sich in der Nähe das Granitgebirge der Adamellogruppe zu entfalten. Es gab noch keine tiefen Täler, die beide Gebirge trennte, sondern Flüsse, die über das Gestein strömten, es aushöhlten und den ausgewaschenen Sand Richtung Meer transportierten. Irgendwann wurden die Flüsse von den Höhlen verschluckt, und der Sand blieb in der Dunkelheit gefangen. Bis heute. Durch die Gänge der »Rapunzelhöhle« zu laufen, ist wie der Gang durch ein Stück Welt, die es heute nicht mehr gibt.

Die Höhlen mit Öffnungen an der Erdoberfläche fangen die Zeit ein. Und wenn sie sich schließen, halten sie die Zeit an, lassen sie erstarren. Öffnen wir sie wieder, sodass nach Millionen von Jahren wieder Licht hineindringt, können wir am eigenen Leib Dinge erfahren, deren Bedeutung sich im Lauf der Zeit verloren hat. Aber wir sind und bleiben Menschen. Dass es eine Welt gibt, die schon existiert hat, bevor unsere ersten Vorfahren auch nur einen Fuß auf sie gesetzt haben, können wir nicht wirklich erfassen. Deshalb ist die Höhle in vielen Kulturen der heiligste Ort: Dort können wir Spuren unserer Urahnen finden, Beweise für ihre Existenz entdecken. Aus unserer beschränkten Sicht der Dinge bleibt im Dunkeln alles, wie es ist. Die Höhle bewahrt alles.

Zu Beginn der 2000er Jahre begann ich gemeinsam mit meinem Vater und einigen Archäologen aus Verona in einer kleinen Höhle in den Lessinischen Bergen zu graben, in der prähistorische Kiesel gefunden worden waren. Attilio Benetti hatte von seinen Großeltern die Geschichte des Namens dieser Höhle gehört und sie uns weitererzählt. Sie war als »Grotta della Fada Nana« bekannt. Der Legende nach hatte dort eine »fada« Zuflucht gefunden, eine winzig kleine mythologische Figur, gute Fee und böse Hexe zugleich. Schicht für Schicht trugen wir die Erde ab, dabei entdeckten wir zuerst löchrige Muscheln, später gut erhaltene Pfeilspitzen aus Flintstein und schließlich menschliche Knochen: offenbar Überreste eines rituellen Begräbnisses. Als ich die Sedimente gelöst hatte, hielt ich einen kleinen Kieferknochen in der Hand. Der Archäologe wusste sofort, dass er von einer sehr alten Frau stammte, nicht größer als 1,30–1,40 Meter. Das Begräbnis musste in der Bronzezeit stattgefunden haben, vor etwa 3700 Jahren. Die Höhle hatte nicht nur die menschlichen Überreste konserviert, sondern sogar die Geschichte von der kleinen Frau über Jahrtausende hinweg erhalten – eine Geschichte, die von Generation zu Generation weitererzählt wurde. Im Laufe der Zeit war aus der kleinen Frau eine winzige Fee geworden.

Der menschliche Verstand, die Fähigkeit zu begreifen, was uns umgibt, kann durch die Dunkelheit beeinträchtigt, von ihr gefangen genommen werden. Was mag Casteret empfunden haben, als er die Bärenskulpturen aus Lehm in der Montespan-Höhle entdeckt hat? Und wer weiß, welchem jahrtausendealten Zauber die französischen Speläologen Jean-Marie Chauvet, Eliette Brunel-Deschamps und Christian Hillaire auf die Spur kamen, als sie am 18. Dezember 1994 ein Loch in eine Felswand im Ardèche-Tal in Frankreich schlugen und eine Zeitreise ohnegleichen machten: Die unterirdischen Gänge, die sie entdeckten, hatten seit fast 30 000 Jahren nicht mehr das Licht einer Fackel gesehen. Aber lange vor ihnen, bevor der Eingang eingestürzt war und die Höhle versiegelt hatte, waren Menschen hier gewesen und hatten die Wände in eine urzeitliche Sixtinische Kapelle verwandelt. Sie hatten dort Malereien von unbeschreiblicher Schönheit, die ältesten Zeugnisse menschlicher Kunst, hinterlassen. Mit dynamischen Strichen hatten die Künstler realistische Löwen, Bären, Hyänen, Pferde, Rhinozerosse, Mammuts, eine Eule, ja sogar einen Vulkanausbruch gemalt. Die Bilder waren so perfekt erhalten, dass die ersten Archäologen, die die Höhle betraten, überzeugt waren, die drei französischen Speläologen hätten eine Reproduktion angefertigt, um die Aufmerksamkeit auf sich zu ziehen. Aber die Radiokarbondatierung führte zu einem eindeutigen Ergebnis. Es gab zwei Perioden menschlicher Nutzung. Die erste, während der dieser urzeitliche Michelangelo gelebt haben musste, vor etwa 36 000 Jahren, die zweite 7000 Jahre später.

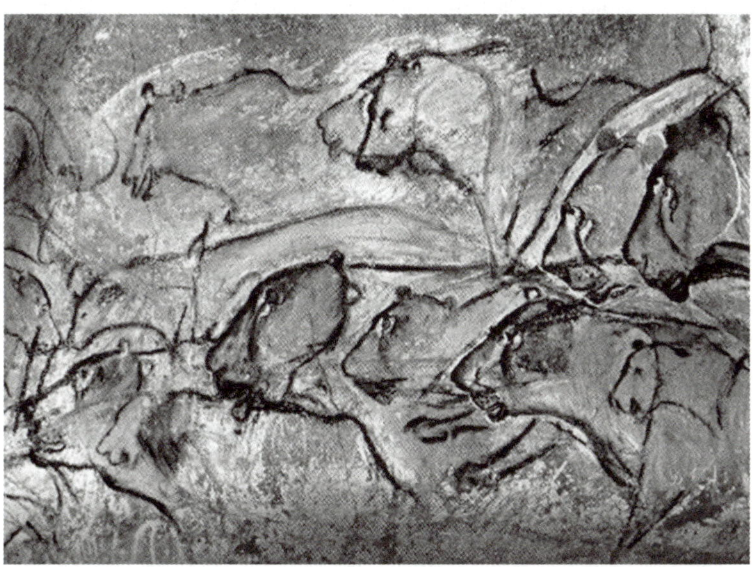

An den Wänden der Chauvet-Höhle hat ein prähistorischer Künstler ein Rudel lebhafter Höhlenlöwen für die Ewigkeit festgehalten.

Von damals gibt es noch Fußabdrücke eines Kindes, daneben Spuren von Wachs, das von seiner Fackel getropft war, außerdem Pfotenabdrücke eines Hundes: die ersten jemals entdeckten Spuren eines Haustiers überhaupt. Wer auch immer die Chauvet-Höhle betritt, steht vor einem Rätsel, das nie ganz gelöst werden wird. Mehrere Forscher haben berichtet, dass sie während ihrer Untersuchungen immer wieder eine Pause brauchten: Die emotionale und psychologische Belastung war zu groß. Noch Monate danach träumten sie von Löwen und Schatten, so als ob diese Bilder nach einem jahrtausendelangen Schlaf plötzlich zum Leben erweckt worden wären.

Werner Herzog, der die Höhle 2014 anlässlich eines Dokumentarfilmdrehs besuchte, hat seine Gefühle, die ihn in dieser vergangenheitsschwangeren Finsternis überwältigten, folgendermaßen in Worte gefasst:

»Diese Bilder sind Erinnerungen längst vergessener Träume. Hören wir unseren Herzschlag oder ihren? Werden wir nach dieser langen Zeit jemals den Blickwinkel der Künstler von damals verstehen können?«

Die Höhle ist der einzige Ort auf unserem Planeten, an dem wir in einen Zeitspiegel blicken können. Er bringt uns in Kontakt mit Welten, Landschaften, Träumen und Gedanken aus einer fernen Vergangenheit. Im Schein der Lampen reflektiert sie aber auch unser Bild und erlaubt es uns, es in seiner ganzen Tiefe zu erfassen. Und trotzdem bleibt es menschlich, ein Abbild unserer eingeschränkten Verständnismöglichkeiten. Die Höhlen, die sich der Oberfläche nie geöffnet haben, werden für immer jenseits unserer Vorstellungskraft bleiben.

DIE EXTREME

Es gibt kein stärkeres Gefühl als das beim Aufbruch zu einer Reise, von der man seit Jahren geträumt hat. Wenn man dann endlich im Flugzeug sitzt, das einen weit fort bringt, schließt man die Augen. Die Motoren dröhnen, und man lässt sich auf etwas ein, das bisher nur in der Vorstellung existiert.

Im Mai 2007 saß ich im Flugzeug nach Mexiko-Stadt. Meine Gedanken kreisten um einen Ort, der nicht von dieser Welt sein konnte.

Das erste Mal sah ich die Höhle in einem Video von Tullio Bernabei, es war auf einer Expedition der Associazione La Venta zu einem Canyon in der Sierra Madre del Sur im Jahr 2003 entstanden. Tullio erzählte mir, dass er im Vorjahr in Mexiko gewesen war, um eine unglaubliche Höhle zu besuchen, von der nur wenige wussten. Im verwackelten Video sah man, wie er und ein Begleiter einen Bergbautunnel betreten, der an einer Felswand mit einer schmalen Öffnung endet. Auf der anderen Seite ließen sich riesige prismenförmige Objekte in Hellgrau erahnen. Nachdem sie sich hineingewagt hatten, beschlug sofort das Objektiv. Man sah Tullio, der versuchte, es wieder sauber zu wischen, und glaubte, daneben feucht glänzende Baumstämme zu erkennen. Langsam gingen die beiden weiter, das Objektiv beschlug erneut, wurde wieder gereinigt, und es folgten erneut ein paar klare Bilder. Die stammartigen Objekte waren überall verteilt, sie waren erheblich größer als ein Mensch, und plötzlich erkannte man, worum es sich handelte: um gigantische Kristalle! Ungläubig starrte ich auf die Bilder. Sie wirkten wie eine Fotomontage. Und dennoch bewies das ständige Reinigen der Linse, dass die Aufnahmen echt waren. Das Ganze dauerte weniger als vier Minuten. Nachdem sie den Tunnel wieder verlassen hatten, sah man ihre Gesichter: verschwitzt, gerötet und in den Augen eine Mischung aus Staunen und Furcht. Tullio berichtete weiter, dass diese Höhle bei Grabungen in einem Silberbergwerk, 350 Meter unter der Erdoberfläche, in der Nähe des Städtchens Naica in der Chihuahua-Wüste entdeckt worden war. Nur wenige Menschen hatten die Mine von Naica bis zu diesem Zeitpunkt überhaupt betreten.

Ich musste ziemlich verdattert gewirkt haben, denn er fügte hinzu: »Sie ist noch weitgehend unerforscht, niemand weiß genau, was dort wirklich ist.«

Meine Neugier war geweckt. »Das ist ja großartig. Ich kann gar nicht glauben, dass ihr nicht weiter vorgedrungen seid. Warum nicht?«

»Weil es tödlich gewesen wäre.«

Die trockene Antwort wirkte etwas übertrieben, aber die Erklärung folgte auf dem Fuß und löste auch das Rätsel der beschlagenen Linse.

»Die Temperatur beträgt dort fast 50° Celsius, die Luftfeuchtigkeit liegt bei 100 Prozent. Bist du länger als fünf Minuten drin, wirst du ohnmächtig, und keiner kann dich rausholen.«

Ich kannte Tullio Bernabei noch nicht so gut. Es war meine erste internationale Expedition, ich war gerade einmal 19 Jahre alt und sah mich einem Mann gegenüber, der für mich so etwas wie eine Legende war. Ich hatte viel von ihm gelesen: von der ersten Erforschung des Rio-La-Venta-Canyons 1991, über den Film mit Patrick de Gayardon, der sich mit dem Fallschirm in die Sotano de Las Golondrinas stürzte, die Erforschung der Boy Bulock (die tiefste Höhle Asiens) bis hin zum Pozzo della Neve im Molise mit einem Gesamthöhenunterschied von mehr als 1000 Metern. In meiner Vorstellung war er nicht nur der größte Forscher Italiens, sondern machte seine Entdeckungen mit seinen Dokumentationen über die Welt der Höhlen auch international populär. Ich hätte ihm gerne Hunderte von Fragen gestellt, aber er flößte mir gehörigen Respekt ein. Ich hatte Angst, nicht gut genug zu sein. Aber bei der Expedition in der Sierra Madre gelang es mir, sein Vertrauen und vor allem seine Freundschaft zu gewinnen.

Die Gruppe, der ich mich angeschlossen hatte, sollte in den noch unerforschten Río-Piaxtla-Canyon hinabsteigen, etwa so groß und tief wie der Grand Canyon. Es gab viele Unbekannte, uns war nur klar, dass wir irgendwann auf einen gewaltigen Wasserfall stoßen würden, den man bei einem Helikopterflug entdeckt hatte. Wie viele Meter er in die Tiefe stürzte, wussten wir nicht, wahrscheinlich 100 oder mehr. Der Kameramann, der Aufnahmen für einen Dokumentarfilm machen sollte, musste wegen Schmerzen im Knie einen Tag vor dem Abstieg aufgeben. Ein anderer musste seine Aufgabe übernehmen. Ohne zu wissen, was ich tat, bot ich mich als Freiwilliger an. Ich weiß nicht, was Tullio dazu brachte, mein Angebot anzunehmen. Ich rechnete nicht damit, dass er die Kamera einem jungen Mann anvertrauen würde, der gerade die Schule beendet hatte. Aber er tat es, und ich stürzte mich mit Feuereifer in das gefährliche Abenteuer.

Der Wasserfall hatte eine Fallhöhe von 170 Metern, und wir brauchten sechs anstrengende Tage, um den Canyon hinabzusteigen, der die längste Bergkette Mexikos durchschnitt. Es gäbe noch viel darüber zu berichten, die zur Neige gehende Verpflegung, plötzlich auftauchende Hindernisse, tödliche Stromschnellen, technische Probleme und Schwierigkeiten bei der Orientierung. Es war mein erstes großes Abenteuer im Ausland, und die Videoaufnahmen waren einzigartig und spektakulär. Ich hatte außerdem neue Freunde und Abenteuergefährten gefunden. Meine Motivation, bei diesem Abstieg alles zu geben, bei laufender Kamera und komplett am Limit, trotz der Wasserfälle, der Kälte und der Erschöpfung, war der unbedingte Wille zu beweisen, dass meine

Illustration einer Kristallhöhle von Édouard Riou, Erstausgabe von *Die Reise zum Mittelpunkt der Erde* von Jules Verne.

Attilio Benetti mit einem seiner Ammoniten aus den Lessinischen Bergen, nahe Verona, Italien. Die spiralartige Form symbolisiert die unendliche Reise in die Tiefen des Bewusstseins.

Ein unerforschter *Sotano* in der Selva El Ocote, Chiapas, Mexiko. Dutzende von Höhlen und Tunnelsystemen warten im Schutz des undurchdringlichen Regenwalds nur darauf, erforscht zu werden.

Sotano del Quetzal, Hochplateau von Lopez Mateos, Chiapas, Mexiko. Dieser glockenförmige Eingang führt zum Höhlensystem der Cueva del Río La Venta, das sich über viele Kilometer unter dem Regenwald erstreckt.

Schacht der Via Antica, Spluga della Preta, Lessinische Berge, Venetien. Der Eingang zu dieser großen Halle wurde erst 2003 entdeckt, nach 80 Jahren Forschungsarbeit.

Ulugh-Beg-Höhle, Baisuntau-Gebirge, Usbekistan. Antonio De Vivo überwindet eine vereiste Passage zum Tamerlano-Schacht.

Dark-Star-Höhle, Baisuntau-Gebirge, Usbekistan. Wir sind im Frozen Beck unterwegs, das Licht unserer Lampen wird von Abertausenden Eiskristallen reflektiert.

Kraken-Gletschermühle, Russell-Gletscher, Grönland. Der Biologe Joseph Cook zeigt mir Eiskristalle. Im Tiefeneis verbergen sich Algen und Bakterien.

Cueva de los Cristales, Naica, Chihuahua, Mexiko. Mit dem schweren »Tolomea«-Schutzanzug bewegen wir uns durch den Wald aus Selenitkristallen.

Réseau de la Pierre Saint-Martin, Pyrenäen, Frankreich. Seit den ersten Expeditionen in den 1950er Jahren sind in diesem Höhlensystem bis heute mehr als 80 Gangkilometer bis in 1410 Meter Tiefe erforscht.

Imawarí Yeuta, Auyan-Tepui, Venezuela. Der Umriss eines Forschers hebt sich von der Rató-Kaskade, der Göttin des Wassers, ab.

Krem-Puri-Höhle, Meghalaya, Indien. Dieser fast 25 Kilometer lange Hohlraum verzweigt sich in ein geometrisches Labyrinth, in dem jede Gabelung gleich aussieht und sich unendlich oft wiederholt.

Lechuguilla-Höhle, New Mexiko, USA. Stalaktiten und Stalagmiten, die sich im Laufe von Hunderttausenden von Jahren aus Calciumcarbonat gebildet haben.

Eingangsschacht der Spluga della Preta, Lessinische Berge, Italien. In 131 Metern Tiefe verliert sich das Sonnenlicht in Kaleidoskop-Reflexionen, um schließlich absoluter Dunkelheit Platz zu machen.

Höhlensystem der Piani Eterni im Nationalpark Belluneser Dolomiten, Italien. Der Eingangsbereich ist von ausgedehnten Eisfeldern bedeckt.

Höhlensystem der Piani Eterni im Nationalpark Belluneser Dolomiten, Italien. Die »Seeräuberschenke« ist das unterirdische Basislager, von dem aus die Forscher in die weiter entfernten Gebiete des Höhlensystems und zum Eingang der Grotta Isabella aufbrechen.

Cueva de los Cristales, Naica, Chihuahua, Mexiko. Bevor wir die extrem heiße Höhle betreten, justieren wir das Beatmungsgerät und prüfen die Funkverbindung.

St.-Kanzian-Höhle, Divaca, Slowenien. Der Rettungsweg, der zwischen 1884 und 1890 ins Gestein geschlagen wurde, schlängelt sich über dem wilden Fluss Reka die steilen Felswände entlang.

Höhlensystem der Piani Eterni im Nationalpark Belluneser Dolomiten, Italien. Abstieg in den Schacht, der in die Tiefen des altsteinzeitlichen Höhlensystems führt.

Réseau de la Pierre Saint-Martin, Pyrenäen, Frankreich. Der vertikale Abstieg in den 320 Meter tiefen Lépineux-Schacht. Dort kam es in der Nähe des Höhlenbodens zum tödlichen Unfall von Marcel Loubens.

Réseau de la Pierre Saint-Martin, Pyrenäen, Frankreich. Durch die Salle de la Verne fließt ein unterirdischer Fluss.

Kraken-Gletschermühle, Russell-Gletscher, Grönland. Die Flyability-Drohne wird für die Erforschung der Gletscherhöhle vorbereitet.

Malga Preta, Venetien, Italien. Giuseppe Troncon nach einem 48-stündigen Aufenthalt in der Spluga-della-Preta-Höhle, während der Operation »Corno d'Aquilio«.

Karstgebirge, Triest, Italien. Das Basislager der Astronauten während des von der ESA organisierten CAVES-Programms.

Lanzarote, Kanaren, Spanien. Eine Lavaröhre führt zum Atlantik, ihr Ende wirkt wie der Mund eines steinernen Riesen, der gegen Meeresungeheuer kämpft.

St.-Kanzian-Höhle, Divaca, Slowenien. Astronauten der NASA, ESA, JAXA, CSA und RUSCOSMOS sind auf den gleichen Wegen unterwegs wie die Entdecker des Flusses Reka ein Jahrhundert zuvor.

Kraken-Gletschermühle, Russell-Gletscher, Grönland. Man steigt aus der Dunkelheit des Gletscherinneren auf, beschienen von Polarlichtern.

Saint Paul Underground River, Palawan, Philippinen. Hunderttausende von Seglervögeln *(Aerodramus)* nisten in unterirdischen Hallen, die sich kilometerlang durch das Berginnere ziehen.

Réseau de la Pierre Saint-Martin, Pyrenäen, Frankreich. Die Salle de la Verne ist die größte unterirdische Halle, die man bisher in Europa entdeckt hat. Ihr Volumen beträgt 2,6 Millionen Kubikmeter. Auf dem Foto verlieren sich die Umrisse der Speläologen in den Weiten der Höhle.

Forscherleidenschaft nicht einfach nur die Flausen eines jungen Mannes auf der Suche nach Abenteuern war. Ich wollte Teil der Associazione La Venta werden, hautnah miterleben, was Tullio erzählt hatte, und eines Tages auch die Kristallhöhlen von Naica erforschen.

Ende des Jahres 2006, nach mehreren Höhlenexpeditionen in Italien und anderen europäischen Ländern, wurde ich in die Associazione La Venta aufgenommen. Ich war mit 22 das bei weitem jüngste Mitglied und spürte, dass viele spektakuläre Abenteuer auf mich warten würden. Zahlreiche Mitglieder waren Vorbild und Orientierung für mich, wie der Physiker Giovanni Badino, der berühmteste Speläologe Italiens der letzten 30 Jahre, der auch Präsident der Speläologischen Gesellschaft Italiens war, Gaetano Boldrini, der erste Rolex-Preisträger Antonio De Vivo, Francesco Lo Mastro, Professore Paolo Forti aus Bologna, der Archäologe Davide Domenici und der Fotograf des *National Geographic* Paolo Petrignani, um nur einige zu nennen.

In dieser Zeit war die Associazione La Venta ausgesprochen aktiv. Tullio hatte einen Vertrag mit der Minengesellschaft La Penoles in Naica über mehrere Expeditionen in die Kristallhöhle abgeschlossen. Im Labor der Associazione la Venta in Treviso konstruierten wir Atemgeräte und kühlende Anzüge, die uns den Aufenthalt in der Höhle mit ihrem mörderischen Klima ermöglichen sollten. Wir erprobten Schuhe, um die Kristalle zu schützen, machten Gesundheitschecks, entwickelten Kommunikationssysteme und sprachen mit Sponsoren über die Finanzierung. Kopf des Ganzen war Giovanni Badino. Seine Kompetenz als Physiker war von fundamentaler Bedeutung, um mit der feuchten Hitze in der Höhle umgehen zu können. Viele bestürmten ihn mit Fragen, die er mit seinem trockenen Sarkasmus beantwortete. Er ging darauf ein, aber nur bei denen, die wirklich verstehen wollten. Ich hörte ihm zu und nahm jedes Wort für bare Münze, ohne zu bemerken, dass ich eines seiner Experimente war. Er wollte testen, ob ich selbständig denken konnte, welche Schlüsse ich zog, denn er ahnte, dass ich eines Tages wichtige Projekte der Associazione voranbringen sollte.

Die erste Frage, die ich ihm stellte, betraf die Temperatur. Ich verstand nicht, warum die Hitze in der Kristallhöhle lebensgefährlich war. Die Temperatur betrug zwischen 47° und 49° Celsius, aber in der Zentralsahara überlebten Menschen auch bei mehr als 50° Celsius.

»Die Temperatur ist nicht wirklich das Problem, das habe ich dir doch schon erklärt«, antwortete Giovanni knapp, als hätte er es mit einem absoluten Dilettanten zu tun.

»Das eigentliche Problem ist die Luftfeuchtigkeit. Was passiert, wenn dir heiß ist … sauheiß?«, setzte er nach.

»Na ja, ich schwitze und habe Durst«, antwortete ich ein wenig verunsichert.

»Eben! Du schwitzt wie ein Schwein und hast Durst, weil dein Schweiß verdunstet. Der Zustandswechsel von flüssig zu gasförmig absorbiert die Wärme und kühlt ab. Hast du kein Physikexamen an der nicht gerade brillanten geologischen Fakultät in Padua abgelegt?«

»Doch, schon.«

»Eine dumme Frage, aber du musst verstehen: Ich unterrichte die Geologen in Turin in Physik, die haben nie etwas richtig kapiert. Perlen vor die Säue!«, sagte Giovanni mit einem ironischen Unterton, in dem seine ganze Verachtung für uns Geologen lag.

»Dann besteht das Problem also darin, dass der Schweiß in der Kristallhöhle nicht gasförmig wird?«, unterbrach ich ihn, um zum Thema zurückzukommen.

»Ganz genau. Die Luftfeuchtigkeit beträgt fast 100 Prozent, ein Wert, den es im Freien nicht gibt. Dein Körper kann unter diesen Bedingungen die Wärme nicht abbauen. Schon 30 Grad fühlen sich dort wie 50 an, die Haut beginnt zu verbrennen! Das nennt man Humidex, aber das ist bestimmt zu hoch für dich!«, frotzelte er.

»Und wie hoch ist die gefühlte Temperatur in der Höhle?«

»Zwischen 90 und 100 Grad. So hoch, dass man gekocht wird. Ein gekochtes Geologenschwein! Doch das ist nicht das Kernproblem.«

»Was denn noch?«, fragte ich, während mein Blick zu den Atemgeräten auf dem Tisch huschte.

»Die Luft, die du atmest! Deine Lungen sind kühler als die Luft, die du einatmest, und die Feuchtigkeit kondensiert in deinen Lungen.«

»Und deshalb ertrinkt man?«

»Quatsch! Was passiert nach den Gesetzen der Thermodynamik, wenn ich das Ganze umkehre, vom gasförmigen in den flüssigen Aggregatzustand wechsle?«

Ich kannte die Antwort, wollte aber keinen Fehler machen. Ich zögerte, und er kam mir zuvor.

»Wenn das Gas kondensiert, gibt es Wärme an die Lungen ab, und du verbrennst!«

Während ich versuchte, die Informationen zu verarbeiten, bereiteten wir weiter die Ausrüstung vor. In einem Karton lagen Latexschläuche in unterschiedlichen Längen, die an den Enden geschlossen und mit einer Flüssigkeit gefüllt waren. Wir mussten sie an die Spezialanzüge anschließen, die von der Firma Ferrino und der Technischen Hochschule Turin gemeinsam entwickelt worden waren. Ich fragte mich, um welche Flüssigkeit es sich handelte und wie lange sie die Forscher kühl halten konnten. Ich hätte mir das gerne erklären lassen, aber ich hatte nicht den Mut, Giovanni danach zu fragen. Das Thema ging ihm offensichtlich auf die Nerven. In den vorangegangenen Monaten hatte es immer wieder kontroverse Diskussionen über den Schutzanzug und die weitere Ausrüstung gegeben. Es gab Vorschläge, Rucksäcke mit batteriebetriebener Klimaanlage zu konstruieren, andere dachten an Flaschen mit Pressluft, wieder andere schlugen Weltraumanzüge der NASA vor (die unter Schwerkraft mehr als 100 Kilo wogen!). Niemand wollte Giovannis Idee akzeptieren, vielleicht weil sie so einfach war? Er arbeitete mit Eis, sein Vorschlag war einleuchtend. Wir brauchten ein passives System, ohne Batterien oder elektrische Stromkreise. Es musste zuverlässig sein und durfte uns in der Höhle nicht im Stich lassen, sonst würden wir nicht lebend zurückkommen. Es gab gesicherte wissenschaftliche Fakten, die er stets wiederholte: Gefrorenes Wasser hat die höchste Schmelzenthalpie, das heißt, es absorbiert die Hitze besser als alles andere, bevor es von fest zu flüssig wird, bei 333 kJ/kg. Waren erst mal alle Schläuche gefroren, hätten wir mindestens eine Stunde Zeit, bis das Eis geschmolzen wäre. Ein einfaches, aber höchst effektives Kühlsystem. Giovanni nannte den Anzug »Tolomea«, nach einem Ort in Dantes *Inferno,* wo die Verräter im Eis für ihre Sünden büßten. Aber vielen kam die Lösung viel zu banal und einem Wissenschaftler seines Kalibers nicht würdig vor. Von der Sturheit seiner Kritiker erschöpft, hatte Giovanni einen neuen Anzug vorgestellt, bei dem die Flüssigkeit in den Schläuchen rot war. Das sei PCM, behauptete er, eine Abkürzung für »Phase Change Material«, wie viele Wissenschaftler annahmen. Alle waren froh über den bahnbrechenden technischen Fortschritt gegenüber dem simplen Wasser aus dem Hahn, und niemand stellte weitere Fragen. Heimlich vertraute er mir an, dass PCM eine indische Teemarke war: Er hatte das Wasser mit Tee rot gefärbt, um sich Besserwisser und Neunmalkluge vom Hals zu schaffen.

Ich war Teil des Teams aus Genies und Verrückten, das den wissenschaftlichen Part des Projekts abdecken sollte. Unser Koordinator war niemand anderes als Paolo Forti, Professor für Speläologie an der Universität Bologna und hochgeschätzter Präsident der Internationalen Gesellschaft für Höhlenforschung. Paolo hatte sein Leben der Erforschung der Mineralien in Höhlen gewidmet, und die Naica-Grotte war sicherlich die Krönung seiner Karriere. Sein Selbstbewusstsein war grenzenlos, im Gegensatz zu Giovanni beantwortete er jede Frage ausführlich und verbindlich. Ich weiß noch, dass mein späterer Doktorvater, Matteo Massironi, eines Abends zu einer Diskussionsrunde über meine Forschungsziele in der Mine kam. Paolo referierte zwei Stunden, entwickelte zahlreiche Ideen und stellte Hypothesen auf, die keinen Raum für Zweifel ließen. Matteo und ich gingen verwirrt nach Hause, ganz benommen von diesem überbordenden Enthusiasmus – ohne allerdings wirklich zu verstehen, was meine Aufgabe während der Expedition eigentlich sein sollte.

Ein Forschungsziel war herauszufinden, wie die teilweise mehr als zehn Meter hohen Kristalle gegen alle Regeln der Physik überhaupt hatten entstehen können. Paolo war auf der ganzen Welt unterwegs gewesen, um ähnliche Höhlen zu untersuchen, aber so etwas hatte er noch nirgendwo vorgefunden. Die erste entdeckte unterirdische Geode ist die Crystal Cave im Eriesee in Ohio, die man bei Grabungen eines Bewässerungsbrunnens gefunden hat. Es handelt sich um einen relativ kleinen Hohlraum, der vollständig von Kristallen bedeckt ist, die aus einem mineralischen Gemisch aus Schwefel und Strontium bestehen: Zölestin. Die erste große Geode wurde 1910 entdeckt, in ebenjener Naica-Mine. In etwa 150 Metern Tiefe hatten Minenarbeiter eine Höhle voller klingenförmiger Kristalle gefunden, die Cueva de las Espadas. Die Nachricht hatte sich weltweit verbreitet, und die Zeitungen druckten das Foto von Männern inmitten eines Waldes aus Kristallen, die mehrere Meter hoch waren. Sie bestanden aus Selenit, wasserhaltigem Kalziumsulfat, besser bekannt als Spiegelstein. Damals wurde ein Großteil der Kristalle aus der Höhle entfernt, sie wurden in Museen ausgestellt oder verschwanden in Privatsammlungen. In den darauffolgenden Jahren wurden weltweit weitere Selenithöhlen gefunden. Eine lag in der El-Teniente-Mine in Peru, dort waren die Kristalle aber »nur« wenige Meter lang. Auch in Mazedonien, in der Gegend von Debar, fand man ähnliche, aber längst nicht so spektakuläre Geoden. 1999 entdeckte man in Spanien in der Mine von Pulpi nahe Almería einen Hohlraum von außergewöhnlicher Schönheit, mit meterdicken, glasklaren Kristallen. Eine Art Auftakt für den Höhepunkt: die Entdeckung der Naica-Kristallhöhle ein Jahr später.

Diese Höhlen haben zwei Dinge gemeinsam: keine natürliche Öffnung nach außen und eine Verbindung zu Thermalwasser aus den Tiefen der Erde. Gefunden wurden sie rein zufällig, bei Minenarbeiten oder Bohrungen.

Im Unterschied zu Karsthöhlen, die von unterirdischen Gewässern in die Berge gegraben werden, stehen wir hier einem Phänomen in der Tiefe der Erde gegenüber, das große Rätsel aufwirft. Mit jedem Meter, den wir hinabsteigen, erhöht sich die Temperatur des Gesteins nach dem »geothermischen Gradienten«. Der Grund dafür ist der Wärmefluss, der aus dem noch flüssigen Erdkern nach oben dringt, etwa ein Grad pro 100 Meter. Das bedeutet, dass in zehn Kilometern Tiefe Temperaturen von mehr als 100 Grad herrschen. Da wir uns weit unterhalb des Meeresspiegels befinden, ist jede Höhle, die sich in der Erdkruste bildet, voller Wasser, das unter hohem Druck steht. Kein Mensch hat jemals einen solchen Ort in seinem natürlichen Zustand zu Gesicht bekommen, kein Roboter und keine Kamera konnten davon Bilder machen. Bei den tiefsten jemals vorgenommenen Bohrungen, wie dem Superdeep Borehole auf der Halbinsel Kola in Sibirien, wurden mehrere tiefe Hohlräume entdeckt. Aber wenn der Erdbohrer durch die Decke solcher Höhlen dringt, kann der immense Druck den Bohrkopf zerstören. Und sobald das Wasser durch das von Menschenhand gebohrte Loch nach oben dringt, können die Höhlen durch den riesigen Druck des sie umgebenden Gesteins in sich zusammenstürzen. Das ist eine dunkle, extrem heiße, fragile, beängstigende unterirdische Welt und für den Menschen unerreichbar – jedenfalls mit der heutigen Technologie.

Aber es gibt eine Möglichkeit, sich diesen geheimen Orten zu nähern und zumindest eine gewisse Vorstellung davon zu entwickeln. In einigen Regionen der Erde herrschen ganz spezielle geologische Gegebenheiten: Dort kommt das Wasser mit einer hohen Temperatur und einer besonderen chemischen Zusammensetzung an die Oberfläche. Sich dort genauer umzusehen, ist die einzige Möglichkeit zu ergründen, was mehrere Kilometer unter der Erde, unter unseren Füßen, existieren könnte. Diese Orte sind Fenster zu einer sonst unerreichbaren Welt.

2007 bereitete die Associazione La Venta eine Expedition vor, das außergewöhnlichste dieser Fenster zu erforschen: Die Mine von Naica liegt unter einem Gebirge in der Wüste von Chihuahua. Das Gestein ist von Blei, Zink, Silber und Gold durchzogen, die zusammen mit dem heißen Wasser durch die Verwerfungen und Risse gepresst werden. Das Gebiet ist durch starke thermische und magnetische Unregelmäßigkeiten gekennzeichnet. Tatsächlich findet sich in etwa zwei Kilometern Tiefe ein Batholith, ein magnetischer Gesteinskörper, der aus dem Erdmantel bis unter diese Wüste gelangt ist. Das Magma ist allerdings nicht bis an die Oberfläche gekommen, sonst hätte sich ein Vulkan gebildet. Es blieb Millionen von Jahren dort eingeschlossen und funktionierte beim allmählichen Abkühlen wie ein Ofen, der das umgebende Gestein und das von der Oberfläche kommende Wasser erwärmt hat. Diese besonderen Umstände haben in nur 350 Metern Tiefe zu einer Situation geführt, die sonst höchstens in fünf bis sechs Kilometern unter der Erde zu finden ist. Die Kristallhöhle und alle anderen Höhlen in der Naica-Mine waren ursprünglich mit einer Art »Mineralien-Fruchtwasser« gefüllt – so lange, bis die Minengesellschaft das Wasser abpumpte und sich immer tiefer in das silberhaltige

Gestein bohrte. Nach mehr als einem Jahrhundert Minenaktivität war man bis fast 800 Meter tief in das Heißwasserinferno vorgedrungen. Im Jahr 2000 sprengten die Brüder Eloy und Javier Delgado eine Mine, damit in einem Seitengang weitergegraben werden konnte. In einer Wand entdeckten sie ein Loch, aus dem heißer Dampf drang. Sie waren die Ersten, die ein solches Naturwunder zu sehen bekamen: eine Kristallhöhle von unbeschreiblicher Schönheit.

Die Associazione La Venta bereitete eine Expedition vor, um unterschiedliche Untersuchungen vorzunehmen. Die Höhle sollte genau erforscht und dokumentiert werden, sowohl durch Fotos als auch durch einen Dokumentarfilm von *National Geographic* und dem *Discovery Channel.* 2007 konnten wir auch zum ersten Mal von der neuen Ausrüstung profitieren. Die Tolomea-Anzüge und die Atemgeräte waren per Schiff transportiert worden und warteten am Hafen von Veracruz darauf, durch den Zoll zu kommen. Die Logistiker und die Techniker waren bereits in Mexiko angekommen, ich hätte mit Italo Giulivo, dem Koordinator der geologischen Untersuchungen, etwa eine Woche später nachkommen sollen. Ich war sehr aufgeregt, wohl wissend, welches Privileg es war, bei dieser Expedition dabei sein zu dürfen. Doch am Vorabend der Abreise bekam ich einen Anruf von Italo, eine Familienangelegenheit machte es ihm unmöglich, die Reise anzutreten. Ich wusste nicht, was ich tun sollte. Stiege ich allein ins Flugzeug, müsste ich mich mit den Geologen der Mine auseinandersetzen und die Einsätze vor Ort koordinieren. Konnte das gutgehen? Schließlich war ich nur ein Student inmitten einer Gruppe bedeutender Forscher. Der Zweifel währte nur kurze Zeit. Die Erfüllung meines Traums war zum Greifen nah, und ich würde mein Bestes geben. Nach einem langen Flug voller Gedanken landete ich auf dem Flughafen Chihuahua. Dort wurde ich schon von Tullio erwartet.

Während wir durch die Wüste fuhren, erzählte er mir von den zahlreichen Problemen der vergangenen Tage. Die Anzüge und Atemgeräte waren im Zoll stecken geblieben, nichts ging voran. Einer der Beamten gab vor, Zweifel zu haben, und versuchte von der Situation zu profitieren. Wahrscheinlich hätten ein paar Geldscheine geholfen, aber Tono De Vivo, der vor Ort war, um die Situation zu klären, wollte nichts davon wissen. Allein die Verschiffung hatte ein Vermögen gekostet, die Papiere waren in Ordnung, man konnte uns nicht aufhalten, nur weil die Ausrüstung an Raumanzüge erinnerte!

Auch die Situation in der Mine war kompliziert. Sie ohne Schutzausrüstung zu betreten, war riskant, und Paolo Petrignani hatte unter diesen Umständen erst wenige Fotos machen können. Und als wäre das alles immer noch nicht genug, zeigte sich der Chefgeologe der Mine nicht besonders kooperativ. Vielleicht war er vom großen Medieninteresse verschreckt. Wir beschlossen, einige Tage abzuwarten, bevor wir die Kristallhöhle betraten, und uns einer anderen Mission zu widmen, die sogar noch weiter in die Tiefe ging.

Im Vorjahr hatte Paolo Forti in einem Seitengang der Mine in etwa 600 Metern Tiefe ein Experiment gemacht, das wir jetzt präzisieren wollten, an einem Ort, der »das Inferno« genannt wurde. Treffender kann man es nicht beschreiben. Um dorthin zu gelangen, musste man zunächst mit einem Jeep durch nicht enden wollende unterirdische Tunnel fahren. Sie wurden von außen durch künstlich angelegte Belüftungsschächte mit Frischluft versorgt, damit die Minenarbeiter darin überleben konnten. Irgendwann mussten wir das Auto verlassen und zu Fuß durch einen verlassenen Gang weitergehen, wo die Frischluft nicht mehr hinreichte. Sobald wir die Schwelle zum »Inferno« überschritten hatten, umgab uns mehr als 50 Grad heißer Dampf. Wir mussten den Gang schnellstmöglich passieren, bis wir zu einem Fluss mit kochend heißem

Wasser kamen. Beim Aufstieg würden wir eine Kaskade queren, deren Wasser in einem Becken aufgefangen wurde. Hier herrschten die gleichen Bedingungen wie vor dem Abpumpen des Wassers durch die Minengesellschaft. Professor Forti hatte hier Steinplatten deponiert, auf deren Oberfläche winzige Calciumcarbonatkristalle entstanden waren. Würden wir dieses Experiment noch mehrere Jahre fortsetzen, bekämen wir eine Vorstellung davon, wie lange die Kristalle in diesem »Fruchtwasser« gebraucht hatten, um solche Tropfsteine zu bilden.

Wir waren zu viert. Außer mir noch Francesco Lo Mastro, der einige Steinplatten mitnehmen wollte, sowie die Fotografen Paolo Petrignani und Luca Massa. Die größten Schwierigkeiten bestanden im Durchwaten des kniehohen heißen Wassers und im Queren des Wasserfalls, bei dem ich mir den Rücken verbrühte. Als ich die Steinplatten aus dem Becken fischte, gab es keinen Teil meines Körpers, der sich nicht kochend heiß anfühlte. Während meine Begleiter alles dokumentierten, spürte ich deutlich, dass ich es hier nicht mehr lange aushalten würde. Ich trat den Rückweg an. Je weiter ich den Tunnel durchquerte, desto schneller schlug mein Herz. Jeder Schritt, der mich der frischen Luft näher brachte, verstärkte das Gefühl, etwas in meinem Körper würde jeden Moment explodieren. Als ich endlich das Auto erreichte, warf ich mich völlig erschöpft auf die Pritsche. Ich war der Hölle entkommen. Ich wartete, bis sich mein Herzschlag langsam wieder beruhigte, aber die Zeit verging, und meine Schläfen pochten immer noch. Es dauerte eine ganze Weile, bis ich mich besser fühlte, wobei »besser« bedeutete, dass ich unglaublich müde wurde.

Das Gefühl des explodierenden Herzens begleitete mich auch an den folgenden Tagen. Ohne Schutzausrüstung an solchen Orten unterwegs zu sein, war verrückt. Dabei lag die Kristallhöhle nur wenige Schritte entfernt hinter einer gepanzerten Tür. Ich konnte die Ankunft der noch immer im Zoll feststeckenden Ausrüstung kaum erwarten. Ich wusste, dass das vielleicht die einzige Chance in meinem Leben sein würde, dieses Naturwunder erforschen zu können. Die Zeit drängte, die Expedition dauerte nur noch wenige Tage. Deshalb schlug ich vor, die Höhle auch ohne Schutzausrüstung zu betreten. Giovanni und Tullio waren gleicher Meinung. Wir wollten unsere Mission erfüllen: Untersuchungen vor Ort, fotografieren, Instrumente aufstellen. Unser Aufenthalt würde nicht mehr als fünf Minuten dauern, wir würden in der Nähe des Eingangs bleiben. Der Expeditionsarzt Giuseppe Giovine würde uns beim Betreten und beim Verlassen der Höhle untersuchen und darauf achten, dass wir nicht in Gefahr gerieten.

An meine Gefühle beim Hineingehen erinnere ich mich noch, als wäre es gestern gewesen. Nach wenigen Stufen gelangten wir zu einer Sicherheitsglastür, hinter der bereits die ersten Kristallgebilde zu erkennen waren. Schon das war beeindruckend, doch jenseits der Tür veränderte sich die Perspektive. Mit äußerster Vorsicht und hochkonzentriert tasteten wir uns zwischen den Kristallgebilden hindurch, dabei hielten wir uns an den scharfkantigen Oberflächen fest und kontrollierten ständig unseren Atemrhythmus. Die Höhle und ihre Kristalle gerieten fast in den Hintergrund. Allmählich entfernten wir uns von der Tür, wir hatten das Gefühl, ein imaginäres Gummiband, das uns mit der sicheren Ausgangstür verband, würde sich langsam straffen. Wir orientierten uns an der linken Seitenwand und kamen nach etwa 20 Metern in die Haupthalle, wo man die Kristalle in ihrer ganzen Pracht bewundern konnte. Der größte war gut 13 Meter lang. Man konnte das Unbekannte erahnen, doch das Gummiband war inzwischen so straff, dass es weh tat. Der Drang, noch ein paar Schritte weiterzugehen, wurde von der Angst überlagert zu ersticken. Die Vernunft siegte, ich drehte mich um und ging zurück zur Tür. Wir waren völlig durchgeschwitzt, aber endlich konnten wir wieder durchatmen.

Nach gut einer Stunde Ruhe auf Feldbetten, die wir vor der gepanzerten Tür aufgestellt hatten, gab der Arzt das Okay für einen zweiten Versuch. Aber auch der durfte nicht länger dauern – wie alle anderen, die noch folgen sollten. Mit meinem Geologenkompass vermaß ich die Risse und Verwerfungen an den Wänden und an der Decke und hielt die Werte in meinem Notizbuch fest. Das dauerte, und ich versuchte mich jedes Mal einem anderen Gebiet der Höhle zuzuwenden, sodass ich immer weiter ins Innere vordrang. Einmal war ich mit zwei Kameraden, die Kameras in der Höhle aufgestellt hatten, auf dem Rückweg. Der Arzt wartete hinter der Glastür auf uns. Bevor wir an die frische Luft gehen konnten, wollte er noch einige Parameter untersuchen, um mehr über die Belastung unserer Körper herauszufinden. Mein Herz raste, meine Lungen lechzten nach Luft. Als ich an der Reihe war, maß der Arzt meine Herzfrequenz: 210 Schläge pro Minute! Dann legte er mir das Blutdruckmessgerät an. Doch ich hielt es nicht länger aus, riss mir die Manschette ab und rannte nach draußen, wo ich auf einem Feldbett zusammensackte. Der Arzt folgte mir und maß meine Körpertemperatur: fast 41° Celsius! Eine Minute später, und ich hätte es wahrscheinlich nicht mehr auf eigenen Beinen nach draußen geschafft.

Das war eine deutliche Warnung. Die Kristallhöhle gab uns zu verstehen, dass diese Welt nicht uns Menschen gehörte. Als ich abends in mein Zimmer der kleinen *posada* des Minenstädtchens zurückkam, bekam ich Schüttelfrost. Es folgte eine schreckliche Nacht mit Fieber und Schweißausbrüchen. Albträume quälten mich, ich sah die pechschwarze Finsternis vor mir und glaubte die Stimmen der Minenarbeiter wahrzunehmen, den Gestank der Maschinen, des Schwefels und des Sprengpulvers. Am nächsten Morgen war ich völlig am Ende, erneut in die Höhle zu gehen, war ausgeschlossen. Als meine Kameraden den Pick-up beluden, verabschiedete ich mich von ihnen und sagte, dass ich auf den Berg steigen und dort Proben nehmen würde.

Am späten Nachmittag begann ich mich besser zu fühlen, und als die Sonne langsam zu sinken begann, stieg ich den Steilhang hinter der Minenanlage hoch. Der Sierra Naica erhob sich 250 Meter über der Stadt. Es gab keinen Weg, aber es war leicht, zwischen den dornigen Büschen über die Kalkfelsen aufzusteigen. Ich musste mich nur vor den Steinhaufen in Acht nehmen, denn dort versteckten sich Klapperschlangen. Hin und wieder stieß ich auf einen alten Bewässerungsbrunnen oder den Eingang eines verlassenen Tunnels, der mit Hammer und Meißel in den Fels geschlagen worden war. Die erste Mine war hier bereits 1794 erschlossen worden, aber viele Jahrzehnte mussten die *Conquistadores* ihre Arbeiten immer wieder unterbrechen, weil sie von den Paquimé-Indianern angegriffen wurden, die ihre Heimat verzweifelt verteidigten. Noch heute finden sich vereinzelt Pfeile mit Flintsteinspitzen im Wüstensand.

Ganz in Gedanken erreichte ich den Gipfel genau bei Sonnenuntergang. Am höchsten Punkt erhob sich ein in ein weißes Laken gehülltes Holzkreuz, darunter standen Kerzen, Blumen und Holztafeln mit Namen, die vermutlich an Minenarbeiter erinnern sollten, die bei der Arbeit in der Dunkelheit ihr Leben gelassen hatten. Auf der anderen Seite des Berges lag ein tiefes Tal, aus dem ein großer Förderturm ragte, man erkannte Lastwagen und Minenarbeiter, die Schichtende hatten und zu ihren Fahrzeugen gingen. Dort lag das neue Abbaugebiet. Die Kristallhöhle befand sich etwa 350 Meter unter der Erdoberfläche. Jenseits des Tals erhoben sich zwei andere Bergkämme, wo schmale Schotterstraßen zu weiteren Bergwerken führten.

Ich stellte mir vor, welche Mengen Gold und Silber sich darunter verbergen mussten. Aber vor allem fragte ich mich, ob das, was wir in der Höhle sehen würden, tatsächlich das Nonplusultra oder nur ein kleiner Ausschnitt einer geheimnisvollen Kristallwelt war, die sich unter unseren Füßen erstreckte.

Als ich mich an den Abstieg machte, war es bereits dunkel. Vor meiner Herberge wartete ein Jeep der Minengesellschaft. Ein etwa vierzigjähriger Mann stieg aus, Lederstiefel, Dreitagebart und ein mexikanischer Sombrero.

»*Hola, son ustedes los exploradores de las cavernas?*«, fragte er im Näherkommen.

»*Sí, somos nosotros*«, antwortete ich nicht ohne einen gewissen Stolz.

»*Mucho gusto, me llamo Pedro y soy un geólogo de la mina.*«

So stellten wir uns vor. Pedro war Geologe und für die Kernbohrungen bei der Erschließung neuer Abbaugebiete zuständig. Offenbar gehörte er nicht zum Leitungsstab, da er bei dem offiziellen Treffen mit der Minengesellschaft nicht dabei gewesen war. Er bot mir an, mich am nächsten Morgen ins Valle del Tiro Naica mitzunehmen. Dort würden Bohrungen vorgenommen, und ich könnte mir einige der Erdschichten ansehen. Das Angebot war verlockend, aber mir war nicht klar, warum er ausgerechnet mich ansprach, was dahinterstecken könnte. Aber so eine Gelegenheit würde ich nicht so schnell wiederbekommen. Ich sagte zu. Beim Abschied flüsterte er: »*Esto no está autorizado por mis jefes, pero hay muchos cosas que quiero mostrarle y estoy seguro que tenemos informaciones que podemos compartir.*«

Als meine Kameraden von der Höhle zurückkamen, erzählte ich ihnen von dem Treffen und von der Einladung am nächsten Tag. Meine Zweifel erwähnte ich nicht, um sie nicht misstrauisch zu machen. Ich hoffte, dass Pedro mir inoffiziell die geologischen Karten der Mine zeigen würde, die uns zwar versprochen worden waren, die wir aber nie zu Gesicht bekommen hatten, vielleicht aus Geheimhaltungsgründen.

Am nächsten Morgen holte Pedro mich ab, und wir fuhren im Jeep durch die Wüste, stets an den Berghängen entlang. Schließlich erreichten wir den Bohrturm. Während der Fahrt fragte ich, ob sie vielleicht auf weitere Kristallhöhlen gestoßen seien. Aber die Antwort blieb vage. Es bestehe Hoffnung, in etwa 600 Metern Tiefe auf eine breite Schicht kristallinen Gesteins zu stoßen. Er führte mich in eine Hütte, in der auf langen Tischen die Ergebnisse der letzten Bohrung lagen, darunter auch Selenitkristalle und Proben verschiedener Gesteinsschichten. Als ein Kollege hereinkam, wurde Pedro plötzlich deutlich verschlossener und nahm seine Arbeit wieder auf, ohne sich weiter um mich zu kümmern. Er hätte mir sicher gerne noch mehr gesagt, doch die Anwesenheit seines Kollegen hielt ihn davon ab. Ich erzählte ihm, wie wichtig die Entdeckung der Kristallhöhle für uns Speläologen war, die wissenschaftlichen Erkenntnisse seien bahnbrechend. Auf der Rückfahrt zeigte er mir weitere Bohrtürme, mit denen neue Sektoren untersucht wurden, vor allem drei am Rand der großen Verwerfung, in der sich die Kristallhöhle entwickelt hatte. Offensichtlich waren wir beide von der Vorstellung fasziniert, es könnte weitere Kristallhöhlen im Berg geben.

Am Nachmittag des gleichen Tages kam endlich der Lastwagen mit der Ausrüstung aus Veracruz. Antonio De Vivo war es gelungen, den Zoll zu überzeugen, sie freizugeben. Es hatte ganze zwei Wochen gedauert! Sein Urlaub war zu Ende, und er musste nach Italien zurück. Aber wir hatten noch drei Tage Zeit, um tiefer in die Höhle vordringen zu können.

Beim Anlegen der Tolomea-Anzüge und Atemgeräte musste es schnell gehen. Das ganze Team half mit, damit keine Minute der kostbaren Kälte des Eiswassers vergeudet wurde. Es gab natürlich Forschungsziele, die wichtiger waren als meine geologischen Untersuchungen. Erst waren die Fotografen dran, dann die Spezialisten für das Laserscanning. Am letzten Tag war ich an der Reihe. Gemeinsam mit Giovanni Badino wollte ich bis in die hinterste Zone der Höhle vordringen, um die Topografie zu vervollständigen und Proben zu nehmen. Ich konnte mir keinen besseren Begleiter wünschen, Giovanni bewegte sich in dieser schwierigen Umgebung mit großer Selbstverständlichkeit, er war der Kopf der Expedition. Für mich, einen jungen Mann von 23 Jahren, war es eine Ehre, an seiner Seite sein zu dürfen.

Das Einkleiden klappte wie am Schnürchen, innerhalb weniger Minuten hatten wir Anzug und Atemgerät angelegt. Durch die 20 Kilo Eiswasser am Körper war unsere Bewegungsfreiheit etwas eingeschränkt, aber wir hatten jetzt eine Stunde Zeit, die Höhle zu erkunden. Unglaublich! Nach den Strapazen der Vortage konnten wir uns endlich angstfrei umsehen. Frischluft floss durch unsere Lungen, und wir sahen die Höhle mit ganz anderen Augen. Erst jetzt konnten wir ihre ganze Pracht wirklich erfassen. Ich folgte Giovanni die rechte Wand entlang, es kam mir vor, als durchschritten wir einen Wald aus Kristallen, die teilweise mehrere Meter über dem Boden hingen. Weiter hinten öffnete sich ein Schacht, dort hatte Tullio zuvor ein Seil angebracht. Wieder veränderte sich unser Blickwinkel, jetzt konnten wir erkennen, dass nicht nur die Wände, sondern auch Boden und Decke aus reflektierenden Kristallen bestanden. Unter einigen Schwierigkeiten seilten wir uns ab und erreichten einen Gang mit perfekt geformten Kristallprismen. Besonders bei einem Exemplar verschlug es uns fast den Atem: mehr als einen Meter lang, perfekt und gleichmäßig geformt, von schier unwirklicher Transparenz. Als wir weitergehen wollten, versperrte uns eine Kristallmauer den Weg, in der sich ein kleines Loch befand. Wir spähten hindurch und stellten fest, dass die Höhle noch weiterging, aber mit der sperrigen Ausrüstung war es unmöglich, hindurchzuschlüpfen. Hier war Schluss, ab hier würde niemand weiterkommen. Die Ehrfurcht vor der Schöpfung gebot, nichts zu tun, um die Öffnung zu vergrößern, denn damit hätten wir Teile der Kristalle zerstört. Alles, was hinter der Kristallwand lag, blieb unserer Vorstellungskraft überlassen.

Wir gingen zurück, entnahmen Proben und standen wieder vor der Glastür. Diesmal verspürte ich nicht den unwiderstehlichen

Drang, ins Freie zu kommen. Ich beschloss, noch einige Minuten zu bleiben und die wunderbare Welt in mich aufzunehmen.

2015 zwangen technische Probleme beim Pumpsystem die Minenverwaltung, die tieferen Tunnel aufzugeben, während das heiße Wasser nach oben stieg und die Mine überschwemmte. Während ich das schreibe, hat die Mine von Naica den Betrieb eingestellt, und niemand weiß, ob die Kristallhöhle ebenfalls überschwemmt ist, wieder im »Fruchtwasser« schwimmt und für den Menschen unerreichbar ist. Als ich das letzte Mal auf den Kristallwald blickte, der allmählich in der Dunkelheit verschwand, wusste ich, dass das ein Abschied für immer war. Ich war Giovanni und Tullio unendlich dankbar, mir diese Möglichkeit gegeben zu haben.

Giovanni hat uns später erklärt, wie eine derartige Höhle mit Kristallen dieser Größe überhaupt entstehen konnte. Alle physikalischen Gesetze neigen dazu, Materie in eine unordentlichere Beschaffenheit zu überführen, sie zu zersetzen, sie in den wahrscheinlichsten Zustand zu bringen. Er wählte folgendes Beispiel: »Ein Glas fällt zu Boden und zerbricht, weil es wahrscheinlicher ist, dass es kaputtgeht, als heil zu bleiben. Glas lässt sich auf unterschiedlichste Art zerbrechen, intakt bleibt es nur, wenn ganz bestimmte Umstände es zulassen. Alles um uns herum ist der Auflösung geweiht, auch wir selbst.« Tullio fragte: »Das ist mir klar, aber wie kann es dann sein, dass es so perfekt organisierte Strukturen wie Kristalle gibt?« Die Antwort war weniger wissenschaftlicher als philosophischer Natur: »Die moderne Physik stellt gerade fest, dass die Thermodynamik ist wie ein Fluss, der zur Mündung fließt, aber es kommt vor, dass sich ein Strudel bildet und Wasser in den Fluss zurückströmt. Es gibt Umstände, unter denen die Materie bei ihrer Zersetzung keine Unordnung, sondern geordnete Strukturen schafft. Im Vergleich zu Kristallen sind wir Menschen weitaus strukturiertere Molekülanordnungen. Inmitten dieses Energieflusses, der von der Sonne kommt, auf unseren Planeten trifft und sich weiter verbreitet, befinden wir uns alle in einem Abkühlungsprozess, der die Entropie des Universums erhöht. Aber an diesem Ort, den wir Erde nennen und der selbst eine Art Höhle ist wie die in der Naica-Mine, strömt der Fluss zurück. Auf diese Weise bleibt ein wenig Ordnung erhalten, die Makromoleküle und Leben entstehen lässt.«

Für Giovanni war die Höhlenforschung weit mehr als nur eine wissenschaftliche Aufgabe oder eine geologische Studie, sondern die Ergründung des tieferen Sinns der Anwesenheit von Menschen auf der Erde. Dieser manchmal respektlos wirkende, unkonventionelle Professor und herausragende Speläologe, der schon wahrhaft Unglaubliches gesehen hatte, hatte es genau auf den Punkt gebracht.

Wir verließen ein letztes Mal das Minengelände, am nächsten Morgen würden wir wieder nach Hause fliegen. Während ich packte, hielt Pedros Jeep vor meiner Herberge. Ich öffnete die Tür, und er sagte: »Señor Francisco, quería saludarlo antes que se vayan. Y tengo algo para usted. Algo que no hablamos el día anterior. Espero que le guste y que un día regresen a esta tierra para explorar más cavernas.« Er übergab mir ein Päckchen mit einem wunderbaren Kristall, den ich bei den Bohrproben gesehen hatte. Ich bedankte mich, und wir verabschiedeten uns herzlich.

Aber als ich wieder in mein Zimmer ging, entdeckte ich, dass in dem Päckchen auch ein USB-Stick war. Man hatte ihn in einen Zettel mit der Notiz »T7-T8-T9, GROSSE HÖHLE AUF 600 METERN TIEFE« eingewickelt. Ich fuhr den Computer hoch und schaute, was auf dem Stick war. Er enthielt geologische Karten, auf einer waren die Positionen dreier Bohrungen markiert, die die gleichen Bezeichnungen wie auf dem Zettel trugen. Sie lagen im Bereich der neuen Erschließungsgebiete außerhalb des Minengeländes. Auch eine kurze Beschreibung der Entdeckung der Höhle war darauf zu finden. Sie hatten den Kernbohrer etwa 70 Meter tief ins Gestein bis zu einem Hohlraum getrieben, der Bohrstab war dabei zerbrochen und ins Innere gefallen. Das entnommene Material war damit verloren, und sie hatten es 50 Meter weiter südlich erneut versucht. Diesmal war die Bohrung erfolgreich, aber in der gleichen Tiefe waren sie wieder auf den Hohlraum gestoßen. Da sie nicht noch einen Bohrstab verlieren wollten, waren sie noch einmal 100 Meter weitergezogen. Doch auch bei der dritten Bohrung hatten sie die Höhlendecke durchstoßen und aufgeben müssen.

Als ich mir die Daten genauer ansah, wurde mir klar, dass dort etwas viel Größeres sein musste als die Kristallhöhle. Vielleicht ihre Fortsetzung, vielleicht eine neue unterirdische Halle mit gigantischen Ausmaßen und noch mächtigeren Kristallen.

Meine Vorstellungskraft war grenzenlos. Aber was auch immer ein Mensch sich erträumen kann: Die Realität übertrifft die Fantasie jedes Mal. Das hat Naica bewiesen.

ZWEITER TEIL

DIE LETZTEN ENTDECKER

DER FLUSS UND DAS LICHT

»Steig hinab in den Krater des Sneffels Yocul, kühner Wanderer, und du wirst zum Mittelpunkt der Erde gelangen. Das hab ich vollbracht. Arne Saknussemm.«

So wird in Jules Vernes *Reise zum Mittelpunkt der Erde* der Abstieg in den Krater des isländischen Vulkans eingeführt. Seit 1864 hat dieser Roman unzählige Leser fasziniert. Als Kind hatte ich eine zerlesene Ausgabe mit wunderbaren Illustrationen von Édouard Riou entdeckt, die wahrscheinlich meinem Großvater gehörte. Diese fantastische Erzählung hat auf fast jeden Jungen mit einem Mindestmaß von Abenteuerlust eine magische Anziehungskraft. Beim Weiterlesen war ich jedoch enttäuscht, als der Weg ins Erdinnere durch pechschwarze Tunnel zu einem unterirdischen Meer führte, das von einer geheimnisvollen Lichtquelle erhellt wurde. Das war dann doch zu viel des Guten für mich. Die Bücher des Höhlenforschers Norbert Casteret waren da reizvoller, sie versetzten mich in eine reale Welt, eine Welt, die ich später selbst erkunden sollte.

Es ist merkwürdig, wie sich die Wahrnehmung der eigenen Umgebung von Generation zu Generation verändern kann. Was unsere Großeltern noch als »normal« und selbstverständlich betrachtet hatten, ist für uns heute »verrückt« und umgekehrt. Je mehr sich unser Horizont erweitert, desto mehr sehen wir uns einem neuen Weltbild gegenüber. Keiner weiß, wie lange diese Sicht der Dinge demgegenüber Bestand haben wird, was noch im Dunkeln liegt. Als ich an der Universität Padua mit dem Geologiestudium begann, empfand ich wissenschaftliche Erkenntnisse wie den Kontinentaldrift oder die innere Struktur der Erde als etwas ganz Elementares. Ich konnte mir nicht vorstellen, dass sie erst ein Jahrhundert alt waren. Vor Mitte des 19. Jahrhunderts war die Wahrnehmung der Unterwelt unseres Planeten von fantastischen, aber durchaus auch schlüssigen Theorien bestimmt. Und Jules Verne schickte uns auf eine faszinierende Reise, die von einem isländischen Vulkan zum Mittelpunkt der Erde führt, bis wir von einem ausbrechenden Vulkan auf Stromboli wieder ausgespuckt werden. Was ich als Kuriosum empfand, muss im Kontext der Zeit betrachtet werden. 1664 hatte der deutsche Jesuit Athanasius Kircher sein erstes großes Traktat veröffentlicht, das sich mit der Welt unter der Erdoberfläche beschäftigt, ein monumentales Werk in zwölf Bänden mit herrlichen Illustrationen und Karten, das den für sich sprechenden Titel *Mundus Subterraneus* trägt. Ich hatte das Glück, in der Biblioteca Franco Anelli in Bologna eines der Originale in Händen halten zu dürfen. Dieses Archiv beherbergt eine der größten speläologischen Sammlungen der Welt. Die Illustrationen zeigen die Erde und ihr Inneres, der Text verbindet philosophische, religiöse, alchemistische und sogar esoterische Elemente. Unser Planet wird als lebendiger Organismus dargestellt, alles ist miteinander verbunden und dient seiner Funktion. Unter der Oberfläche verzweigt sich ein System aus mit Wasser gefüllten Höhlen, die über die Ozeane miteinander verbunden sind. Das sind die *Hydrophylacia*, die manchmal sogar eigene unterirdische Meere bilden, einige so groß wie das Mittelmeer. Gleichzeitig gibt es ein System aus mit Magma gefüllten Höhlen, sogenannte *Pyrophylacia*, die Vulkanschlote speisen und das Wasser erhitzen, das in Thermalquellen aus der Erde austritt. Sogar die Luftströme, die aus den Höhlen aufsteigen, werden mit dem Wind und anderen atmosphärischen Phänomenen verbunden. Unter der Erde gibt es auch noch ein System aus mit Luft gefüllten Höhlen, sogenannte *Aerophylacia*. Den Theorien und Abbildungen Kirchers liegen keinerlei Erfahrungen zugrunde, sie versuchen nur Phänomene zu erklären, die man an der Oberfläche beobachten konnte wie die Gezeiten oder Vulkanausbrüche. Seine Vorstellungen entsprangen der Fantasie, waren aber durchaus plausibel. Ähnlich ging Ende des 17. Jahrhunderts auch der englische Wissenschaftler Edmond Halley vor. Er konstruierte ein Modell, nach dem die Oberfläche, auf der wir leben, nur eine Kruste über einem Höhlensystem im Erdinneren und einem inneren Kern ist. Durch diese etwa 800 Kilometer dicke Kruste gelangt man in einen riesigen Hohlraum, in dem sich zwei weitere Schalen befinden, die sich um einen festen Kern legen. Der Raum zwischen der äußeren Schale und dem Kern ist mit Gas gefüllt, das durch Magnetfelder leuchten kann, so ähnlich wie die Polarlichter. Dieser Raum könnte eventuell sogar bewohnbar sein.

So absurd Halleys Modell heute wirken mag – aus mathematischer Sicht war es korrekt. Es erklärt sogar die unterschiedliche Durchschnittsdichte der Erde im Vergleich zum Mond und gibt eine überzeugende Interpretation des Magnetfelds der Erde und seiner Anomalien. Zudem beinhaltet es die Vorstellung einer bewohnbaren Unterwelt, eines Paralleluniversums – eine Theorie, wie wir sie aus vielen Mythen und Kulturen kennen. Aber vor allem: Wer sollte das Gegenteil beweisen? Kein Mensch war jemals dort unten gewesen,und falls doch, war er wahrscheinlich nie wieder an die Erdoberfläche zurückgekehrt. Die Theorie der Hohlwelt (*Hollow Earth)* hielt sich zwei Jahrhunderte lang und nährte den Wunsch, mehr darüber zu erfahren. Es mutet seltsam an, dass gerade diese Theorie die ersten Expeditionen zum Nordpol auslöste. Halley hatte angenommen, dass die Polarlichter dem magnetisierenden Gas aus den unterirdischen Höhlen nahe der Pole zu verdanken sind. Um diese Theorie zu verifizieren, stellte der Kongress der Vereinigten Staaten in der ersten Hälfte des 19. Jahrhunderts Mittel bereit und finanzierte die ersten Expeditionen zu den beiden Polen.

So gesehen war Jules Verne ein Schriftsteller, der es schaffte, diese Vorstellungen in Bilder und eine Geschichte umzusetzen. Während er seinen Roman schrieb, wurden bereits die ersten Expeditionen in die Welt unter der Erdoberfläche durchgeführt, die nicht weniger aufregend waren als die Reise des Professor Lidenbrock.

Eine Passage in Vernes Roman faszinierte mich besonders, und zwar der Moment, in dem das unterirdische Meer von einem riesigen Tunnel eingesaugt wird, der durch Schießbaumwolle ins Gestein gesprengt wurde. Das Floß, auf dem Professor Lidenbrock und seine Kameraden unterwegs sind, wird von der Strömung in die unendliche Tiefe gezogen. Als die Kerze verlöscht, sind die drei plötzlich von absoluter Dunkelheit umgeben. Das Einzige, was der junge Axel auf diesem mächtigen Fluss spürt, ist der Wind auf seinem Gesicht. Schließlich gelingt es dem isländischen Führer Hans, eine Fackel anzuzünden und sich und seine Begleiter sichtbar zu machen, die sich fest an ihr Floß klammern. Das wird in atemberaubendem Tempo von der Strömung im Tunnel mitgerissen, der am Ende riesige Ausmaße annimmt, sodass irgendwann nur noch eine Wand sichtbar ist, während sich die andere immer weiter entfernt und schließlich in der Finsternis verliert.

Nach dem Erscheinen von Vernes fantastischem Roman sollten 20 Jahre vergehen, bis tatsächlich ein unterirdischer Fluss erforscht wurde: Die Männer erlebten die geschilderten Gefühle von Angst und Beklemmung in der Realität. Es gibt keinen besseren Ort, um diese fiktive Reise nachzuvollziehen, als die Höhlen von San Škocjan (Sankt Kanzian) in Slowenien.

Der Fluss Reka entspringt am Fuße des Monte Nevoso. Er fließt nur 40 Kilometer oberirdisch. Sobald das Wasser das poröse Karstgestein erreicht, rauscht er in die Mahorcic-Höhle und fließt unter dem Dorf Sankt Kanzian hindurch, ein beeindruckendes Schauspiel.

Führt der Fluss Hochwasser, kann man auf dem kleinen Dorfplatz das Wasser rauschen hören, ohne es zu sehen. Das Dorf spiegelt sich gewissermaßen unter der Erde: Während der Kirchturm

27 Meter hoch ist, reicht ein Schacht neben der Kirche 115 Meter tief hinab bis zum Fluss.

Danach fließt die Reka weiter und kommt in der Mala-Doline wieder ans Tageslicht, um dann wenige Meter später in Kaskaden unter der Steinbrücke der Marinic-Höhle hindurchzufließen und sich schließlich in den See am Boden der Velika-Doline zu ergießen, ein Schlund von etwa 300 Metern Breite und mehr als 150 Metern Tiefe. Hier sieht die Reka das letzte Mal das Tageslicht, bevor sie endgültig in der finsteren Öffnung einer Felswand verschwindet.

Bis zum Ende des 19. Jahrhunderts wusste man nicht, wie der unterirdische Fluss verlief. Aber es war offensichtlich, dass dieser geheimnisvolle Wasserlauf mit einem anderen mythischen Ort verbunden sein musste: mit den Karstquellen des italienischen Flusses Timavo, etwa 40 Kilometer von Sankt Kanzian entfernt. Dort kommt das Wasser der Reka an, es strömt aus vier Öffnungen und mündet als Timavo nach wenigen Kilometern in die Adria. Schon die Dichter Apollonius von Rhodos und Vergil haben die Mündung des Timavo als den Ort beschrieben, an dem die Argonauten im Golf von Triest gelandet sein sollen.

Die Reka verschwindet, und der Timavo taucht wie aus dem Nichts auf. Dazwischen eine unterirdische Reise durch den Karst, die die Menschen seit Jahrtausenden neugierig macht.

Die Höhlen von Sankt Kanzian wurden von der UNESCO in die Liste des Weltnaturerbes der Menschheit aufgenommen und gehören meiner Meinung nach zu den faszinierendsten Touristen zugänglichen Höhlen Europas. Mein Vater war häufig im Speläologischen Institut von Postojna, deshalb verbrachten wir unsere Ferien in dieser herrlichen Landschaft. Ich liebte die Höhlen von Postojna, nahm die natürlichen Brücken über den Rio dei Gamberi oder stellte mir die Geheimgänge und Schlachten in der Burg Predjama vor, die über einem Höhlenportal thront und deren mittelalterliche Mauern sich mehrere Kilometer in der Dunkelheit erstrecken. Aber meine Lieblingshöhlen waren die von Sankt Kanzian. Dort war alles so, wie ich es mir in meiner Fantasie vorstellte: Man konnte riesige unterirdische Hallen durchqueren, mit markanten Tropfsteinsäulen am Rand, verschlungene Pfade über Hängebrücken nehmen, die über tiefe Canyons führten. In der Tiefe rauschte ein mächtiger Fluss, von dem Wasserdampf aufstieg. All das erinnerte mich an das unterirdische Reich von Khazad-dûm in Tolkiens *Herr der Ringe*.

Damals kannte ich die Entdeckungsgeschichte dieses Ortes noch nicht. Auf dem Heimweg malte ich mir Abenteuer aus, und nachts träumte ich davon, dieses märchenhafte Reich zu erforschen. Zwei Jahrhunderte vor mir hatten andere den gleichen Traum, wobei man damals eher von einem Albtraum sprechen musste. Der Grund für die ersten Expeditionen in die Höhlen von Sankt Kanzian jenseits der Velika-Doline war weniger Forscherdrang als die Suche nach Wasser. In der ersten Hälfte des 19. Jahrhunderts litt Triest unter mangelhafter Wasserversorgung. Wie bereits im vierten Kapitel erwähnt, versuchte Friedrich Lindner den unterirdischen Fluss, der aus der Tiefe des Abgrunds von Trebiciano kam, abzufangen. Der Brunneningenieur Giacomo Svetina hingegen versuchte in den Fluss unter Sankt Kanzian hinabzusteigen. 1840 gelang es ihm, dem unterirdischen Lauf etwa 150 Meter weit zu folgen. Dabei überwand er unter schwierigsten Bedingungen vier Wasserfälle. Das Risiko, von den Wassermassen mitgerissen zu werden, war enorm hoch, ein Sturz wäre sein sicherer Tod gewesen. Zehn Jahre später unternahm der Wiener Gelehrte Adolf Schmidl einen weiteren Versuch. Mit Hilfe einheimischer Arbeiter gelang es ihm, noch weiter vorzudringen, doch am sechsten Wasserfall musste er aufgeben – dort, wo die Reka sich mit unbändiger Kraft in die absolute Finsternis stürzte. Doch draußen prasselte der Regen, und vom Monte Nevoso schossen die Wassermassen ins Tal: Der Fluss führte Hochwasser. Die Forscher versuchten sich in Sicherheit zu bringen, aber ihre Ausrüstung und die mühsam angelegten Pfade wurden vom plötzlichen Wassereinbruch zerstört. Danach startete viele Jahre lang niemand mehr einen Versuch.

Die damaligen Pioniere sahen sich einer übermächtigen Natur gegenüber und verfügten nicht über die nötige Ausrüstung. Die Kälte und die Feuchtigkeit, der sie Stunden oder sogar Tage ausgesetzt waren, konnten tödlich sein. Für jede neue Herausforderung bedurfte es einer neuen Strategie.

Es gibt nicht viele Zeugnisse über die damals verwendete Ausrüstung, aber wir können auf das erste Handbuch der Speläologie von Carlo Caselli zurückgreifen, das 1910 vom Traditionsverlag Hoepli veröffentlicht wurde. Darin finden sich zahlreiche Tipps, angefangen von Lichtquellen: »Harzfackeln, Strohfeuer und bengalische Feuer.« Von »üblichen Fackeln« wurde wegen des »starken Rauchs« abgeraten, ebenso von »Benzin«, wegen des »schwarzen Rauchs«. Aber auch Kerzen waren eine hilfreiche Lichtquelle, »Martel empfiehlt Kerzen aus Stearin mit einem besonders dicken Docht, damit sie bei hektischen Bewegungen nicht so schnell erlöschen«. Besonders wichtig sind natürlich »Streichhölzer in der Unterwäsche oder in einer Blechbüchse«. Aber es gab auch zeitgemäße Lösungen wie »Magnesiumbänder, die man in der Hand hält oder besser in einer Lampe mit Reflektor benutzt (Minisini-Taschen-Magnesiumband-Lampe)«. Nicht zuletzt hatte Thomas Edison 1879 die Glühbirne erfunden, um die Straßen zu beleuchten, was die Speläologen davon träumen ließ, eines Tages eine saubere und dauerhafte Lichtquelle zur Verfügung zu haben. Caselli schreibt: »Die beste Lichtquelle für die Höhlenforschung wäre Elektrizität, aber woher nehmen?« Jules Vernes lässt seine Figuren dank des »Ruhmkorff-Apparats« durch die Dunkelheit wandern, ein Vorläufer der batteriebetriebenen Lampe, die es damals zwar noch nicht gab, die aber die Voraussetzung für eine lange Expedition unter der Erde war:

»Diese sinnreiche Anwendung der Elektricität setzte uns in Stand, durch Schöpfung künstlichen Tageslichts selbst mitten durch entzündliche Gase weiter zu dringen«, erzählt der junge Axel.

Aber Casellis Liste geht noch weiter, er empfiehlt auch Wollkleidung, technische Hilfsmittel und Instrumente, um Hindernisse zu bewältigen, wie das »geflochtene Baumwollseil«, aber auch »Hammer, Meißel, Zangen in verschiedenen Größen«. Und schließlich die Ausrüstung für die topografische Untersuchung, um die wenigen Orte zu dokumentieren, zu denen man damals vordringen konnte: »Kompass, um die Ergebnisse im Notizbuch nach dem Prudent-System festzuhalten (erhältlich bei Thomas in Paris, Rue Saint-Honoré), Senkblei, Windensonde, um die Tiefe und Untiefen der Schächte zu messen (erhältlich bei Ing. A. Salmiraghi in Mailand), Heißluftballon mit Schnur, um die Höhe der Höhle zu messen, Lysimeter von Oberst Goulier, um die Höhenunterschiede festzustellen.«

Casellis Ratschläge beruhen auf den Erfahrungen des späten 19. Jahrhunderts. 1884, 20 Jahre nach der Veröffentlichung von Vernes Roman, brachen zwei Expeditionen auf, die als Geburtsstunde der Höhlenforschung gelten.

Während der leidenschaftliche Höhlenliebhaber Édouard-Alfred Martel in Frankreich wissenschaftlich fundierte Expeditionen durchführte wie die zum Gouffre de Padirac oder zum Aven Armand, nahm die neu gegründete Speläologen-Sektion des deutschen Alpenvereins von Triest die Höhlen von Sankt Kanzian in Angriff. Seit Schmidls Versuch waren 34 Jahre vergangen. Die wichtigsten Teilnehmer des neuen Vorstoßes zur Reka sind Anton Hanke, Josef Marinic und Friedrich Müller.

Wir haben kaum Informationen über das Privatleben dieser Männer, wissen aber, dass sie einander sehr freundschaftlich verbunden waren. Der führende Kopf war Anton Hanke, der »unangefochtene Anführer und treue Freund, ein unermüdlicher Arbeiter, der erste, der vorangeht, der letzte, der zurückweicht.« Aber um ihr Ziel zu erreichen, arbeiteten alle drei zusammen, ganz nach dem Motto »alle für einen, einer für alle«. Hierarchien waren überflüssig, um sie zu einen, genügte ihre Forscherleidenschaft. Diesmal ging es nicht um ökonomische Ziele wie in den Jahren zuvor, sondern um Forscherdrang und Wissensdurst. Man wollte sich den Herausforderungen der unterirdischen Welt stellen. Würden sie das Rätsel lösen können? Würden sie es schaffen, dem Fluss in der Dunkelheit bis zur Mündung zu folgen?

Natürlich konnte eine solche Expedition nicht nur auf den Schultern dreier Männer ruhen.

Joseph Marinitsch, Anton Hanke und Friedrich Müller

Man brauchte Träger und Arbeiter. Nur Einwohner von Sankt Kanzian, die an das unheimliche Grollen des Flusses unter ihren Füßen gewohnt waren, kamen für diese Aufgabe in Frage. Deshalb schlossen sich Franc Znidersic, Joze Antoncic, Jurij Cerkvenik, Pavel Antoncic, Joze Cerkvenik und Janez Delez der Gruppe an. Alle historischen Dokumente betonen, dass die Beziehung der drei »Chefs« zu ihren Arbeitern über die professionelle Ebene hinausgingen. Die Einheimischen waren gleichberechtigt, sie beteiligten sich an Diskussionen über Problemlösungen und wurden wegen ihrer Ortskenntnis besonders geschätzt. Sie waren »Grottenarbeiter«, eine Art Ehrenbezeichnung, und sollten untrennbarer Teil des Mythos um die Sankt-Kanzian-Höhle werden.

Die siebenjährige Expeditionstätigkeit des Alpenvereins wird uns von Friedrich Müller überliefert, der anschauliche und spektakuläre Beschreibungen liefert. Der Text steht dem Roman von Jules Verne in nichts nach. Ganz im Gegenteil, er hat den Vorteil, dass er auf realen Begebenheiten beruht.

Der Erfolg war nur im Team möglich, nach akribischer Vorbereitung, mit viel Geduld und einer klar definierten Strategie: 16 Expeditionen mit 38 gefährlichen Abstiegen in die Höhle, die aber kein einziges Menschenleben forderten.

Während die drei Männer des Alpenvereins mit Booten auf dem Wasser unterwegs waren, legten die Grottenarbeiter mit Sprengstoff und Spitzhacken einen schwindelerregenden Weg im Stein an. Ohne diesen »Rettungsweg« wäre die Entfernung zum Eingang zu weit gewesen, um die Höhle bei einem Wassereinbruch rechtzeitig verlassen zu können. Die schweren Holzboote, die aus zwei zerlegbaren Einzelteilen von jeweils etwa 80 Kilo bestanden, konnten nicht jedes Mal in die Höhle hinein- und wieder hinaustransportiert werden. Bei Hochwasser mussten sie aus dem Fluss gehoben und gegen die Wände des Canyons gelehnt werden. Müller beschreibt das äußerst packend: »Das Tosen des Wassers hallte von der gewölbten Höhlendecke über unseren Köpfen wider. Das flackernde Licht der Fackeln erhellte eine Gruppe von Abenteurern, die mit fast übermenschlichen Kräften ein Holzboot zwischen den Felsen entlangzogen. Ihre Stimmen waren durch das ohrenbetäubende Rauschen kaum zu verstehen. Man hörte die Befehle eines Führers und das Knirschen des Bootes, das gegen die Felsen schlug, das Echo machte die Geräuschkulisse nur noch beunruhigender. Plötzlich ertönte das Signalhorn und erinnerte uns daran, dass wir uns beeilen mussten, denn die Flut konnte jederzeit hereinbrechen. Wir konnten uns nicht sattsehen an all der Pracht und Herrlichkeit. Über dem Boden erhob sich ein steiler Felsabhang aus steinernen Säulen, der sich nach oben in der rätselhaften Dunkelheit verlor. Dieser Fluss zeichnete wie mit tiefschwarzer Tinte ein düsteres Bild, welch ein Kontrast zu der sonnenüberfluteten Landschaft an der Oberfläche. Leben schien hier unten nicht zu existieren, was uns kalte Schauer über den Rücken jagte, als ob wir vom Hauch des Todes umgeben wären. Nur der Fluss Reka, der schäumende Sohn der oberirdischen Welt, strömte donnernd weiter durch diese riesige Halle, in der sich die eigene Stimme an den scharfkantigen Felsen brach.«

Die ersten Expeditionen zwischen 1884 und 1887 erlaubten es der Gruppe, in die tiefe Schlucht einzusteigen, die von der sechsten Kaskade abzweigte. Hier strömte der Fluss, ab hier »Hanke-Kanal« genannt, zwischen den kaminähnlichen Felswänden hindurch, was ihn noch gefährlicher machte. Trotzdem kamen sie Meter für Meter voran, ließen die Boote in weitere zwölf Kaskaden hinunter und gelangten schließlich zum 18. Wasserfall. Aber sie waren zu weit vom Eingang entfernt, und das Hochwasser konnte jederzeit hereinbrechen. Deshalb legten sie in den nächsten zwei Jahren ihr Hauptaugenmerk auf den Ausbau des immer steileren Rettungswegs.

Während einer Inspektion der Bauarbeiten rutschte Jozef Marinic im Wasser aus und wäre fast von der Strömung mitgerissen worden. Müller erzählt: »Umzingelt von den Wellen des elften Wasserfalls und ohne Lampe, die ihm während des Sturzes aus der Hand gerutscht war, kann er sich mit den Füßen gegen eine Felswand stemmen. In absoluter Dunkelheit bläst er in das Signalhorn, das ihm um den Hals hängt. Aber seine Kameraden hören ihn nicht, das Rauschen des Flusses übertönt alles. Er klammert sich an die Felsen, und wie durch ein Wunder gelingt es ihm, eine Kerze anzuzünden und ans Ufer zu schwimmen. Doch der Schlamm ist rutschig, und er stürzt in die eiskalten Fluten, zurück in die

Finsternis zurück. Er treibt ans andere Ufer, wieder zündet er eine Kerze an und versucht alles, um sich aus der tödlichen Gefahr zu retten. Zitternd vor Kälte klettert er den Abhang hoch, wo ihn seine Kameraden finden und in Sicherheit bringen.«

Nachdem der Weg bis zum 18. Wasserfall fertig war, begann im Sommer 1890 die letzte Erkundungsphase. Zuerst wurden die Boote über den Rettungsweg bis zum letzten Landeplatz gebracht. Ein schwieriges Unterfangen, was aber dem Herablassen über die Stromschnellen vorzuziehen war. Die Grottenarbeiter mussten auf einem schmalen Felsband balancieren, gerade breit genug für die Füße. Aber dann endete auch dieser Weg, und sie mussten über Eisensprossen, die an den Wänden ins Gestein getrieben worden waren, weitergehen. Sie waren schlüpfrig und eng. Mit einer Hand klammerten sie sich an Seilen und Eisen fest, mit der anderen hielten sie das schwere Boot, das über dem Abgrund schwebte. Ein einziger Ausrutscher, ein einziger Fehlgriff, und sie würden zig Meter tief in die Fluten der Reka stürzen. Aber sie schafften es und bereits Ende Juli begann die Exkursion ins neue Gelände jenseits der bekannten Grenzen. Der erste Versuch endete fast in einer Tragödie, denn ein Boot prallte gegen den Felsen und kenterte. Wieder war es Marinic, der ins Wasser fiel und von seinen Kameraden gerettet werden musste. In den nächsten Tagen gelang es ihnen, 200 Meter vorzudringen und zwei weitere Kaskaden zu überwinden. Dabei gingen sie mit äußerster Vorsicht und Konzentration vor.

Schlängelte sich der mächtige Fluss um eine Kurve, sodass eventuelle Gefahren nicht erkennbar waren, blieben die Grottenarbeiter auf den Felsen, während sich zwei Forscher in einem Boot weitertreiben ließen – gut gesichert von einer Leine, die die Kameraden fest in den Händen hielten. Sobald sie hinter der Kurve verschwunden waren, warteten die Männer auf das Hornsignal, das verkündete, dass die Vorhut in Sicherheit war und die anderen folgen konnten. Zwei Hornstöße bedeuteten Rückzug. Dann mussten die Grottenarbeiter das Boot gegen die Strömung zurückziehen, um es zu retten.

Die Forschungen gingen den ganzen August über weiter. Hanke und seine Kameraden hatten Glück, der Sommer 1890 war einer der regenärmsten des Jahrhunderts, der Wasserstand des Flusses sank, aber das Hochwasserrisiko war dennoch immer präsent: Ein Wolkenbruch würde genügen, um die gesamte Mannschaft in Gefahr zu bringen. Jede Expedition dauerte zwischen zehn und dreizehn Stunden, man betrat die Höhle bei Sonnenaufgang und verließ sie bei Sonnenuntergang. Müller schreibt, dass es wichtig war, »die Höhle zügig zu betreten, sie noch schneller wieder zu verlassen und die eigene Haut zu retten«. Kamen die Forscher zurück, brauchten sie Tage, manchmal sogar eine ganze Woche, um sich zu erholen, die Kleidung zu trocknen und zu flicken und neue Kraft zu schöpfen. Die Beschreibung Müllers zeigt uns, wie erschöpft die Männer waren, nachdem die Höhle sie wieder entlassen hatte: »Nach 13 Stunden sehen unsere Augen endlich den Himmel wieder. Wir blicken uns an. Unsere Gesichter sind schwarz vom Ruß der Fackeln und tragen die Spuren unserer Erschöpfung. Unsere ursprüngliche Hautfarbe erkennt man nur an den Handflächen, die mit blutenden Schnitten übersät sind. Die Kleider sind zerrissen, dreckig und nass.«

Am 24. August gelang es ihnen, den 20. Wasserfall zu erreichen und damit den Punkt, an dem der Canyon sich weitete. Die Decke war so hoch, dass sie das Licht der Fackeln nicht mehr erreichte, die Wände so weit voneinander entfernt, dass in der Mitte des Flusses ein Kiesbett entstanden war. Sie mussten die Boote zurücklassen und am Ufer weiterwandern. Aber auch das wurde irgendwann unmöglich, und sie schauten zur anderen Seite, ob es dort besser sei. Das Risiko war hoch, aber zum Glück verletzte sich niemand bei den zahlreichen Stürzen auf glitschigen Steinen. Der einzige Verlust, den es zu beklagen galt, war der Hut eines Grottenarbeiters.

Die Höhle wurde immer spektakulärer. Auf der linken Seite des Kiesbetts ragten gewaltige Stalagmiten in die Höhe. Einer hatte einen Durchmesser von zehn Metern und wurde von Wassertropfen gespeist, die von der unsichtbaren Decke herabfielen. Man konnte auf seine abgeflachte Spitze klettern, wo man wie von einer Kirchenkanzel in die geheimnisvolle dunkle Tiefe schauen konnte.

Nachdem der 21. und der 22. Wasserfall überwunden waren, standen die Forscher vor einer riesigen Halle. Um sich nicht durch das Kiesbett wühlen zu müssen, beschloss Hanke, einen Hügel aus Ton und Sand zu besteigen, der mehrere Dutzend Meter hoch war. Es war beschwerlich, sie machten zwei Schritte nach oben und rutschten einen wieder herunter, so als stiege man auf einen verschneiten Berg, wie Müller sich ausdrückt. Die unterirdische Halle schien endlos. Die nächstgelegene rechte Wand konnte man gerade noch erkennen, aber sie verlor sich nach oben, die linke Wand war gänzlich verschwunden. Sie wussten es zwar noch nicht, aber sie durchquerten die größte Halle der Sankt-Kanzian-Höhlen, die zu Ehren von Édouard Martel Martel-Halle genannt wurde. Sie war 314 Meter lang, 143 Meter breit und 158 Meter hoch, noch heute besitzt sie ein Volumen von 2,55 Millionen Kubikmetern. Damit könnte sie den gesamten Petersdom in sich aufnehmen, ohne die Wände zu berühren, die Kuppel würde die Decke nicht erreichen.

Die Halle war so groß, dass die Männer wie Däumlinge wirkten. Sie ließen Stöcke und Fackeln im Lehmgestein stecken, um den Rückweg zu finden. Aber der Höhepunkt der Expedition kam erst noch: Dafür mussten sie den 24. Wasserfall am Ende der Halle überwinden. Dort erstreckte sich ein großer See, der von einer mehr als 100 Meter hohen unüberwindbaren Mauer überragt wurde. Hinter dem See schien der Fluss in einem Siphon zu verschwinden. Sie waren inzwischen etwa drei Kilometer vom Eingang entfernt, und das letzte Boot hatten sie 700 Meter hinter sich zurückgelassen. Unter diesen Umständen eine ewig lange Strecke.

Wie sollte es weitergehen? Die Antwort gab ihnen die Natur selbst: Am Ufer lagen mehrere Baumstämme, die der Fluss nach einem Sturm aus den slowenischen Wäldern bis in die Welt der Finsternis transportiert hatte.

Unterwegs auf dem Fluss Reka, aus einer Publikation von Antonio Polley aus dem Jahre 1908.

Hanke schlug vor, ein Floß zu bauen und damit den See zu überqueren. Aber dann betrachtete er seine Kameraden genauer. Sie waren durchnässt und übermüdet, die Schuhe schlammverkrustet, die Kleider zerrissen, die Gesichter voller Ruß. Es war Zeit zurückzukehren.

Zwei weitere Wochen harter Arbeit waren vonnöten, um ein Boot über die Stromschnellen und Schlammberge in die Martel-Halle zu bringen. Aber Mitte September war alles fertig, und sie konnten weitere Höhlenmeter erkunden. Als Marinic und Müller aus Triest kamen, war die Gruppe der Grottenarbeiter unter Hankes Leitung schon ein gutes Stück weitergekommen: »Als wir den See erreichten, war das Boot schon zusammengebaut und lag im Wasser bereit. Hanke war der Erste, der den See überquerte. Er paddelte vorsichtig etwa 25 Meter über das Wasser und näherte sich dem Siphon. Als er dort angekommen war, wurden wir Zeuge eines unglaublichen Anblicks. Die Flamme der Fackel brannte lichterloh, und man hatte den Eindruck, direkt in den Schlund zu blicken, während sich die zitternden Lichtreflexe auf den Wellen des Sees spiegelten.«

Hanke paddelte weiter, teilweise war die Decke des Durchgangs so niedrig, dass sie die Wasseroberfläche zu berühren schien. Der Fluss bahnte sich seinen Weg durch diesen Flaschenhals, die Strömung konnte an dieser Stelle gewaltig sein, doch zum Glück erreichte er nach wenigen Metern einen Platz, um an Land gehen zu können. Dort wurde der Gang wieder breiter, aber alleine weiterzugehen, wäre ein zu großes Risiko gewesen. Deshalb beschloss er, umzudrehen und seinen Kameraden einen nach dem anderen die Passage zu erleichtern. Es gibt ein Bild von Anton Hanke: dunkle Haare, schmale Augen, ein dichter dunkler Backenbart im Stil der Habsburger. Wenn wir ihn uns im Schein der Fackel auf dem Boot vorstellen, erinnert er an den Fährmann Charon, den Sohn von Erebos und Nyx, den Gottheiten der Finsternis und der Nacht. Alle Männer wurden ans andere Ufer gebracht und begannen die Erkundung eines neuen Tunnels, aber nach etwa 100 Metern über glitschige Steine standen sie erneut vor einem großen See. Das einzige Boot dorthin zu tragen und sich die Möglichkeit zu nehmen, es auf dem Rückweg für die Überquerung des Sees vor der Martel-Halle zu nutzen, war zu gefährlich. Wieder entschied man sich zur Umkehr.

Obwohl der Herbst mit seinen heftigen Überschwemmungen vor der Tür stand, die Boote und Ausrüstung zerstören konnten, starteten sie am 15. Oktober 1890 einen erneuten Versuch. Sie brachten ein weiteres Boot in die Tiefe, durchquerten den See am Ende der Martel-Halle und nahmen das letzte Hindernis in Angriff, den »Marchesetti-See«. Sie überquerten ihn und erreichten einen Stapel angeschwemmter Baumstämme. Hier kamen sie nicht durch. Jetzt wussten sie, warum sich der Fluss in den Siphon ergoss. Die großartige Reise war zu Ende, alles, was jenseits dieser Grenze lag, war für den Menschen unerreichbar. In sieben Jahren hatten sie etwa drei Kilometer der Velika-Doline durchquert, weniger als ein Zehntel der Gesamtlänge des unterirdischen Verlaufs. Das erscheint wenig, aber ihre Expedition war einzigartig, ein Abenteuer, das selbst von den Beteiligten kaum in Worte zu fassen war. Sie hatten tiefe Canyons und riesige Hallen durchquert, doch alles, was jenseits des letzten Sees lag, blieb im Dunkeln. Ihr Wissensdurst war noch nicht gestillt.

Müller schildert den Ausstieg aus der Höhle, am 5. Oktober vor mehr als 130 Jahren, folgendermaßen: »Aus der Tiefe der Velika-Doline hörte man das Angelus-Läuten des kleinen Kirchleins von Sankt Kanzian. Die Grottenarbeiter setzten den Hut ab und blieben für ein stummes Gebet stehen. Auch wir dachten voller Dankbarkeit an unsere glückliche Rückkehr aus dieser einzigartigen Welt. Todmüde kletterten wir den Abhang nach oben und blieben mehrmals stehen, um tief die frische Karstluft zu atmen. Noch immer hörten wir das Rauschen der Reka unter uns. Aber als wir auf das Hochplateau kamen, verebbte das Geräusch allmählich und machte der Stille der Landschaft Platz, die in den letzten Sonnenstrahlen golden leuchtete. Der Abend brachte endlich die wohlverdiente Ruhe nach all den Anstrengungen einer stürmischen und abenteuerlichen Expedition in die Unterwelt.«

Das Abenteuer der Erforschung von Reka und Timavo war damit noch nicht zu Ende. Diese Pioniere der Höhlenforschung waren auf dem Fluss unterwegs, überwanden Ängste und brachten mit ihren Fackeln Licht ins Dunkel, ohne zu wissen, wohin sie ihr Forscherdrang führen würde. Ihr Mut und ihre Hingabe an die Sache waren vielleicht noch größer als die der fiktiven Helden von Jules Verne. Und die unterirdische Welt, die sie durchquert hatten, war nicht weniger überwältigend als im Roman.

Anton Hanke beschloss, nicht aufzugeben und weiter unten im Tal einen Zugang zum Fluss zu suchen, der es ermöglichen würde, den Golf von Triest doch noch zu erreichen. Er erinnerte sich an den Einstieg zwischen Sankt Kanzian und der Höhle von Trebiciano, die Lindner 50 Jahre zuvor erkundet hatte, das einzige andere Fenster zur Reka. Er hatte gehofft, diesen Zugang in einem düsteren Schacht nur wenige Kilometer von Sankt Kanzian entfernt zu finden, den die Einheimischen fürchteten und den »Schacht der Schlangen« nannten. Im Folgejahr gelang es Hanke, 200 Meter in die Tiefe zu klettern, mit Hilfe seiner »Grottenarbeiter«, die Holz- und Eisenleitern in der Felswand befestigten. Es war der tiefste Schacht mit freiem Fall, der je von einem Menschen erforscht worden war, und erinnerte in vielfacher Hinsicht an den Vulkanschlund des Sneffel von Jules Verne. Am Fuße des Schachts erforschten Hanke und sein Team 14 Stunden lang ein Tunnelsystem, in dem sie Sand und Holz fanden, die vom Wasser dorthin gebracht worden waren. Doch zu ihrer großen Enttäuschung fanden sie keinen Zugang zum Fluss. Hanke kletterte völlig erschöpft wieder nach oben. Er war mit seinen Kräften am Ende. Wenige Monate später starb er mit nur 51 Jahren, von den Strapazen ausgezehrt, an einer Rippenfellentzündung. Auf seinen Wunsch hin wurde er auf dem kleinen Friedhof von Sankt Kanzian begraben, wo er das Rauschen des Flusses bis in alle Ewigkeit hören kann.

1893 kam auch Édouard-Alfred Martel nach Sankt Kanzian. Marinic und Müller organisierten für den berühmten Gast einen Besuch im Siphon der Höhle. Martel, der Anwalt aus Paris, der sein Leben der Höhlenforschung gewidmet hatte, besaß die Begabung, so lebendig von seinen Expeditionen zu erzählen, dass er in der ganzen Welt berühmt war. 1884 hatte er in der Nähe von Gard in der südfranzösischen Provinz Okzitanien mit der Erforschung eines anderen unterirdischen Flusses begonnen: Der Bonheur verschwand in einer Höhle, um dann in der Schlucht von Bramabiau wieder aufzutauchen. Im Juni 1888 hatte er sich mit seinen Kameraden auf den Fluss gewagt, und es war ihm etwas gelungen, was niemand für möglich gehalten hatte: Er hatte den Berg durchquert, angefangen vom Verschwinden des Flusses bis zu seinem Wiederauftauchen. Für viele galt diese Tat als Initialzündung für die Höhlenforschung. Aber im Vergleich zur Reka war der Weg kürzer und mit Sicherheit auch ungefährlicher gewesen. Nach seinem Besuch in der Sankt-Kanzian-Höhle schrieb Martel: »Ich stelle fest, dass die Herren Hanke, Marinic und Müller dort die gefährlichste Expedition in eine Höhle durchgeführt haben, die es jemals gegeben hat.« Noch heute, nach so vielen Jahren, kann jeder, der den beeindruckenden Rettungsweg durch die unterirdischen Hallen nimmt, dem nur zustimmen.

Im Sommer 2019 hatte ich die Möglichkeit, meinen Kindheitstraum zu erfüllen und auf den Spuren der Männer des Alpenvereins unterwegs zu sein. Ich folgte ihrem Weg entlang des schmalen Felsbands, lauschte dem Rauschen der Wasserfälle und erreichte die Martel-Halle mit ihren Hügeln aus Lehm und Sand. Begleitet wurde ich von Borut Lozej und Iztok Cencic, zwei befreundeten Speläologen, die im Höhlenpark von Sankt Kanzian Führungen anbieten. Das Hochwasser der vergangenen Jahre hatte den Rettungsweg mehrmals zerstört, aber dank der Fördergelder der EU und der Leidenschaft einer neuen Generation von »Grottenarbeitern« war er wieder zugänglich. Borut wohnt in Divaca ganz in der Nähe und ist schon als Junge in die Höhlen gestiegen, manchmal als Begleiter für Besucher, manchmal, um den Weg wieder in Ordnung zu bringen oder neue Tunnel zu erforschen. Wenn er dort unten ist, glänzen seine Augen. Sehe ich ihn vorangehen, muss ich an seine Vorgänger denken, als ob die Zeit stehengeblieben wäre, erstarrt im Licht der ersten Fackel. Iztok wohnt in Sankt Kanzian und hütet die Schlüssel des Glockenturms, wo an Festtagen die gleichen Glocken läuten, die Hanke und seine Männer bei ihrem letzten Aufstieg aus der Höhle gehört haben. Iztoks Kraft scheint unerschöpflich, mühelos trägt er das Kanu, das wir brauchen, um den Martel-See zu überqueren, er bewegt sich geschickt und mit nahezu traumwandlerischer Sicherheit.

Nachdem wir die letzten Lichter des Touristenwegs hinter uns gelassen haben, befinden wir uns auf der Cerkvenik-Brücke, 50 Meter über dem Fluss, und beginnen unsere Reise durch Dunkelheit und Zeit. Jetzt stehen nicht mehr Felsen und Wasser im Vordergrund, sondern dieselben Gefühle, die auch die Männer der Vergangenheit am eigenen Leib erleben konnten. Jeder in den Stein gehauene Tritt erinnert an die Mühsal der ersten Expeditionen, jeder Griff zu einer Sicherung ist die gleiche Handbewegung wie bei unseren Vorgängern. Man hat den Eindruck, die Stimmen der Grottenarbeiter und das Echo des Hornsignals zu hören, das aus immer weiterer Ferne zu kommen scheint. In meinen Gedanken reise ich weiter, überwinde die Hindernisse und durchquere riesige Hallen, die noch nie ein Mensch betreten hat.

Sind wir allein? Sind sie bei uns? Oder eint uns nur der gleiche Forscherdrang?

HOMO EXPLORATOR

Als Kind hatte ich das Glück, mit meinen Eltern viele Reisen zu machen. Mein Vater besaß einen gelben VW California-Camper, mit dem wir in den Ferien unterwegs waren. Jedes Jahr ersehnten wir den Moment der Abfahrt, der Bus wurde aus der Garage geholt, die Koffer wurden eingeladen, und wir brachen mitten in der Nacht auf. Während wir Kinder auf dem Rücksitz schliefen, fuhr mein Vater Kilometer um Kilometer auf Europas Straßen. Als wir aufwachten, waren wir in einem fremden Land, in der Normandie, im spanischen Picos-Gebirge, in Polen oder Portugal. Jedes Jahr war dieser VW-Bus ein paar Wochen unser Zuhause. Meine Eltern schliefen im Dachzelt, meine Schwestern und ich im Bus. Als es irgendwann doch zu eng wurde, befestigte mein Vater Haken für eine Hängematte. Trotz des Benzingestanks und der unbequemen Sitze liebten wir unseren Camper. Als meine Schwester Marianna 18 wurde, beschloss mein Vater, ihn zu unserem großen Bedauern zu verkaufen. Wir waren einfach zu groß und der VW zu klein. Aber ich glaube, er hatte noch andere Hintergedanken: Ein Camper bedeutet Freiheit, und die sollten wir uns im Laufe unseres Lebens selbst erobern.

Damals wohnten wir in Padua, und an den Wochenenden fehlte mir die Abenteuerluft, die ich mit meinem Cousin Giovambattista in den Lessinischen Bergen geschnuppert hatte. In der Stadt ging alles seinen gewohnten Gang, hier gab es nichts Neues zu entdecken, keine dichten Wälder, kein unerforschtes Terrain. Ich ging auf ein humanistisches Gymnasium, meine Freunde machten in der Freizeit Sport und interessierten sich für Mädchen, ich träumte von Ausflügen in die Tunnel dei Taioli, die Cóvoli di Velo oder die unterirdische Welt der Spluga della Preta. Nichts, was ich mit meinen Klassenkameraden teilen konnte. Wie sollte ich ihnen begreiflich machen, wie es sich anfühlt, Hunderte von Metern im Inneren eines Berges zu klettern? Mein Cousin und ich kannten uns mit Seilen, Ausrüstung und Klettertechniken aus, wir fühlten uns wie Indiana Jones. Aber zu erklären, warum ich mich in der Stadt so unwohl fühlte und die unterirdische Welt so sehr liebte, fiel mir schwer. Ich war für die anderen nicht nur unsichtbar, sondern auch unverständlich.

Ich war 14 und dringend auf der Suche nach Gleichgesinnten, mit denen ich meine Leidenschaft teilen konnte. Ich wusste, dass es in Padua Höhlenforscher gab, die sich jeden Mittwoch in einem kleinen Gebäude im Parco dell'Ex Macello trafen, wo verschiedene Gruppierungen eine Art kulturelles Kollektiv gegründet hatten.

Rein zufällig entdeckte ich ein Flugblatt, das zu Kennenlernabenden einlud, die ironischerweise »Treffen im Dunkeln« hießen. Auf der Vorderseite prangte ein bizarres Logo: ein Paduaner Haubenhuhn mit Fledermausflügeln und Hexenhut. Auf der Rückseite war die Telefonnummer des Verantwortlichen abgedruckt, daneben stand ein Satz, der sich las, als wäre er eigens für mich geschrieben: »Im Herzen der Erde ist das, was wir schon entdeckt haben, nichts im Vergleich zu dem, was für immer unentdeckt bleiben wird.«

Ich rief sofort an.

»Hallo, spreche ich mit der Höhlenforschergruppe Padua?«

»Ja, ich bin Giovanni, worum geht's?«

»Ich bin Francesco, erkunde seit ein paar Jahren Höhlen und würde gern bei euch mitmachen.«

»Kennst du dich mit Seilklettern aus?«

»Ja, ich habe auch die passende Ausrüstung und war schon in einigen tiefen Schächten unterwegs.«

»Gut, dann komm doch am Mittwoch vorbei. Wir entscheiden dann, welche Höhle wir am Wochenende erkunden, und wenn du magst, kannst du gern dabei sein.«

Ich bedankte mich und legte auf. Ich war froh über so viel Entgegenkommen, hatte aber mein Alter verheimlicht. Ob sie mich auch als Minderjährigen mitnehmen würden?

Am Mittwoch radelte ich quer durch die Stadt zum Park. Es war kalt und neblig, am Eingangstor erwarteten mich ein dunkelhaariger junger Mann und eine blonde junge Frau, Giovanni und seine Freundin Michela. Ich weiß nicht, was sie sich gedacht haben, als sie mich sahen. Aber ich wunderte mich, dass mein Alter kein Problem zu sein schien.

Wir betraten das Gebäude – ein stillgelegter Kühlraum einer ehemaligen Schlachterei, der jetzt als Versammlungsraum und kleines Lager diente. Dort hatte sich eine bunt gemischte Gruppe versammelt. Studenten, Männer um die fünfzig, einer mit Backenbart und einer, der die ganze Zeit draußen stand und rauchte. Sie sprachen über die Ausrüstung, studierten Karten, katalogisierten Bücher. Giovanni fragte mich, in welchen Höhlen ich schon gewesen sei. Viele waren das natürlich noch nicht, aber nachdem ich ihm von den Schächten vorgeschwärmt hatte, in die ich schon hinabgestiegen war, schenkte er mir sein Vertrauen und meinte, dass sie am nächsten Wochenende zu einer Höhle im Regionalpark Vena del Gesso in der Emilia-Romagna fahren würden. Samstagnachmittag gehe es los, wir würden neben dem Höhleneingang übernachten und am nächsten Tag einsteigen. Ich bot an, ein Zelt mitzubringen, aber Michela meinte, es gebe ein Campingmobil, in dem auch ich Platz hätte.

Am nächsten Morgen dachte ich im Latein- und Griechischunterricht ununterbrochen an dieses neue Abenteuer. Am Nachmittag machte ich keine Hausaufgaben, sondern bereitete die Ausrüstung vor, kontrollierte die Karbidlampe, packte den Rucksack und studierte die mir unbekannte und weit entfernte Höhle auf der Karte. Meine Eltern kannten Michela, sie hatte bei meinem Vater studiert. Er wollte sie anrufen und fragen, ob der Abstieg nicht zu schwer für mich sei. Ob er mir die Erlaubnis geben würde? Er sagte ja, und ich konnte dabei sein!

Mit dem geschulterten Rucksack fuhr ich mit dem Rad zum Treffpunkt. Während ich auf die anderen wartete, rollte ein gelber VW-Bus aufs Gelände. Ich sah genauer hin, es war ein California, darin saßen Giovanni und Michela. Beim Einladen merkte ich, dass es genau das Modell aus meiner Kindheit war, und als ich die Haken für die Hängematte entdeckte, wusste ich: Das war unser alter Bus! Mein Vater hatte ihn einem Gebrauchtwagenhändler verkauft, und dort hatten meine neuen Freunde ihn entdeckt. An diesem Tag fand ich meine Freiheit wieder. Ich sollte noch viele Jahre mit diesem Camper unterwegs sein, aber nicht um die Welt zu sehen, sondern um Höhlen zu erkunden.

Auf die Vena-del-Gesso-Höhle folgten noch viele andere, und endlich waren meine Wochenenden wieder voller Abenteuer. Schon bald war ich ein gleichwertiges Mitglied der Gruppe. Ich war der Jüngste, wurde aber von allen akzeptiert. Mittwochs besuchte ich, wann immer ich konnte, die Versammlungen und beschäftigte mich noch intensiver mit der Höhlenforschung. Die meisten anderen hatten Berufe, die nichts mit Geologie oder Forschung zu tun hatten. Sie waren Büroangestellte, Elektriker, Apotheker, Informatiker, Supermarktkassierer, Lehrer. Giovanni zum Beispiel arbeitete für einen Verband, der sich um Kriegsversehrte kümmerte, die inzwischen alle um die achtzig waren. Michela hatte ein Sportgeschäft. Unter der Woche fieberten sie den Ausflügen in die Natur entgegen, um an Seilen zu hängen, Spalten, Schächte und vor allem die Dunkelheit zu erforschen. Diese Welt voller Wasser und Schlamm zog uns magisch an. Dort wurden wir wieder zu Kindern. Nach dem Warum fragte niemand. Uns war klar, dass außerhalb unseres Kreises nur wenige verstanden, was an Höhlen so faszinierend sein kann.

Jeden Mittwoch fokussierten wir uns auf das nächste Ziel. In den verstaubten Regalen des Versammlungsraums standen Dutzende Bücher mit topografischen Karten oder Expeditionsberichten. Es gab auch eine »Katasterschublade«, in der die Beschreibungen der bekannten Höhlen lagen, teilweise ergänzt um Karten, Fotografien und andere Informationen. Langjährige Mitglieder berichteten von ihren Touren und gaben Tipps, aber es waren die unentdeckten Höhlen, die mich am meisten interessierten.

In Venetien gibt es mehr als 7500 registrierte Höhlen, an Auswahl mangelte es nicht. Viele sind eher unscheinbar, nur wenige Meter tief, aber etwa 30 sind tiefer als 500 Meter, weitere 30 mehr als 200 Meter, die beiden imposantesten mehr als 1000 Meter (die Piani Eterni und die Malga Fossetta). Aber wir wollten nicht nur die bekannten Höhlen besuchen, sondern waren besessen von der Idee, in unbekannte Gebiete vorzustoßen. Giovanni war der Vorreiter dieser Bestrebungen, und ich lieferte Ideen und Vorschläge. Schon in den ersten Monaten brachte ich meinen Kameraden die Höhlen der Lessinischen Berge näher, während Giovanni mir neue Horizonte eröffnete. Seit Jahren beschäftigte er sich mit der Erforschung von Höhlen in zwei Bergmassiven: im Monte-Grappa-Massiv, wo die Speläologen von Padua schon immer unterwegs waren, und in der Pale-di-San-Lucano-Gruppe, ein wenig bekanntes Gebiet in den Dolomiten.

Aber eine neue Höhle oder einen weiterführenden Gang zu entdecken, war ein schwieriges Unterfangen. Wir fuhren so früh wie möglich los, manchmal schon freitagabends. Wenn Giovanni und Michela von der Arbeit kamen, trafen wir uns und bereiteten die Ausrüstung für die nächste Exkursion vor. Ich erinnere mich nur noch an wenige der vielen Höhlen, die wir damals besucht haben: Labirinto Franoso, Abisso Costanza, Grotta degli Scalchi, Abisso del Cigno, Abisso di Monte Belfiore, Abisso Bortolomiol, Abisso di Malga Fossetta, Abisso di Monte Oro, Pozzo Ballantines und viele mehr. Jede Höhle erzählte ihre eigene Geschichte von Strapazen, Freundschaft, Hoffnungen und Enttäuschungen. Häufig auch von unüberwindbaren Hindernissen. Doch selbst wenn wir einen neuen Schacht oder einen neuen Gang entdeckten, landete das nicht in der Zeitung, sondern blieb unter uns. Sogar noch so kleine Erfolge waren wichtig, ein weiterer Vorstoß ins Unbekannte. Sonntagabends kamen wir erst spät und völlig erschöpft nach Hause, verdreckt und durchgefroren. Am nächsten Morgen musste ich wieder in die Schule, Giovanni, Michela und die anderen zurück zur Arbeit. Welch ein Kontrast zu dem, was wir am Wochenende erlebt hatten!

Schon bald stand die Speläologie an erster Stelle in meinem Leben. Je tiefer ich in die unterirdische Welt eintauchte, desto weniger hatte ich das Bedürfnis, etwas mit Gleichaltrigen zu unternehmen. Ich fühlte mich als Hüter von Geheimnissen, die mich erwachsenen werden ließen, ich fand mein Glück fernab der Monotonie der Stadt. Ich beschrieb jede einzelne Höhle und notierte, wer dabei gewesen war, wie lange wir uns dort aufgehalten, welche Höhenunterschiede und besonderen Merkmale wir dort vorgefunden hatten. Im ersten Jahr hatten wir 61 Tage in Höhlen verbracht und einen Höhenunterschied von insgesamt 5650 Metern überwunden. Im nächsten Jahr waren es fast 100 Tage und 7000 Höhenmeter, im dritten 118 Tage und mehr als 10 000 Höhenmeter. Ich widmete jedes Wochenende der Höhlenforschung und fast die ganzen Sommer- und Winterferien. Die Scheiben meiner Seilbremsen nutzten sich beim Abseilen ab, meine Overalls und Klettergurte waren nach wenigen Monaten durch die scharfkantigen Felsen zerfasert. Mein Vater begegnete meinem Enthusiasmus mit gemischten Gefühlen, er war stolz und besorgt zugleich. Er freute sich, dass ich in seine Fußstapfen trat, sah aber auch die Gefahr, in die ich mich bei meinen Expeditionen begab. Trotzdem hielt er mich nie von etwas ab, sondern diskutierte mit mir, wenn ich etwas vorhatte, was ihm zu risikoreich erschien. Als ich mit 15 beschloss, die Spluga della Preta in Angriff zu nehmen, die mehr als 900 Meter tief ist, wartete er am Einstieg, bis wir endlich wieder oben waren. Geschlagene 33 Stunden waren wir unterwegs gewesen, viel länger als geplant. Ich bin sicher, dass er sich große Sorgen gemacht hat, aber er sprach nie darüber, denn er sah, wie sehr ich durch die Disziplin und Eigenverantwortung reifte.

Neben all diesen Entdeckungen, die manchmal etwas Obsessives hatten, war der Einführungskurs Speläologie, den die Sektion Padua einmal im Jahr organisierte, um neue Mitglieder zu finden, die einzige Gelegenheit, bei der ich über meine Erfahrungen sprechen konnte. Dort nahmen Menschen aller Altersklassen teil, einige waren von Freunden mitgenommen worden, andere hatten einfach Lust auf etwas Neues oder waren neugierig. Ich war noch nicht volljährig und konnte deshalb nicht selbst ausbilden, begleitete die Teilnehmer aber bei ihren Abstiegen. Ich hatte so viel Erfahrung gesammelt, dass ich ziemlich selbstsicher auftrat. Die Teilnehmer, die anfangs noch ängstlich oder verunsichert waren, sahen zu mir auf, als wäre ich trotz meiner Jugend reifer und erfahrener als sie, was natürlich nicht der Fall war. Unter Höhlenforschern gibt es keine Hierarchie. Wer am meisten Erfahrung hat, dem hört man am aufmerksamsten zu, Alter oder Beruf spielen dabei keine Rolle.

Dieses Phänomen findet sich bei allen Höhlenforschern weltweit, wie in allen Bereichen, in denen praktische Erfahrung die Hauptrolle spielt und nicht erworbenes Wissen. Wissen entsteht aus Erfahrung, wie bei den indigenen Völkern, wo die Jüngeren von Älteren »initiiert« werden. Andrea Gobetti hat das in mehreren wunderbaren Büchern beschrieben: *Una frontiera da immaginare, Le radici del cielo, L'ombra del tempo.* Ich kann die Texte nahezu auswendig. Viele Schilderungen sind nur zu verstehen, wenn man bereits Erfahrung mit unbekannten Höhlen hat. Der Theorieunterricht des Einführungskurses Speläologie fand am Sitz des Italienischen Alpenvereins in der Innenstadt statt. Am ersten Abend warteten wir gespannt auf die Kursteilnehmer. Je nach Aussehen und Verhalten bekamen sie einen Spitznamen, den sie nie wieder loswerden sollten. Es war offensichtlich, wer Forscher und wer nur neugierig war. Die Strategie der Ausbilder bestand darin, die Teilnehmer in eine feuchte, glitschige und besonders tiefe Höhle zu schicken, um sie in der Praxis auf die Probe zu stellen. Sie sollten am eigenen Leib erleben, wie unangenehm es sein kann, sich den schwierigen Umständen in der Unterwelt anpassen zu müssen. Wer danach nicht aufgab, konnte weitermachen und Teil der Gruppe werden.

In diesen Kursen fand ich viele neue Freunde, die meine Interessen und meine Leidenschaft teilten. Dort lernte ich auch, meine Scheu gegenüber Frauen abzulegen.

In der Schule wurde meine Forscherleidenschaft als Spleen abgetan. Montags kam ich immer völlig erschöpft zum Unterricht. Ausgerechnet an diesem Tag hatten wir in den letzten beiden Stunden Sport. Meist war es eine Tortur. Vor allem wenn ich die Nacht zuvor in mehreren hundert Metern Tiefe verbracht hatte: ohne Schlaf, die Muskeln vor Kälte verkrampft, voller blauer Flecken vom Aufprall gegen die Felswände. Ab der elften Klasse hatte ich das Glück, eine neue Lehrerin zu bekommen, die Antonio De Vivo, einen der bekanntesten italienischen Speläologen und ebenfalls Lehrer, gut kannte. Tono, wie er von allen genannt wurde, hatte ihr von meiner Obsession und den anstrengenden Expeditionen erzählt. Während meine Klassenkameraden ihre Übungen machten, durfte ich auf den Turnmatten im Gerätelager schlafen. Ich war Tono überaus dankbar, ein gutes Wort für mich eingelegt zu haben, obwohl er mich persönlich gar nicht kannte. Als Kind war er eines meiner großen Idole gewesen. Tono hatte 1994 den renommierten Rolex-

Preis für Unternehmungsgeist gewonnen. Wir hatten zu Hause ein Buch, in dem er von seinem Forschungsprojekt über alte Kulturen in den Höhlen von Chiapas erzählt. Besonders sein Foto hatte mich beeindruckt: lange Haare und schwarzer Backenbart, athletischer Körper. Das Idealbild eines Forschers. Ich war mir ganz sicher, dass ich eines Tages mit ihm unterwegs sein würde. Tono hatte an der Schule, an der er unterrichtete, eine Kletterwand bauen lassen, damals die einzige in Padua. Ich ging zu ihm und fragte, ob ich nachmittags zum Trainieren kommen könne. Neben dem Üben nutzte ich die Zeit, um mit ihm zu reden, von seinen neuen Projekten zu hören und vor allem, um ihn mit Fragen zu bestürmen.

Tono hatte in den Bergen Venetiens mit der Erforschung von Höhlen begonnen, und nach Projekten in der Türkei, auf den Philippinen und in Usbekistan hatte er die Associazione La Venta mitbegründet. Seitdem steckte er seine ganze Energie in Expeditionen zur Erforschung von Höhlen in aller Welt. Er teilte seine Zeit zwischen Sportunterricht und der Vorbereitung seiner Forschungsprojekte auf. Als ich in der elften Klasse war, kam er gerade aus der Antarktis zurück, wo er an der weltweit ersten Erkundung von Eishöhlen teilgenommen hatte. Aber er sprach mit der gleichen Leidenschaft über die anderen Höhlen, die er besucht hatte, auch über die in den heimischen Alpen.

Wir unterhielten uns über die Faszination, Neues zu entdecken. Immer wieder äußerte ich aber auch Zweifel über meine berufliche Zukunft. »Tono, ich verstehe immer noch nicht, warum mich Höhlen so magisch anziehen, ich kann nichts dagegen tun. War das in deiner Jugend auch so?«

»Klar. Als ich angefangen habe, hat man noch Strickleitern benutzt, das Ganze war damals deutlich schwieriger!«

»Und weshalb hast du all die Jahre weitergemacht?«

Nachdem er einen Moment nachgedacht hatte, gab er mir eine unerwartete Antwort: »Wegen der freundschaftlichen Verbundenheit, die zwischen Menschen entsteht, die gemeinsam etwas Unbekanntes entdecken.«

»Aber all die Mühe, und oft finden wir gar nichts«, erwiderte ich und versuchte, sein Denken besser zu verstehen.

»Genau das ist es ja: Man teilt alles, einen Traum, der sich entweder erfüllt oder platzt. Diese Erlebnisse sind einzigartig, du kannst sie nur mit den Menschen wieder zum Leben erwecken, die du an deiner Seite hattest. Das ist ein unglaublicher Schatz. Ich habe unzählige Geschichten in mir, kleine, aber auch große, und jedes Mal, wenn ich sie mit den Menschen teilen kann, mit denen ich sie erlebt habe, bin ich sehr glücklich.«

Als ich 2003 eine neue Abzweigung in der Spluga della Preta entdeckte, die in eine riesige Halle führte, verbreitete sich die Nachricht schnell. Es war kaum zu glauben, dass eine Höhle, die schon vor 80 Jahren entdeckt und immer wieder begangen worden war, noch solche Überraschungen bereithielt. Tono war einer der Ersten, mit denen ich darüber redete. Ich wollte ihn beeindrucken und sein Vertrauen gewinnen.

»Ich habe letzte Woche von deinem Erfolg gehört, gratuliere!«, sagte er eines Nachmittags, nachdem er mich mit seinem üblichen Überschwang begrüßt hatte.

»Ja, damit habe ich nicht gerechnet. Wir hatten ein Loch in einer Schachtwand entdeckt, und der Stein, den wir hineinwarfen, brauchte eine ganze Weile, bis er landete. Dann bin ich nach unten geklettert und traute meinen Augen nicht. Dabei waren dort schon Generationen von Speläologen vorbeigekommen«, erzählte ich stolz.

Erst als Tono mir seine Sicht auf die Entdeckung erklärte, begriff ich ihre wahre Bedeutung.

»Das ist ja das Schöne! Die Speläologie lässt einen immer hoffen. Jedes Mal. Wenn man eine Höhle erforscht, braucht man Geduld. Die Hoffnung stirbt zuletzt. Es gibt Hunderte, Tausende von Höhlen, die man für vollständig entdeckt und vermessen gehalten hat, und dann gab es doch noch verborgene Schätze.«

Tono kämpfte schon sein Leben lang gegen eine Erkrankung der Netzhaut, die seine Sehfähigkeit im Laufe der Zeit stark einschränkte. Manch einer zog ihn damit auf und behauptete, einige seiner spektakulärsten Leistungen, wie das Sichabseilen auf den Boden der Höhle in Ulugh Beg an einer über 500 Meter hohen Steilwand in Usbekistan, seien einzig und allein der Tatsache geschuldet, dass er die gähnende Leere unter sich gar nicht sehen könne. Ich kann nur erahnen, was es bedeutet hat, unter diesen Umständen die gefährlichsten Höhlen zu erforschen: Bestimmt hat er die Fähigkeit entwickelt, die Welt unter der Erde mit allen Sinnen wahrzunehmen – ein Gespür, das ich bei keinem anderen Menschen erlebt habe. Andere hätten bei dieser Augenkrankheit längst aufgegeben, aber Tonos Drang, das Unbekannte zu erforschen, war stärker. Seit damals im Gymnasium habe ich mit ihm zwei Jahrzehnte lang denkwürdige Expeditionen in die verlassensten Winkel unserer Erde gemacht. Ich hoffe, dass er mich noch lange begleiten wird.

In der Welt der Höhlenforscher gibt es viele solcher enthusiastischer, energiegeladener Typen wie Tono De Vivo. Im Dunkel einer Höhle, jenseits des Lichts der Öffentlichkeit, kann der Mensch seine Homo-Explorator-Seele am besten ausleben – ein angeborener Drang, der ihn dazu gebracht hat, sich vor Abertausenden von Jahren von Afrika aus über alle Kontinente hinweg auszubreiten. Die Höhlenforschung bedient keinerlei wirtschaftliche Interessen, sie bringt keinen Ruhm, sondern bleibt meist unbeachtet und ist schwer zu erklären. Und dennoch schenkt sie den Forschern das Gefühl, etwas zu entdecken, was noch niemand vor ihnen erlebt hat. Diese Sehnsucht danach zu sehen, was hinter der Felswand liegt, hinter der schmalen Spalte, durch die der Wind weht, im

Herzen eines Gebirges, im Dunkel eines Schachts, der sich im Grün eines Waldes oder in der glitzernden Eismasse eines Gletschers öffnet – sie ist wie ein verführerischer Sirenengesang, der das Leben eines Menschen grundlegend verändern kann. Plötzlich entdeckt ein Angestellter, Apotheker, Anwalt, jemand, der sein Leben bisher im gewohnten Umfeld verbracht hat, eine völlig neue und jungfräuliche Welt, nur wenige Kilometer von seinem Zuhause entfernt. Wie weit wird er gehen? Wo sind seine Grenzen?

Ich habe zahlreiche Speläologen kennengelernt, die sich ausschließlich mit einer bestimmten Höhle oder einem bestimmten Ziel beschäftigen. Manchmal führt das zu spektakulären Entdeckungen, manchmal ist alles vergebens und mündet in eine persönliche Katastrophe. Aber von all diesen Geschichten ist die von Giuseppe Troncon schlichtweg einzigartig, er hat die europäische Höhlenforschung maßgeblich mitgeprägt. In jungen Jahren lebte Giuseppe ein wenig spektakuläres Leben, er war Junggeselle, wohnte noch bei seinen Eltern und arbeitete bei einer Berufsgenossenschaft in Modena. Ein gut bezahlter, sicherer und nicht sehr anstrengender Job. Seine Passion war die Musik, er war ein hervorragender Pianist. Eines Tages, er war gerade vierzig geworden, luden ihn Freunde ein, einige Höhlen in der Nähe zu besichtigen. Ab diesem Moment gehörte seine Leidenschaft der Welt unter der Erdoberfläche. Er war ein eher zurückhaltender Typ und von seinem Alter und seiner Konstitution her nicht gerade für die Speläologie prädestiniert. Aber er gab nicht auf, selbst wenn er vor dem Eingang der furchterregenden Gouffre-Berger-Höhle in Frankreich oder der Spluga della Preta stand. In diese Höhle verliebte er sich regelrecht, trotz all ihrer Gefahren. Speläologen aus Verona boten ihm an, ein Projekt zu koordinieren, das die dortigen Forschungen wiederaufnahm. Das war die Geburtsstunde der Operation Corno d'Aquilio, benannt nach dem Berg, in dem sich der Eingang der Höhle befand. Aber ungeachtet der Erfahrungen früherer Expeditionen wählte Giuseppe einen anderen Weg. Die Spluga della Preta war ab den 1920er Jahren Schauplatz Dutzender beeindruckender Entdeckungsreisen. Hunderte waren schon dort unten gewesen, und ähnlich wie bei den großen Himalayaexpeditionen waren Ausrüstungsgegenstände, Verpflegungsreste und sonstige Abfälle in den Camps liegen geblieben. An manchen Stellen musste man wahre Müllberge überwinden, aber niemand hatte bis dahin den Mut gehabt, nach unten zu steigen und den Abfall zu entsorgen. Nicht so Giuseppe. Er packte an, nicht zuletzt aus Respekt vor der Höhle. Man muss das alles in den historischen Kontext einordnen: In den 1980er Jahren war das ökologische Bewusstsein der italienischen Zivilgesellschaft noch längst nicht so ausgeprägt wie heute. Außerdem hatten Forscher oft nur die Wahl zu versuchen, ihr Material zu retten oder ihr Leben. Da fiel die Entscheidung nicht schwer.

Giuseppe Troncon widmete 56 Monate seines Lebens der Säuberung der Höhle. Das bedeutete unzählige Ab- und Aufstiege. Anfangs unterstützten ihn noch italienische Speläologen bei seinen Bemühungen, aber nachdem sie stundenlang Müllsäcke geschleppt hatten, tauchten sie nicht wieder auf. Trotzdem ließ er nicht locker. Manchmal rief er sogar nachts an, weil er wusste, dass man dann eher ans Telefon ging. Seine Strategie war, alle mit seiner Obsession anzustecken. Etliche Forscher ließen sich von seiner Hartnäckigkeit überzeugen und kamen zurück, um ihm zu helfen.

Die Energie, die Giuseppe in die Höhle steckte, war einfach unglaublich. Jeden Freitagabend stieg er nach der Arbeit in seinen rosa Autobianchi und fuhr zum Corno d'Aquilio, wo er seine Helfer fürs Wochenende traf. Dann begann der Abstieg. Erst nach stundenlangem Müllsammeln kehrten sie wieder an die Oberfläche zurück. Manchmal ließ er die anderen gehen und blieb alleine dort, um erst am Sonntagabend bei Sonnenuntergang Schluss zu machen. Zwei Tage ohne Schlaf und Nahrung. Kein Wunder, dass er auf der Heimfahrt mehrmals einnickte und sogar dreimal im Straßengraben landete – zum Glück ohne größere Verletzungen.

Ich habe selbst erlebt, mit welcher Besessenheit Giuseppe im Einsatz war. Eines Sonntags kam er spätabends nach einer seiner kräftezehrenden Aktionen zu uns nach Hause. Meine Eltern hatten ihn zum Essen eingeladen und bemerkt, wie ausgezehrt er war. Nach Modena waren es noch zwei Stunden mit dem Auto, deshalb bot ihm mein Vater an, bei uns zu übernachten. Aber nichts zu machen: Giuseppe bedankte sich und ging, er wollte montags pünktlich bei der Arbeit sein. Als mein Vater frühmorgens das Haus verließ, stand der rosa Autobianchi vor der Tür. Giuseppe hatte im Auto geschlafen! Nicht selten sah man den kleinen rosa Wagen mit dem schlafenden Giuseppe montagmorgens an der Mautstelle der Autobahn stehen.

Das blieb natürlich nicht ohne Folgen für seine Arbeit und sein Familienleben. Jeden Montag kam er völlig erschöpft zum Dienst, er vernachlässigte seine schwangere Frau und war hochverschuldet, weil er sein gesamtes Geld für Seile und Ausrüstung ausgab. Aber er erfüllte sich seinen Traum: Er transportierte 840 Säcke Abfall aus der Höhle, insgesamt fast vier Tonnen! Bei mehr als 100 Abstiegen, unterstützt von insgesamt fast 1000 Speläologen aus ganz Italien. Sogar aus dem Ausland waren einige gekommen, aus Polen, Deutschland, Tschechien, Russland und den USA.

Am Ende der Operation »Corno d'Aquilio« war die Spluga della Preta 1993 wieder in ihrem ursprünglichen Zustand. Man hatte außerdem eine beeindruckende Zahl von Daten gesammelt und neue Karten angefertigt. Aber weiter erforscht hatte man sie nicht. Nachdem Giuseppe sein Vorhaben realisiert hatte, war seine familiäre Situation immer schwieriger geworden. Seine Frau hatte ihn verlassen, er war mit den beiden kleinen Kindern allein, und den Job hatte er wegen seines häufigen Fehlens auch verloren. Aber hauptsächlich trieb ihn die Frage um, wie die Fledermäuse, die er in 800 Metern Tiefe angetroffen hatte, in die Höhle kamen. Es musste noch einen Ausgang am Rand des Etschtals geben. Aber als Vater von zwei kleinen Kindern musste er seinen Forschertraum aufgeben.

Anfang des neuen Jahrtausends tauchte Giuseppe nach zehn Jahren Abwesenheit wieder auf. Der Alltag hatte ihn gezwungen, sich neu zu erfinden, er hatte sich einen Kleinlaster angeschafft und verkaufte Süßigkeiten auf Dorffesten in ganz Italien. Aber der Ruf der Höhle war stärker. Endlich waren seine Kinder groß, und er konnte wieder auf den Corno d'Aquilio steigen. In die Höhle hinunter schaffte er es nicht mehr, aber er wartete am Ausgang, um unsere Geschichten zu hören. Er rief Tag und Nacht an, drängte uns, Termine und Ziele festzulegen, und steckte die Jungen mit seiner Leidenschaft an. Er starb völlig unerwartet mit 74 Jahren im Schlaf, vielleicht von den Forschungen träumend, die er nicht mehr realisieren konnte. Viele Speläologen haben noch eine Karte der Spluga della Preta, auf der er unklare Bereiche eingezeichnet hatte. Das ist Giuseppes Testament – all die Orte, die er gedanklich noch erkunden wollte, nachdem sein Körper es ihm nicht mehr erlaubte.

Die Höhlenforschung ist nicht nur eine sportliche Herausforderung, die eine gute körperliche Konstitution, Training und Technik voraussetzt. Sie ist auch keine reine Wissenschaft, selbst wenn die Expeditionen zu neuen Erkenntnissen führen. Ein reines Hobby ist sie ebenfalls nicht, weil sie weit über eine normale Freizeitbeschäftigung hinausgeht und das gesamte Denken bestimmt. In der Regel ist Speläologe auch kein Beruf, weil niemand die Leistung und das Risiko bezahlt. Deshalb gibt es auch kaum Sponsoren und keinen externen Druck, irgendwelche sinnlosen Rekorde aufzustellen, die angesichts der Komplexität des dunklen Kontinents ohnehin keine Bedeutung hätten.

Von den etwa 40 000 Kilometern erschlossenen und kartografierten Höhlengängen weltweit wurde ein Großteil von passionierten Laien erforscht, alle mit dem Drang, in unbekannte Sphären vorzustoßen. In Italien, wie wahrscheinlich auch in vielen anderen Ländern, haben Höhlenforscher bahnbrechende Entdeckungen gemacht, ohne dass das irgendjemand registriert hatte. Sie gehen montagmorgens zur Arbeit, trinken mit Kollegen Kaffee, die von ihrem Sonntagsausflug mit der Familie, vom Mittagessen mit der Liebsten oder von einem Museumsbesuch oder einer Wanderung erzählen. Der Speläologe schweigt, denkt an die Entdeckungen des Wochenendes und verzichtet darauf, sie mit den Kollegen zu teilen. Man kann einfach nicht erklären, was es heißt, sich in einen Schacht abzuseilen oder sich in einem unterirdischen Labyrinth zu verlieren.

Im Höhenalpinismus oder bei anderen Extremsportarten sind die außergewöhnlichen Leistungen für alle sichtbar, es werden mediale Helden geschaffen, die oft auch für wirtschaftliche Interessen genutzt werden (von Firmen, Sponsoren, Medien usw.). Für die Höhlenforschung gilt das nicht. Allein die Tatsache, dass sie in der Dunkelheit stattfindet, garantiert den Forschern Anonymität und Freiheit. Viele meiner Freunde haben Dutzende von Höhlenkilometern erforscht und dabei ihr Leben riskiert. Und dennoch leben sie in zwei parallelen Realitäten, sie sind Angestellte und Familienväter, aber auch Forscher, die unser Wissen über die Welt erweitern.

Filippo Felici, genannt »Felpe«, ist einer der aktivsten Speläologen Italiens des letzten Jahrzehnts. Gemeinsam haben wir viele Expeditionen in den Piani Eterni und in den Ostalpen gemacht. In ihm verbinden sich angeborener Forscherdrang, athletischer Körperbau und Erfahrung. Er freut sich über jede Entdeckung, egal, ob es sich um eine riesige Halle oder einen engen, windigen und feuchten Durchgang handelt. Er gibt nie auf, nimmt nichts als gegeben hin. Wenn man am Fuß eines gewaltigen Wasserfalls steht, dessen Länge nicht abzusehen ist, würden die allermeisten nicht einmal in Erwägung ziehen, durch die eiskalten Wassermassen nach oben zu klettern. Aber er ist gedanklich schon dabei, die Wand dahinter nach möglichen Stellen abzutasten, wo man den nächsten Felsnagel einschlagen könnte, um dort hinzukommen, wo noch niemand war. Auch dabei können ihm nur wenige folgen. Seine Arbeitstage werden von der Organisation der nächsten Expedition bestimmt. Wenn er niemanden findet, der ihn begleitet, zieht er alleine los. Er kommt von der Arbeit, begrüßt Frau und Kinder, holt Helm und Ausrüstung und kehrt erst tief in der Nacht zurück.

Nur 20 Minuten von seinem Zuhause entfernt liegt die Genziana-Höhle auf dem Hochplateau von Cansiglio. Als Felpe aus beruflichen Gründen von Umbrien nach Friaul-Julisch Venetien zog, hat er diese bereits in den 1980er Jahren entdeckte Höhle in jeder freien Minute gründlich durchkämmt. Beim ersten Mal glaubte er nicht, dass es noch etwas Neues zu entdecken gäbe. Aber im Laufe der Jahre hat Felpe jeden Winkel, jeden Durchgang erforscht und noch Dutzende neuer Verzweigungen gefunden, sodass es mittlerweile mehr als zehn kartografierte Höhlenkilometer gibt. Es hat etwas Magisches, direkt vor der eigenen Haustür forschen zu können.

Während einer sechstägigen Tour durch die Dolomiten habe ich ihn einmal gefragt, ob er seine unstillbare Neugier und Leidenschaft in Worte fassen und mir erklären könne, warum er immer weitermacht. Seine Antwort war knapp, aber deutlich: »Bei der Speläologie werden Körper und Geist auf der Suche nach Wissen eine Einheit.«

»Bedeutet das, dass man immer hochkonzentriert sein muss, wenn man eine Höhle erforscht?«, fragte ich nach.

»Es geht nicht nur um Konzentration. Du bewegst dich unter der Erde, manchmal musst du akrobatische Herausforderungen meistern und gewaltige Anstrengungen auf dich nehmen. Und auch wenn du wieder wohlbehalten zu Hause oder bei der Arbeit bist, bist du in Gedanken ganz woanders.«

»Das heißt, du forschst immer weiter, auch wenn du nicht in der Höhle bist?«

»Genau. Es ist ein bisschen so, als ob du ein Puzzle zusammensetzt, dessen fertiges Bild du noch nicht kennst. Du kannst es nicht erwarten, das letzte Teil zu platzieren, weil du bei jedem Schritt darüber nachdenkst, was wohl am Ende dabei herauskommen wird. ›Noch zehn Teile, dann gehe ich ins Bett.‹ Doch dann setzt du doch noch das elfte, das zwölfte, und irgendwann puzzelst du die ganze Nacht weiter. Dabei merkst du, dass sich das Motiv ändert, dass die Teile nicht weniger, sondern mehr werden, dass es kein Ende geben wird.«

So funktioniert Höhlenforschung. Mit jedem Schritt ändert sich der Blickwinkel. Dann wollen wir wissen, welche Naturwunder sich hinter der nächsten Abzweigung verbergen.

Aber all das ist mit großen Risiken verbunden und oft auch mit realen Gefahren. Was passiert, wenn etwas schiefgeht? Wer könnte Felpe finden, wenn er allein in diesem Ganglabyrinth unterwegs ist, das außer ihm niemand kennt?

Wenn in den Medien von der Speläologie berichtet wird, dann meist nach Katastrophen. Lebendig begraben zu werden, ist eine Vorstellung, die Menschen seit Jahrtausenden das Blut in den Adern gefrieren lässt. Tatsächlich kommt es nur sehr selten zu schweren Unfällen, aber die wenigsten wissen, dass es im Inneren der Erde zu spektakulären Rettungsaktionen gekommen ist, die ihresgleichen suchen.

Im September 2014 stürzte mein spanischer Freund Cecilio Lopez-Tercero in einen 400 Meter tiefen Abgrund, der sich auf einem 3000 Meter hohen Berg irgendwo in den peruanischen Anden auftat. Seine Kameraden konnten ihn ohne fremde Hilfe nicht retten – nicht zuletzt weil Cecilio sich einige Wirbel gebrochen hatte und nur auf einer Trage transportiert werden konnte. Man schätzte, dass man etwa 50 erfahrene Männer brauchen würde, um ihn herauszuholen. Bei einer Höhlenrettung muss die Trage per Hand oder mit einem komplizierten Mechanismus mit Seilen und Rollen transportiert werden. Jeder Schritt muss akribisch vorbereitet werden und benötigt Dutzende Helfer, die Hand in Hand arbeiten. Aber in Peru gab es keine Speläologen, und obwohl die Armee ihre Unterstützung anbot, war die Rettung nicht zu schaffen. Die spanische Regierung erklärte, dass sie keinerlei Gelder zur Rettung ihres Landsmanns bereitstellen werde, so nach dem Motto: »Du wolltest Abenteurer spielen? Dann sieh zu, wie du da wieder rauskommst.« Aber Höhlenforscher halten zusammen. Aus allen Teilen Spaniens verabschiedeten sich Speläologen von ihren Familien, packten ihre Ausrüstung und nahmen den ersten Flug nach Lima, auf eigene Kosten. Dank des weltweiten Netzes aus Speläologen wurden innerhalb weniger Stunden Abertausende Euro gesammelt, um die Kosten der Rettungsaktion zu finanzieren. Nach elf Tagen und mit Hilfe der peruanischen Armee gelang es 51 Speläologen aus Spanien, Frankreich, Mexiko und Italien, Cecilio aus der Höhle zu befreien und in Sicherheit zu bringen.

Die häufigste Frage der Journalisten an die Retter, die ihr Leben riskiert hatten, um einem Kameraden zu helfen, lautete: »Warum haben Sie das gemacht?« Die Antwort war immer die gleiche: »Ich habe getan, was die anderen auch getan hätten, wenn mir das passiert wäre.«

Nach diesem Solidaritätsprinzip sind in vielen europäischen Ländern Höhlenrettungstrupps entstanden. In Italien wurde 1966 innerhalb der nationalen Bergrettung die Sektion Speläologie gegründet. Die Initiative ging von den damals führenden Forschern aus, da es leider zu zahlreichen tragischen Unglücken gekommen war. Sie beruhte auf der Idee, sich gegenseitig zu retten, denn in kurzer Zeit zusätzliche Rettungskräfte auszubilden, wäre unmöglich gewesen. Außerdem ist es in Notfallsituationen wichtig, dass erfahrene Speläologen ihren verunglückten Kameraden zur Seite stehen. Im Laufe der Zeit wurde das CNSAS gegründet, das »Nationale Berg- und Höhlenrettungskorps«, das sowohl in der Berg- als auch in der Höhlenrettung aktiv ist. Bei einem Unfall braucht man schnellstmöglich Hilfe, und nicht alle Länder verfügen über eine ausreichende Anzahl von Speläologen so wie Spanien, Frankreich oder Italien.

Dieses Problem wurde 2014 bei der größten Höhlenrettungsaktion aller Zeiten am Untersberg in Bayern mehr als deutlich. Während der Erforschung der Riesending-Schachthöhle, der tiefsten Höhle Deutschlands, wurde der Speläologe Johann Westhauser in rund 1000 Metern Tiefe von einem Stein am Kopf getroffen und erlitt ein Schädel-Hirn-Trauma. Von Anfang an war sein Zustand kritisch, er wurde sofort bewusstlos. Das ist der Albtraum eines jeden Höhlenforschers: ein Unfall in dieser Tiefe, viele Stunden vom Einstiegsschacht entfernt. Während ein Kamerad bei ihm blieb, begann der andere mit dem langen Aufstieg, erst im Freien konnte die Rettung alarmiert werden – 13 Stunden nach dem Unfall. Sofort wurde die Rettungsmannschaft aktiv, aber es waren nur wenige Höhlenforscher dabei und kein Arzt, der bis nach unten gelangen konnte. Wenige Stunden später wurden auch die Höhlenrettungstrupps aus Österreich und der Schweiz um Hilfe gebeten.

Kaum war die Nachricht durch die Medien gegangen, bereiteten sich auch italienische Speläologen auf ihren Einsatz vor, obwohl Deutschland sie gar nicht offiziell angefordert hatte. Ihnen war einfach bewusst, was es bedeutet, in dieser Tiefe einem solchen Unfall zum Opfer zu fallen. Das war Grund genug. Außerdem wussten sie, dass es der bayrische Rettungsdienst allein nicht schaffen würde. Dutzende von Speläologen verließen spontan ihren Arbeitsplatz und ihre Familie, manche brachen sogar ihren Urlaub ab, ohne zu wissen, wann sie wieder zu Hause sein würden. An der Rettungsaktion für Johann nahmen insgesamt etwa 700 Einsatzkräfte teil, die größte Gruppe mit 109 Helfern kam aus Italien, darunter auch Ärzte und Krankenschwestern. Niemand von ihnen wurde bezahlt. Sie hatten einfach alles stehen und liegen lassen, um das Unmögliche zu versuchen und »einen von ihnen« zu retten. Denn Johann Westhauser war Speläologe und Mitglied der Bergwacht Bayern.

Nach elf Tagen, genauer gesagt, nach 275 Stunden, war Johann in Sicherheit. Zum Glück war keinem der Retter etwas passiert.

Beim Kongress der italienischen Speläologen drei Jahre später wurde Johann Westhauser wie ein Held empfangen. Viele, die ihm applaudierten, hatten ihr Leben für ihn riskiert. Er war das Symbol dafür, dass alle an deiner Seite sind, wenn du sie brauchst. Und nicht nur, wenn es um Forschung geht.

Die Speläologie hat uns vieles gelehrt: Freundschaft, die gemeinsame Erkundung des Unbekannten, was dabei hilft, das unbezähmbare Ungeheuer Angst in einen aufmerksamen Wächter zu verwandeln. Wir alle teilen die Begeisterung für die Natur. Wo auch immer ich das Glück hatte, andere Speläologen kennenzulernen, sei es nun zu Hause oder in fernen Ländern, hatte ich das Gefühl, dass wir die gleiche Sprache sprechen und Erfahrungen teilen. Denn wer eine Höhle erforscht, spürt diese ganz spezielle DNA des *Homo explorator*. Wir haben das Privileg, ohne großes Aufsehen Neues zu entdecken – in einer Welt, die viele für bereits völlig erforscht halten.

Auch jetzt, wo ich das schreibe, mitten im Lockdown der Covid-19-Pandemie, können Speläologen weiterforschen, dazu müssen sie nicht mal in ferne Länder reisen. Nach vielen Jahren in Padua konnte ich 2019 meinen Traum verwirklichen und wieder in die Lessinischen Berge ziehen, dort, wo meine abenteuerliche Reise in die Unterwelt begonnen hat. Mein neues Zuhause liegt in einem Buchenhain, umgeben von Kalksteinfelsen und naturbelassenen Wegen. Auch wenn ich pandemiebedingt nicht in ein Flugzeug steigen kann wie in den vergangenen Jahren, bin ich zufrieden. Ich muss nur aus dem Haus gehen, und schon bin ich mittendrin, wohl wissend, dass sich unter meinen Füßen eine magische Welt befindet, die bislang noch niemand vollends erkundet hat. Ich spüre die frische Brise, rieche den Duft der Erde, der aus einer Gesteinsöffnung dringt. Ich schiebe das Moos zur Seite und schaue in die Dunkelheit. Wenn ich dann höre, wie ein Stein ins Unbekannte rollt, weiß ich, dass ein neues Abenteuer beginnt.

ODYSSEE

384 403 Kilometer. So weit hat sich der Mensch von Mutter Erde entfernt. Mit der Zahl allein kann man diese extreme Distanz allerdings nicht erfassen. Es ist leichter, von der Entfernung zwischen Erde und Mond zu sprechen – ein Ort, der weniger exotisch wirkt als das Erdinnere, weil wir seine Oberfläche von den Bildern kennen, die Satelliten und leistungsstarke Teleskope aufgenommen haben. Um dorthin zu gelangen, wurden die Astronauten der Apollo-11-Mission mit der Saturn-V-Rakete in den Weltraum geschossen, für ihre Reise brauchten sie 102 Stunden und 45 Minuten – etwas mehr als vier Tage. Nachdem sie 21 Stunden und 36 Minuten die Mondoberfläche erforscht hatten, traten Armstrong und Aldrin den Rückweg an. 197 Stunden und 18 Minuten nach dem Start berührten sie erneut die Oberfläche des blauen Planeten. Die gesamte Reise hat insgesamt etwas mehr als acht Tage gedauert.

225 Millionen Kilometer: Das ist der Durchschnittsabstand zwischen Erde und Mars. In nicht allzu ferner Zukunft werden Menschen zwischen sechs und neun Monate brauchen, um den roten Planeten zu erreichen, ihre Reise wird insgesamt zwei Jahre oder länger dauern.

Solche Entfernungen machen Angst, aber die Zeit, die man im All verbringen muss, noch viel mehr. Denn die immense Größe des Universums können wir uns nur vorstellen, während wir in der Lage sind, die Sekunden, Minuten, Stunden und Tage zu erleben: Wir spüren, wie sie unsere ohnehin begrenzte Lebenszeit verkürzen.

Entfernung ist in unserer vernetzten Welt eine relative Größe. Die Zeit, die man braucht, um einen bestimmten Ort zu erreichen, hängt weniger von den Kilometern als vielmehr vom Transportmittel ab, das sich von Land zu Land und je nach sozialem Status stark unterscheiden kann. Rom ist für einen japanischen Geschäftsmann, der mit dem Flugzeug reist, relativ nah, aber für einen Nomaden aus der Sahara, der mit seinem Kamel unterwegs ist, unerreichbar weit weg. Die Entfernungen vergrößern und verringern sich für uns Menschen also nicht nach physikalischen Gesetzen, sondern abhängig von der verfügbaren Technologie, ja vom sozialen Status.

Im letzten Jahrhundert hat die Entwicklung immer schnellerer Verkehrsmittel die Wahrnehmung von Raum und Zeit radikal verändert. Viele Orte, die früher als »abgelegen« galten, rücken immer näher. Alles ist erreichbar, oder zumindest fast. Es gibt nur noch wenige Orte auf der Erde, die sich dem widersetzen, weil man sie nur mit der eigenen Körperkraft erreichen kann.

Einer der faszinierendsten Orte, der dieses Raum-Zeit-Konzept gut beschreibt, ist die Boj-Bulok-Höhle in den rauen Bergen von Surkhandarya, an der Grenze zwischen Usbekistan und Tadschikistan. Unweit von Samarkand, nahe dem Ort Dubalo, lebte zu Zarenzeiten und während des Ersten Weltkriegs ein junger Imam namens Mustafa.

In den Bergen ließen die Hirten ihre Tiere immer an einer kleinen Quelle trinken, die plötzlich versiegte. Mustafa war neugierig und wollte dem Rätsel auf die Spur kommen, um seinen Nachbarn zu helfen. Er beschloss, durch einen glitschigen Spalt, durch den Wind drang, ins Berginnere zu gehen. Mit einer Petroleumlampe in der Hand stieg er ganz allein den engen Schacht nach oben. Schritt für Schritt ließ er die Außenwelt hinter sich. Einen halben Kilometer später hatte er sich in einem Gewirr aus Tunneln verirrt. Er versuchte sich an einem Rinnsal zu orientieren, das ihn hoffentlich wieder ins Freie führen würde, doch er geriet in die tödliche Falle des »endlosen Mäanders«, rutschte in einen 20 Meter tiefen

Schacht und kehrte nie wieder zurück. Noch Jahrzehnte später fragten sich die Dorfbewohner, durch welchen Zauber ihr Imam verschwunden war.

Etwa 70 Jahre später, im Jahr 1985, reiste eine Gruppe russischer Speläologen aus Jekatarinburg in die abgelegene Berglandschaft und stand eines Tages vor der Boy-Bulok-Höhle. Sie folgten den Spuren Mustafas und fanden seine sterblichen Überreste auf dem Grund des Schachts. Jenseits des Tunnelgewirrs konnte man einen schmalen Durchgang hinabsteigen, in eine Struktur, die die Speläologen »Mäander« nennen, weniger als 50 Zentimeter lang, aber einige Meter hoch. Ohne es zu wissen, hatte Mustafa eines der weltweit gewaltigsten unterirdischen Tunnelsysteme entdeckt. In den Folgejahren arbeiteten sich die russischen Speläologen immer weiter vor. Nach jeder Kurve tauchte wieder ein Mäander auf, er schien kein Ende zu nehmen. Unter enormen Anstrengungen erforschten sie Kilometer um Kilometer, dicht an die Felswände gepresst, manchmal bäuchlings, manchmal auf einer Seite liegend. Je länger die Entfernungen wurden, desto beschwerlicher wurde der Weg. Auch die Errichtung eines Biwaks, um zu essen oder zu schlafen, war schwierig, da alles unter Wasser stand und es nicht genug Platz für ein Zelt oder eine Hängematte gab. 1989 schaffte es eine italienisch-russische Expedition, fünf Kilometer weit in den Berg und auf eine Tiefe von 1368 Metern vorzudringen. Bis an eine Stelle, wo der Mäander überflutet war und die Forscher nicht mehr weiterkamen. Das war der Tiefenrekord für eine asiatische Höhle. Sie brauchten vier Tage, um den Endpunkt zu erreichen, und zwei Tage für den Rückweg.

Zwölf Männer waren bereits auf dem Mond, aber nicht einmal zehn haben den Boden der Boj-Bulok-Höhle gesehen. Dabei ist sie, was die Entfernung angeht, sehr viel leichter zu erreichen. Der Eingang liegt auf 2700 Metern Höhe an einer Bergflanke, und der scheinbar unendliche Mäander verläuft parallel zum Hang. Das bedeutet, dass die Gesteinsschicht über den Köpfen der Speläologen nie mehr als 100 Meter dick ist. Es gibt keine anderen Eingänge und nur diesen einen Weg. Als der Russe Oleg Ustinov und der Italiener Giovanni Badino als Erste den Boden der Höhle erreichten, hatten sie den Eindruck, unendlich weit von der Außenwelt entfernt zu sein. Dabei waren sie nur wenige Dutzend Meter von einer Schafherde weg, die über ihren Köpfen weidete: Weit weg und doch ganz nah, eingeschlossen und nur einen unerreichbaren Schritt von der Freiheit entfernt.

Um bis zum Boden einer solchen Höhle vorzudringen, braucht man Zeit und sämtliche Muskeln seines Körpers, auch solche, die man bis dahin noch gar nicht gekannt hat. Höhlen sind zudem ideale Verstecke. Nicht umsonst konnte Al-Quaida im Tora-Bora-Höhlensystem in Afghanistan den Amerikanern jahrelang Widerstand leisten. Wie bereits erwähnt: Es gibt noch keine Technologien wie selbstfahrende Fahrzeuge oder Drohnen, die komplexe unterirdische Höhlensysteme untersuchen könnten. Das Militär gibt Unsummen dafür aus, es doch irgendwie zu schaffen.

Die Höhlen, die über Jahrmillionen hinweg entstanden sind, schützen sich zum Glück selbst gegen Eingriffe von Menschenhand: Das Wasser hat im Laufe der Zeit Spalten, Mäander, tiefe Schächte, kilometerlange Tunnel, Ganglabyrinthe und schwindelerregende Canyons geschaffen, die wir nur mit Kraft, Ausdauer und viel Überlebenswillen erforschen können. Aus Ehrfurcht vor der Natur werden wir wieder Mensch, körperlich wie seelisch.

Nach dem vorhin erwähnten sehr relativen Raum-Zeit-Konzept ist der entfernteste Punkt, den der Homo sapiens jemals erreicht hat, nicht die Oberfläche des Mondes, sondern der Boden einer Höhle im Kaukasus. Die Snezhnaya-Höhle im Bzybsk-Massiv in Abchasien gilt im Moment als vierttiefste Höhle der Welt und ohne Zweifel als diejenige, die am schwersten zu erreichen und zu begehen ist. Ihre Erforschung begann in den 1970er Jahren, als die russischen Höhlenforscher noch mit Strickleitern und speziellen Sicherungsgeräten arbeiteten, um sich an schweren Stahlseilen entlangzuhangeln. Die Höhle beginnt mit einem furchterregenden Schacht, der mehr als 200 Meter in die Tiefe reicht und in eine Art Kathedrale mündet. Im Winter ergießen sich Lawinen nach unten, wo sie ein riesiges Eisdepot bilden. Von dort stiegen die Forscher eine Reihe von labyrinthischen Bergstürzen hinab. Je weiter sie nach unten kamen, desto wichtiger wurde es, Lager einzurichten, um sich ausruhen und aufwärmen zu können. Trotz Kälte, Nässe, Enge und ständiger Gefahren gaben sie nicht auf. Anfang der 1980er Jahre hatten sie eine Tiefe von 1335 Metern erreicht. Um das nötige Material dorthin zu transportieren, hatten sie mehr als zehn Tage und ebenso viele Biwaks gebraucht. Manche Expeditionen dauerten gar bis zu zwei Monaten. Man musste sich mühsam vorarbeiten, Ausrüstung und Geräte transportieren, das Gelände erforschen, zusammenpacken und dann den Rückweg in Angriff nehmen. Der Kopf dieser Expeditionen war Tatiana Nemchenko, eine zu allem entschlossene Höhlenforscherin. Aber wie bei allen Expeditionen war jeder Einzelne ein wichtiges Puzzlestück, egal, ob er im Biwak blieb und die anderen unterstützte oder in der ersten Reihe stand. Anfang der 2000er Jahre gelang es mit neuer Technik, bis auf 1760 Meter Tiefe vorzustoßen und etwa 40 Gangkilometer zu erforschen.

Im Sommer 2011 war ich mit einer Gruppe russischer Speläologen in Usbekistan unterwegs, um eine unbekannte Höhle in der Boj-Bulok-Region zu erforschen. Einige waren auch schon bei der Snezhnaya-Expedition dabei gewesen. Unter dem Sternenhimmel in der usbekischen Wüste erzählten sie mir, dass sie mehr als 20 Tage unter der Erde gewesen waren und dort acht Biwaks eingerichtet hatten.

Orte wie diese sind für uns Speläologen weiter weg als der Mond, vor allem weil man jede emotionale Verbindung zur Erdoberfläche aufgeben muss, um in der Tiefe nicht verrückt zu werden. Eine Expedition wie die in Snezhnaya in den 1980er Jahren erforderte, jeden Kontakt zur Außenwelt zu kappen. Die Forscher verschwanden einfach, wochenlang, ohne Kontakt zu Familie und Freunden, ohne jede Chance auf Rettung. So ähnlich wie bei einer Mission ins All: Der Drang, in der Ferne Neues zu entdecken, geht mit Nervosität einher, weil man sich immer weiter von der vertrauten Welt entfernt.

Die spannenden Geschichten meiner Kameraden trieben mich um und regten meine Fantasie an, mit der Folge, dass ich nachts nicht schlafen konnte. Wieder zu Hause, grübelte ich darüber nach, wie tief ich wohl vor unserer Haustür ins Erdinnere vorstoßen könnte. Mein Blick war in die Tiefe gerichtet, nicht auf weit entfernte Planeten. Aber schon bald gingen meine Gedanken in eine ganz andere Richtung. Der Betreuer meiner Doktorarbeit an der Universität Bologna, Professor Jo De Waele, hatte mir erzählt, dass er den Besuch von Vertretern der europäischen Weltraumbehörde ESA erwarte, um über neue Projekte zu sprechen. Das machte mich neugierig, und so war es kein Zufall, dass ich am Tag des Treffens im Institut war, um Gesteinsproben zu ordnen. Als ich in Jos Büro kam, wunderte ich mich, dass Loredana Bessone ebenfalls zu Gast war, die Verantwortliche für die europäische Astronautenausbildung. Jo lud mich ein, mit ihnen Mittag zu essen, aber ich fühlte mich nicht recht wohl in meiner Haut. Im Vergleich zu mir schauten die Astronauten genau in die entgegengesetzte Richtung. Loredana schien das zu spüren und wechselte das Thema, statt um Weltraumforschung ging es jetzt um Höhlen.

»Weißt du, dass ich dein Buch *L'Abisso* gelesen habe?« Ich war überrascht. Das Buch war vor vier Jahren veröffentlicht worden und nur unter Speläologen bekannt. Wie war sie darauf gekommen?

»Tatsächlich? Das freut mich. Ich glaube, dass die Erforschung der Spluga della Preta viel über die Geschichte der Speläologie erzählt.«

»Nicht nur das, meiner Meinung nach kommt der Abstieg in eine tiefe und schwer begehbare Höhle einer Reise zu einem unbekannten Planeten sehr nahe – mehr als alles andere, womit sich ein Astronaut auf der Erde für seine Mission vorbereiten kann.«

Damit hatte ich nicht gerechnet. Ich wusste fast nichts über Raumfahrt und Astronauten im Weltall. Wie sollten wir Höhlenforscher dabei helfen können?

»Nun ja, manchmal sind wir von der Außenwelt abgeschnitten, aber ich glaube, dass Astronauten in ganz anderen Sphären unterwegs sind. Sie sind die Pioniere des wissenschaftlichen Fortschritts«, erwiderte ich, um ihr deutlich zu machen, dass ich mich niemals mit jemandem vergleichen würde, der ins All reist.

»Da irrst du dich«, kam es spontan zurück. Ich ahnte, dass diese Frau ihre Ideen mit großer Entschlossenheit und Konsequenz vertrat. Sie spielte außerdem eine entscheidende Rolle für den Erfolg von Weltraummissionen zur ISS, der Internationalen Weltraumstation.

»Wirklich, die Astronauten von heute haben keine Ahnung, was es bedeutet, unbekannte Welten zu entdecken.«

»Ja, aber die Apollo-Astronauten sind auf dem Mond gelandet und dort spazieren gegangen.«

»Diese Zeiten sind lang vorbei. Ende des 20. Jahrhunderts sind die Raumfahrer mit dem Space Shuttle zur MIR geflogen, jetzt fliegen sie zur ISS. Das ist eine ganz andere Herangehensweise. Sie werden in originalgetreuen Nachbildungen dieser künstlichen Umgebung trainiert. Nichts ist unbekannt, nur die Abwesenheit der Schwerkraft können wir noch nicht hundertprozentig nachbilden.«

Damit wollte sie wohl sagen, dass heutige Astronauten »nichts anderes tun«, als die Weltraumstation in der Erdumlaufbahn zu besuchen und »dort zu bleiben«. Aber natürlich war das Thema wesentlich komplexer.

»Dann sind Astronauten also gar keine Entdecker?«

»Geografisch gesehen nicht wirklich. Natürlich stehen auch sie vielschichtigen Herausforderungen gegenüber, die meist mit der Technik zu tun haben, aber sie sind nicht auf eine dunkle fremde Welt vorbereitet, in die noch niemand je einen Fuß gesetzt hat und in der man überraschende Entdeckungen machen kann.«

»Dann ist auf der ISS alles durchgeplant? Ich dachte, auch dort gibt es Entscheidungsspielräume und unvorhergesehene Ereignisse?«

»Natürlich, es kann zu Notfällen kommen, aber grundsätzlich ist alles präzise geplant. Bevor die Astronauten mit Spezialausrüstung ihre Weltraumspaziergänge machen, wird jede Bewegung vorher akribisch unter Wasser geübt. Dabei sollen die Bedingungen in der Schwerelosigkeit simuliert werden. In Houston haben wir ein riesiges Schwimmbad, das die Weltraumstation in Originalgröße nachbildet.«

Ich war interessiert, ahnte aber nicht, worauf sie hinauswollte.

»Wenn wir Astronauten wieder auf den Mond oder gar auf den Mars schicken wollen, müssen wir die Planungsparadigmen für diese Missionen ändern, das gilt auch für das vorbereitende Training.«

»Und das heißt?«

»Ich glaube, dass ihr Speläologen da etwas Wichtiges beitragen könnt.«

Ich muss ziemlich skeptisch ausgesehen haben und verstand noch immer nicht.

»Ich bin nach Bologna gekommen, weil ich einen Wissenschaftler suche, der sich mit Speläologie auskennt. Er soll einen speziellen Kurs für Astronauten organisieren, den ich auf den Namen CAVES getauft habe. Dabei bin ich auf Jo gestoßen, der sich bereits darauf vorbereitet.«

Gut, dachte ich. Was für eine außergewöhnliche Aufgabe für Jo. Aber schlagartig wurde mir klar, dass der Besuch auch etwas mit mir zu tun haben könnte.

»Was mir noch fehlt, ist ein erfahrener Speläologe, ein Praktiker, der den Astronauten erklären kann, wie man sich in einer Höhle bewegt. Und das ist ein weites Feld. Als ich dein Buch gelesen habe, dachte ich sofort, du könntest der Richtige sein. Aber da wusste ich noch nicht, dass du Jos Doktorand bist. Und jetzt bin ich hier.«

Das klang wie ein Jobangebot. Eines, an das ich nie gedacht hätte.

Ein faszinierender Prozess begann: Speläologe trifft Astronaut. Loredana hatte genaue Vorstellungen, was das Ziel und die Organisation des Trainingsprogramms betraf. Ich sollte den Astronauten ein Gespür für Entfernung, Isolation und Gefahren vermitteln. Sie mit Gefühlen vertraut machen, die man empfindet, wenn man eine so abgelegene und feindliche Umgebung wie eine tiefe Höhle erforscht. Durch eigene Erfahrungen vor Ort sollten sie lernen, die eigenen Emotionen, die eigene Effizienz und das individuelle Sicherheitsbewusstsein zu schulen – auch aus Respekt dem eigenen Team gegenüber. Durch uns Speläologen sollten sie lernen, dass der Mensch sich der Natur anpassen muss und nicht umgekehrt.

Der Kurs fand im September 2011 in einer Höhle auf Sardinien statt. Es nahmen zwei europäische Astronauten teil (Thomas Pesquet und Tim Peake), ein russischer (Sergej Ryschikow), ein japanischer (Norishige Kanai) und einer von der NASA, Randy Bresnik. Wir wussten nicht, ob Loredanas Idee Erfolg haben würde, ob Höhlenerfahrungen wirklich für Weltraumfahrer von Nutzen sind. Nur Bresnik war bereits mit dem Space Shuttle *Atlantis* unterwegs gewesen, und seine positive Rückmeldung zum Höhlenexperiment überzeugte die ESA, an dem Projekt festzuhalten.

2011 war ich nur Beobachter, aber im Folgejahr war ich für den Technikunterricht zuständig und musste die Astronauten während der siebentägigen Expedition in die Höhlen im Supramonte-Gebirge auf Sardinien begleiten. An meiner Seite war Federico Faggion, ein erfahrener Speläologe aus dem Piemont, aber auf das, was uns dort erwartete, waren wir nicht vorbereitet. Unterstützt wurden wir von befreundeten Höhlenforschern, die mich schon bei Expeditionen auf der ganzen Welt begleitet hatten. Einige hatten bereits extreme Expeditionen hinter sich, wie Vittorio Crobu und Carla Corongiu, die die tiefste Höhle Sardiniens entdeckt hatten und nur mit Luftanhalten durch Siphons getaucht waren. Oder wie Giovanni Maria Pintori, der 40 Jahre Höhlenerfahrung auf der Insel mitbrachte. Das Interesse der ESA war eine Chance, aber wir waren auch ein bisschen unsicher, ob man uns nicht überschätzt hatte.

Loredanas Intuition, die Höhle als Analogie zum Weltraum auszuwählen, erwies sich als richtig. Trotzdem war die Kursvorbereitung sehr aufwendig, da nichts dem Zufall überlassen werden durfte, vor allem, was die Sicherheit der Astronauten anging. Die Weltraumagenturen hatten Millionen in sie investiert, und jetzt waren sie drei Wochen lang in der Obhut von Speläologen, die mit ihnen eine unwegsame Höhle erforschen sollten. Uns allen war bewusst, dass die Höhle kein Simulator war, dort unten war alles real, auch die Gefahr. Bei einem Unfall konnte man nicht einfach die Hände heben, eine Tür öffnen und sich retten. Wir durften keine Fehler machen, unsere Verantwortung war enorm.

Für Loredana war die praktische Ausbildung in der Höhle von elementarer Bedeutung. In nur zehn Tagen sollten wir die Astronauten unter Tage auf ihre Mission vorbereiten, sie sollten wissenschaftliche Experimente machen, topografische Karten zeichnen, neue Gangverzweigungen erkunden. Loredana tat alles, um unsere persönlichen Erfahrungen für die Raumfahrer zu nutzen. Wir sollten »Vorbilder« sein. Aber wir sind es gewöhnt, in einem Umfeld zu arbeiten, in dem wir nichts sehen, und müssen deshalb vieles visualisieren, was wir allerdings nicht zwangsläufig nach außen kommunizieren. Außerdem neigen wir zu einer gewissen Anarchie und denken nicht in Schemata, Strukturen oder schriftlich fixierten Regeln. Alles beruht auf unseren persönlichen Erfahrungen in der Dunkelheit. Es ist nicht leicht, Wissen weiterzugeben, vor allem wenn man es mit Laien zu tun hat. Die gesamte Situation sorgte für Unbehagen.

Zur Einstimmung war ich drei Wochen im Europäischen Astronautenzentrum in Köln. Dort wurde ich auf das vorbereitet, was ich den Astronauten beibringen sollte. Alles war ungewohnt, die Ingenieure, die Ärzte, die Piloten, die Simulationen und die originalgetreuen Nachbildungen der Module der Weltraumstation. Wo war ich hier gelandet? Manchmal kam mir das Ganze geradezu grotesk vor. Loredana hatte mich als bedeutenden Höhlenforscher vorgestellt. Die Mitarbeiter musterten mich mit Blicken, aus denen deutlich zu lesen war: »Ja und? Was hat das mit Astronauten zu tun?« Während des Besuchs einer Nachbildung des europäischen Columbus-Moduls (Teil der ISS) rutschte ich in einem Airlock (eine Verbindung zwischen den Modulen) aus und schürfte mir den Arm auf. Ich gab eine erbärmliche Figur ab. War das der große Speläologe, der tiefe Höhlen erforschte und Astronauten trainieren sollte? Im Grunde war ich nur ein 27-jähriger Doktorand, der viel Erfahrung mit Orten hatte, die den meisten Menschen verborgen blieben. Aber ein Ausbilder für Weltraummissionen? Wahrscheinlich fragten sich das Loredanas Vorgesetzte auch. Waren wir wirklich die Richtigen, um das Konzept umzusetzen? Oder hatten sie es mit ein paar Verrückten zu tun, die sich, warum auch immer, gerne in Höhlen herumtrieben?

Der CAVES-Kurs im September 2012 war eine der arbeitsintensivsten Perioden meines Lebens, aber auch ein Wendepunkt in der öffentlichen Wahrnehmung der Speläologie. Ich erinnere mich noch genau an den Tag, an dem wir Drew Feustel und Mike Fincke von der NASA in unserem Basiscamp begrüßten, zwei Astronauten mit viel Erfahrung und Teilnehmer wichtiger Missionen. Mike war bei drei Weltraumflügen dabei gewesen und hatte 381 Tage im All verbracht. Unter anderem war er mit dem russischen *Sojus*-Raumschiff zum Space Shuttle *Endeavour* geflogen. Zwei lebende Legenden der Raumfahrt. Wir hingegen waren nur Speläologen.

Der Kurs verlangte uns alles ab, aber er war ein Erfolg. Das Training funktionierte reibungslos, und alle sechs teilnehmenden Astronauten verbrachten wie geplant die Woche in der Höhle. Sie kletterten durch einen engen Canyon zum Basiscamp und erforschten etwa einen Höhlenkilometer. Dabei mussten sie mehrere Hallen durchqueren und einem endlos scheinenden unterirdischen Fluss folgen. Ich war bei diesem Abenteuer nur Beobachter und griff nicht ein, es sei denn, um sie in Gefahrensituationen zu unterstützen. Ich spürte ihre Begeisterung. Sie tauschten sich über ihr Vorgehen aus, hatten die Sicherheit der Gruppe im Blick, achteten streng darauf, dass die Experimente, die mit den Wissenschaftlern vor der Expedition vereinbart worden waren, auch durchgeführt wurden. Die gruppeninterne Dynamik der Astronauten erinnerte mich an Expeditionen, an denen ich als Höhlenforscher teilgenommen hatte. Sie hatten ihr Entdeckergen für die Erde entdeckt, oder besser, für das Innere der Erde.

Am letzten Tag brachen wir auf, um den nicht minder schwierigen Weg zurück ans Tageslicht anzutreten. Ich stieg den steilen rutschigen Pfad des Canyons hinauf, Mike war direkt hinter mir. Er hatte keinen sicheren Tritt mehr, langsam machte sich die Erschöpfung bemerkbar. Mir war sofort klar, dass wir einen kritischen Punkt erreicht hatten. Seine Körperspannung und seine Konzentration ließen nach, obwohl die Situation noch immer gefährlich war. Um ihm zu helfen, beschloss ich, ganz langsam zu gehen, damit er sehen konnte, wohin er seine Füße setzen musste. Er sollte von meiner Erfahrung profitieren, Kräfte sparen und das Gleichgewicht besser halten: So war das Risiko auszurutschen geringer. Nach unzähligen Höhlenexpeditionen waren mein Geist und Körper eine Einheit geworden, ich wusste genau, wie ich mich zu bewegen hatte. Mike folgte jedem meiner Schritte und gewann wieder an Sicherheit. Als wir endlich draußen waren, umarmte er mich und bedankte sich dafür, dass er von meiner Erfahrung als Speläologe profitieren durfte. Plötzlich verstand ich, dass diese Männer zwar in ganz andere Welten aufbrechen würden, aber unser gemeinsames Abenteuer ein Teil ihres Weges gewesen war. Ein gemeinsames Abenteuer auf Augenhöhe. Speläologen und Astronauten hatten, trotz ihrer Gegensätzlichkeit, vieles gemeinsam: Es ging beiden um den Menschen und seinen Entdeckerdrang. Ein gutes Gefühl. Ich werde Loredana und ihrer Intuition immer dankbar sein, auch wenn ich sie bei unserer ersten Begegnung für aberwitzig gehalten habe.

In den Folgejahren haben wir in Sardinien und später in Slowenien insgesamt 34 Astronauten aus sechs Weltraumagenturen in Höhlen trainiert. 2016 war sogar ein chinesischer Astronaut dabei, der gemeinsam mit Kollegen der NASA das Programm absolvierte. Ein Novum. Was über der Erdoberfläche politisch nicht möglich war, funktionierte darunter reibungslos.

Astronauten und Speläologen haben dieselbe Motivation: die Neugier aufs Unbekannte. Bei unseren gemeinsamen Höhlenabenteuern haben wir viele Gemeinsamkeiten entdeckt. In Höhlen und im Weltraum bewegen wir uns auf begrenztem Terrain, das abweisend und bisweilen sogar lebensfeindlich ist. Es gibt keinen Unterschied zwischen Tag und Nacht, wir müssen uns an den Rhythmus halten, den die Uhr uns vorgibt. Man muss ein Team sein, sich gut kennen und verstehen, denn jeder Einzelne ist wichtig, damit die Mission gelingt. Es gibt keine kulturellen, politischen oder religiösen Unterschiede, wir sind alle Menschen, die gemeinsam ums Überleben kämpfen. Und dann ist da dieser unbezähmbare Drang, unsere Komfortzone zu verlassen, um die unbekannte Natur herauszufordern – im Inneren einer Höhle oder in der Kapsel eines Raumschiffs.

Es gibt noch weitere Gemeinsamkeiten, zum Beispiel die Sicherheitsvorkehrungen. Die Technik, die dafür sorgt, mit dem Raumschiff verbunden zu bleiben und sich nicht in den unendlichen Weiten des Alls zu verlieren, hat durchaus Ähnlichkeit mit unseren Hilfsmitteln wie Seilen und Steigeisen, die wir nutzen, um sicher durch die Schächte zu kommen. Aber das war uns zu Beginn des CAVES-Programms nicht bewusst. 2013 wies der NASA-Astronaut Mike Baratt darauf hin, dass das Seilsystem mit Karabiner (von den Höhlenforschern »Longe« genannt) Ähnlichkeiten mit den verschiedenfarbigen »Thetern« aufweist, Spannseile, die man in Kombination mit dem russischen Raumanzug Orlan für das Vorwärtskommen an den Außenwänden der Weltraumstation verwendet. Diese Erkenntnis half dabei, neue Klettertechniken zu entwickeln. Wie herausfordernd es ist, sich in der Schwerelosigkeit in einem solchen Anzug zu bewegen, durfte ich in einem Zero-G-Parabelflug der französischen Weltraumagentur gemeinsam mit den Astronauten Matthias Maurer und dem Ausbilder der ESA, Hervé Stevenin, am eigenen Leib erfahren.

Astronauten sind wie Höhlenforscher häufig keine reinen Wissenschaftler, das heißt, ihre akademische Kompetenz ist »begrenzt«. Die durchzuführenden Experimente werden meist von Universitäten und Wissenschaftlern entwickelt, nur die praktische Umsetzung bleibt ihnen vorbehalten. Ein Fehler kann nicht nur einen enormen finanziellen Verlust bedeuten, sondern auch emotional sehr belastend sein. Umgekehrt bietet die erfolgreiche Durchführung die Möglichkeit, auf etwas Neues von unschätzbarem Wert zu stoßen. So oder so: Die Beteiligten tragen eine große Verantwortung. Speläologen, die ebenfalls meist keine Akademiker sind, kennen diese Situation sehr gut. Sie sind in vielen Fällen das ausführende Organ der Wissenschaftler, die ihre Theorien nicht selbst vor Ort erproben können.

Während der CAVES-Kurse hatte ich die Möglichkeit, mich mit den Astronauten über die tiefere Bedeutung des Menschseins und dem uns angeborenen Wissensdrang auszutauschen. Daraus sind ungeahnte Freundschaften entstanden, wie zum Beispiel mit den italienischen Raumfahrern Paolo Nespoli und Luca Parmitano sowie mit mehreren NASA-Astronauten wie Mike Barratt, Jack Fischer, Ricky Arnold, Scott Tingle, Jeanette Epps, Jessica Meir und Joe Acaba. Jessica und Joe sind Kandidaten für die Wiederaufnahme der Mondflüge im Rahmen des *Artemis*-Programms, die noch dieses Jahrzehnt realisiert werden sollen. Auch zu anderen europäischen Astronauten wie Pedro Duque, Matthias Maurer und Alexander Gerst sowie zu russischen Kosmonauten habe ich freundschaftliche Kontakte geknüpft. Jetzt, wo ich diese Zeilen schreibe, ist Sergey Kud-Cherkow, russischer Kosmonaut und erfahrener Speläologe, auf seiner ersten Mission in der internationalen Weltraumstation. Von dort schreibt er, dass er mit mir eine Expedition zu einer Höhle auf einer einsamen Insel im Atlantik unternehmen will, sobald er wieder auf der Erde ist. Ich kann es kaum erwarten.

Die durch das Höhlentraining entstandenen Freundschaften zwischen Speläologen und Astronauten sind für beide Seiten wertvoll. Das Team steht über allem. Das gegenseitige Vertrauen, die Intensität der Erlebnisse, die Fähigkeit, die eigenen Fehler zu erkennen, um ein gemeinsames Ziel zu erreichen, sind sowohl unerlässlich für eine Reise ins All als auch für die Erforschung einer Höhle.

Mit Luca Parmitano ist die freundschaftliche Verbundenheit über die Jahre immer stärker geworden. Sein eiserner Wille geht mit Bescheidenheit einher. Er will immer wieder etwas Neues lernen und sein Wissen weitergeben. 2017 hat Luca an einer Expedition der Associazione La Venta zur Cucchiara-Höhle auf

Sizilien teilgenommen. Die dortigen Bedingungen sind extrem, die Hitze ist unerträglich. Der gemeinsame Aufenthalt in dem gefährlichen Tunnel gab uns Gelegenheit, uns darüber auszutauschen, warum wir trotz aller Risiken immer wieder ins Unbekannte aufbrechen – meist während einer Verschnaufpause bei 38° Celsius Lufttemperatur oder nachts im Dunkeln, wenn wir nicht schlafen konnten.

»Luca, was ist der Unterschied zwischen der Dunkelheit des Weltalls und der Dunkelheit hier?«, wollte ich von ihm wissen.

»Diese Frage habe ich mir schon oft gestellt. Die Dunkelheit des Alls habe ich 2013 während meiner Weltraummission erlebt. Als ich zurückkam, habe ich sie als absolute Abwesenheit von Farbe beschrieben.«

»Es ist also eine absolute Leere ohne Licht?«

»Ja genau. Ich hing nachts an der Außenwand der Raumstation, auf der erdabgewandten Seite, und diese Schwärze, diese totale Abwesenheit von Licht war magisch. Sie schien mich weit fort zu tragen, ich fühlte mich ganz klein.«

»Macht sie Angst?«, fragte ich. »Mir hat die Dunkelheit in der Höhle nie so viel Angst gemacht wie die Dunkelheit über der Erdoberfläche. Sie ist eine totale Schwärze, in der sonst nichts Platz hat.«

»Angst hatte ich dort oben nie. Du akzeptierst, dass du extrem winzig bist, angesichts der ungeheuren Dimensionen, die dich umgeben. Aber das ist nicht bedrohlich, sondern eine körperliche Erfahrung, die dich gelassen macht.«

»Und hier in der Höhle? Ist es da für dich anders?«

»Das Gefühl ist ähnlich, aber die Dunkelheit der Höhle ist physisch spürbar. Ich habe während des CAVES-Kurses erfahren, dass die Finsternis unter der Erde eine greifbare Präsenz ist wie ein Gefährte, der einen umarmt. Kannst du sie auch spüren?«

»Ja, sie hüllt mich komplett ein.«

»Genau. Und zwar unabhängig davon, ob du in einem engen Durchgang oder in einer großen Halle bist: Die Dunkelheit ist allgegenwärtig.«

»Wie spürst du sie?«

»Sie dringt durch deine Poren, verschlingt dich mit Haut und Haaren wie ein lebendiges Wesen.«

Eine Weile schwiegen wir, lauschten auf unsere Atmung und spürten die dunkle Umarmung. Dann fügte Luca hinzu: »Die Dunkelheit der Leere und die Dunkelheit der Fülle. Die eine entfernt dich von dir, die andere reichert sich in dir an. Beide gehören zum Entdeckungsprozess. Wie hat Saint-Exupéry so schön gesagt? ›Das Wesentliche ist für die Augen unsichtbar.‹«

»Die Dunkelheit, das Unbekannte, das Immaterielle – all das sind Sinnbilder dessen, was neu für uns ist, was wir noch nicht sehen können. Zu wissen, dass wir nichts wissen, löst unbezähmbare Neugier aus. Wir sind Menschen und wollen die Welt um uns entdecken – auch das, was wir auf den ersten Blick nicht erfassen können.«

Die Begegnungen mit den Astronauten während der CAVES-Kurse haben mir den grundlegenden Unterschied zwischen Wissen und Erfahren aufgezeigt, ein Thema, das schon in der *Odyssee* von Homer beschrieben wird. Odysseus wird als ein Mann geschildert, dem es nicht reicht, einfach nur Informationen über die Welten und Lebewesen zu sammeln, die ihn umgeben, so wie es andere griechische Historiker oder Philosophen getan hätten. Er wollte alles mit eigenen Augen sehen, die Situationen selbst erleben, auch die schrecklichen, die das Orakel vor seiner Reise vorausgesagt hatte, um ihn von seinem Vorhaben abzubringen. Vielleicht war der entscheidende Moment der, als Odysseus beschloss, sich dem Felsen Skylla zu nähern, wo die Sirenen lauerten, vor denen ihn die Zauberin Circe gewarnt hatte. Odysseus umschifft ihn nicht, sondern *stellt* sich der Erfahrung. Er lässt sich von seinen Männern an den Schiffsmast fesseln und befiehlt ihnen, sich die Ohren mit Wachs zu verschließen, damit sie den Gesang der Sirenen nicht hören. Nur seine Ohren bleiben frei. Aus Gram über ihr Scheitern stürzen sich die Sirenen von der Klippe und sterben.

Die Angst verschwindet, wenn wir in der Lage sind, uns dem Unbekannten zu nähern. Um etwas wirklich zu wissen, muss man es erfahren. Trotz der Gefahr zeigt uns Odysseus den Weg, den wir gehen müssen, und auch eine Strategie, mit der wir die uns begegnenden Gefahren reduzieren können. Dank dieser Erfahrung ist der Mensch zu dem geworden, der er heute ist – im Guten wie im Schlechten.

Die Jahre, in denen ich in den Höhlen Sardiniens und Sloweniens Astronauten ausgebildet habe, haben mich davon überzeugt, wie elementar wichtig eigene Erfahrungen sind. Will der Mensch die Grenzen des Bekannten überschreiten, muss er bereit sein, auf eine Entdeckungsreise zu gehen, die keine vorgegebene Richtung hat. Er begibt sich in die Tiefen der Erde oder in die Weiten des Alls. Dabei kann er etwas Winziges auskundschaften, das erst durch den Blick durch ein Mikroskop sichtbar wird, oder die unendliche Weite der Galaxie. Jede Entdeckungsreise ist nichts anderes als eine weitere Odyssee – von der Höhle bis ins All.

DRITTER TEIL

ANDERE WELTEN

VERLORENE WELTEN

Wenn man seine Träume verwirklichen möchte, kommt irgendwann der Punkt, an dem man die Perspektive wechselt, der Moment, der den Traum wahr werden lässt. Das kann der Augenblick sein, in dem sich Lippen das erste Mal zu einem Kuss finden, in dem ein Kind lächelt, in dem der Anruf, die Stelle, auf die man so lange gewartet hat, endlich kommt.

In meinem Fall war es ein Sprung. Aus einem Hubschrauber, der über dem felsigen Auyan-Tepui-Bergmassiv schwebte. Nur ein winziger Moment. Ein Sprung in die Tiefe, nur wenige Meter, schon berührten meine Füße den Boden. Während sich der Hubschrauber mit höllisch lautem Rotorgeräusch entfernte. Ich hatte das Gefühl, in einer anderen Welt gelandet zu sein.

Ich habe den Hubschrauber immer als Zeitmaschine empfunden. Er bringt uns dorthin, wo der Mensch ein Fremdling ist, wo die geologische Zeit ohne seinen Einfluss vorangeschritten ist – Millionen, manchmal Milliarden von Jahren. Nur wenige Orte auf der Erde sind noch von dieser Magie erfüllt. Einer der faszinierendsten ist das Hochplateau von Guayana und seine Tafelberge, die von den Ureinwohnern »Tepui« genannt werden, die Berge der Götter. Die Landschaft scheint der Fantasie von Abenteurern und Forschern vergangener Zeiten entsprungen zu sein. Sie war auch die Inspiration für den Roman *Die verlorene Welt* von Arthur Conan Doyle aus dem Jahre 1912 sowie für viele weitere literarische Werke und Filme wie zum Beispiel *Oben* (2009) von den Pixar Studios.

Auf der Fahrt über die kurvenreiche Transamazonica durch die weite Hügellandschaft von Gran Sabana, die Straße, die Venezuela mit Brasilien verbindet, taucht wie aus dem Nichts das flüchtige Profil dieser Tafelberge auf. Anfangs kann man ihre Dimension nicht erkennen, aber nach jeder weiteren Kurve werden die Felswände gewaltiger und beginnen im Sonnenuntergang zu leuchten. Es ist, als tauchte ein Planet aus einer nebligen Galaxie auf. Die Tepui bilden ein »außermenschliches« Gebiet. Wie 1000 Meter hohe Festungen, bewehrt von Mauern mit spitzen Zinnen inmitten riesiger Felslabyrinthe, halten sie der Zeit stand. Ihre Widerstandskraft beruht auf dem rosa Gestein, eines der ältesten und härtesten überhaupt, das aus Abermilliarden Quarzkörnern und eingesprenkelten Diamantsplittern besteht. Ihren Ursprung haben sie in der Vorzeit, am Grund eines riesigen Meeres, als das Leben noch mikroskopisch klein war. Vor mehr als 1,6 Milliarden Jahren haben die Bewegungen der Wellen ihre Spuren an den einzelnen Schichten hinterlassen, bevor sie für immer in der Tiefe verschwanden. Erst als der Superkontinent Pangäa zerfiel und sich der Atlantische Ozean vor etwa 100 Millionen Jahren öffnete, tauchten diese Quarzitformationen wieder auf, während sich die Anden im Westen nach oben schoben. Das Plateau erhob sich Tausende Meter über dem Amazonas-Regenwald, in dem Dinosaurier lebten und Flugsaurier wie der Pterodaktylus unterwegs waren.

An diesem Punkt der Erdgeschichte haben Flüsse und Bäche langsam damit begonnen, dieses Hochland anzugreifen. Anfangs konnte das Guayana-Schild durch seine kristalline Struktur noch widerstehen, doch dann grub sich das Wasser unaufhaltsam durch die mikroskopisch kleinen Verbindungen zwischen den Quarzkörnchen, aus Sand wurde wieder Sand. Im Laufe von Jahrmillionen gruben sich immer neue Rinnen ins Gestein und transportierten die Kristallkörner zurück ins Meer. Die Rinnen verzweigten sich und formten tiefe Canyons, über die mächtige Wasserfälle hinabstürzten. Die Dinosaurier verschwanden, ausgerottet durch einen Asteroideneinschlag, und neue Tiere tauchten auf, kleine Nager, die ersten Säugetiere, Frösche in allen Farben und Formen, die sich in den feuchten Spalten versteckten.

An den Toren der Zeit vor den Tepui von Gran Sabana.

Währenddessen verwandelte sich der Pterodaktylus in einen merkwürdigen Vogel namens Guácharo, der nachtaktiv ist und gutturale Laute von sich gibt. Die scheinen direkt aus der Urzeit zu kommen. Aus dem Hochplateau entwickelten sich Tafelberge, die nicht nur vom Meer, sondern von tropischem Regenwald umgeben sind. Jeder Tepui ist wie eine Insel, auf der sich eine reichhaltige Flora und Fauna entwickelt hat – fleischfressende Pflanzen, einzigartige Mikroorganismen, die zu anderen Planeten zu gehören scheinen.

Zwischen Kolumbien, Venezuela, Guayana und Brasilien gibt es mehr als 150 dieser Tafelberge, der berühmteste dürfte der Roraima-Tepui sein, die Mutter aller Gewässer, 2810 Meter hoch. Doch andere Tepui machen ihm den Titel der höchsten Erhebung streitig, wie der Cerro Marahuaca im venezolanischen Bundesstaat Amazonas, dessen Felsen sich 2832 Meter über den Orinoko-Regenwald erheben, eine der unbekanntesten Zonen der Erde. Genau wie der Serra do Aracá in Brasilien mit dem El-Dorado-Wasserfall, der sich 353 Meter in die Tiefe stürzt, oder die elegante Felsbastion des Chiribiquete in Kolumbien, an deren Wände die ersten Menschen auf dem südamerikanischen Kontinent heute längst ausgestorbene Tiere gemalt haben. Doch einer dieser Tafelberge übt die größte Faszination von allen aus: der Auyan-Tepui, der Teufelsberg. Er ist »einer dieser mythischen Berge, wie der Olymp, mit einer langen Geschichte von Indios, Teufeln und weißen Männern«, wie es der italienische Geologe und Abenteurer Alfonso Vinci in den 1940er Jahren formuliert hat, bevor man an einer seiner Flanken das größte Diamantenvorkommen Südamerikas gefunden hat.

Keine Landschaft, die ich bisher gesehen habe, hat mich mehr an das Paradies auf Erden erinnert als der Auyan-Tepui mit seinen Felsformationen, Wäldern und Wasserfällen, die ihn überziehen wie Silberfäden. Der berühmteste ist der Kerepakupai Meru: Mit seinen 937 Metern Fallhöhe ist er der höchste Wasserfall der Welt, der auch Salto Ángel genannt wird (zu Ehren des amerikanischen Piloten, der ihn 1933 entdeckt hat).

Über die Abenteuer dieses Mannes könnte man ganze Bücher schreiben, aber im Vergleich mit dem, was die Natur im Laufe der Zeit geschaffen hat, sind sie bedeutungslos. Als ich mit der Erforschung von Höhlen auf der ganzen Welt begann, dachte ich nicht an die Tepui. Speläologen wissen, dass sich dort Höhlen bilden, wo sich Wasser durch das Gestein gräbt und es nach und nach auflöst. Je durchlässiger das Material, desto schneller bildet sich ein unterirdisches Tunnelsystem. Bei Kalkstein (Calciumcarbonat), der sich besonders bei säurehaltigem Wasser rasch zersetzt, kann das nur wenige hunderttausend Jahre dauern. Gips (Calciumsulfat) ist noch leichter löslich. In diesem Gestein kann eine Höhle großen Ausmaßes bereits in wenigen tausend Jahren entstehen. Aber der extremste Fall ist sicher Halit, das Steinsalz (Natriumchlorid), bei dem ein Regenguss im Jahr wie zum Beispiel in der Atacama-Wüste genügt, um eine unterirdische Höhle zu schaffen.

Aber die Tepui sind aus Quarzit, einer komplexen Struktur aus Siliziummolekülen und Sauerstoff, eines der am wenigsten löslichen Gesteine überhaupt. Die Idee, dass es in einer solchen Gebirgsformation Höhlen geben könnte, klingt völlig verrückt. Für uns Menschen ist es schwierig, die geologische Zeit zu erfassen. Schon ein Prozess, der über ein Menschenleben hinausgeht, ist schwer vorstellbar – geschweige denn einer von Jahrmillionen!

Und doch gab es Indizien. An den Flanken des Auyan-Tepui öffnen sich breite Spalten, einige mehrere hundert Meter tief, die von venezolanischen Höhlenforschern und der Associazione La Venta zu Beginn der 1990er Jahre erkundet wurden. Ihre Form lässt vermuten, dass es sich um Risse handelt, die durch Gravitationskräfte entstanden sind und in die immer wieder Regenwasser eingedrungen ist.

Um diese Spalten zu erforschen, waren kostenintensive Expeditionen mit einer komplexen Logistik notwendig. Ohne Hubschrauber ist das abgelegene Gebiet nicht zu erreichen, manchmal hat man das Gefühl, sich auf einem riesigen Geröllgletscher zu befinden, dessen Schluchten, Steilwände und Tausende von Spalten ein Weiterkommen fast unmöglich machen. Bei einer Expedition im Jahre 1993 kam noch ein weiterer wichtiger Akteur ins Spiel: das Wasser.

Die Tepui liegen in einem der regenreichsten Gebiete der Erde. Die Wolken, die sich über dem Atlantik bilden, ziehen über den südamerikanischen Kontinent und stoßen noch vor den Anden auf diese fast 3000 Meter hohen Felswände. Das Zusammentreffen kann explosiv sein, mit sintflutartigen Regenfällen: Unglaubliche Wassermassen entladen sich über dem Plateau der Tafelberge. Steckt man in diesem Moment in einer dieser Spalten, ist Gefahr im Verzug, denn dann steigt der Wasserstand der Flüsse in kürzester Zeit um mehrere Meter an. Speläologen haben das in einer der tiefsten und furchterregendsten Spalten, der Sima Aonda, selbst erlebt. Zum Glück kamen sie unbeschadet davon.

Raúl Arias, ein außergewöhnlicher venezolanischer Pilot, war der wichtigste Helfer bei den Expeditionen der 1990er Jahre, als die Tepui noch als sagenumwobenes Gebiet mit faszinierendem Innenleben galten. Er hatte diese verrückten Typen kennengelernt, die sich etwas bildlich vorstellen konnten, was er nicht mal aus der Vogelperspektive erkennen konnte. Raúl konnte die Höhlenforscher nicht vergessen, und jedes Mal, wenn er die Tepui überflog, hielt er Ausschau nach einem möglichen Einstieg. 2004 machte er eine Entdeckung, die die herrschende Meinung der Fachwelt über Quarzgestein verändern sollte. Raúl wies den venezolanischen Speläologen Charles Brewer Carías auf einen Spalt hin, der wie der Zugang zu einer Höhle wirkte. Er lag auf dem Hochplateau des Churi-Tepui, südlich des Auyan. Es sah so aus, als erweiterte sich der Spalt zu einem horizontalen Gang – etwas, das früheren Expeditionen gar nicht aufgefallen war. Brewer Carías gelang es mehrere Monate später, sich in das Innere der Höhle abzuseilen. Er entdeckte einen breiten Tunnel, durch den ein unterirdischer Fluss strömte. Man konnte ihn mehrere Kilometer weit verfolgen – durch Hallen, Seen und Bergstürze. In Windeseile waren die ersten Fotos unter Speläologen im Umlauf, eine unglaubliche Entdeckung! Eine so große und von Wasser geformte Höhle in Quarzitgestein! Kein Wissenschaftler konnte das wirklich glauben. Doch in den nächsten Monaten zeigte sich, dass Brewers Entdeckung kein Einzelfall war. Eine Gruppe tschechischer Speläologen stieß am Gipfel des Roraima auf ein weiteres Höhlensystem, nicht ganz so groß, aber weitverzweigt, mit insgesamt etwa zehn Tunnelkilometern!

Es schien, als hätte sich eine neue Landschaft eröffnet, unermesslich groß und voller Möglichkeiten. Wenn es diese Höhlen im Roraima und im Churi gab, warum nicht auch in den anderen Tepui? Konnte der Auyan-Tepui, der größte aller Tafelberge, nicht ebenfalls eine Quarzhöhle in sich tragen? Waren die Forscher in den 1990er Jahren durch ihre Voreingenommenheit blind gewesen?

All diese Fragen beschäftigen mich, als ich 2009 zu meiner ersten Tepui-Expedition aufbrach. Die Associazione La Venta hatte beschlossen, dorthin zurückzukehren, um zu verstehen, was die Kameraden damals übersehen hatten und warum. Wir waren zu einem Hochplateau unweit des Churi unterwegs, ein Tafelberg mit beeindruckenden Felstürmen, der von den Indigenen Acopan genannt wird. Raúl hatte aus der Luft mehrere Spalten entdeckt, darunter eine, aus der ein Wasserfall hervorquoll und etwa 200 Meter in die Tiefe stürzte. Der Hubschrauber setzte uns auf dem Gipfel ab, und nach einem schwierigen Abstieg erreichten wir die Spalten, die uns in einen breiten Tunnel führten. Auch hier hatte der unterirdische Fluss gerade Gänge ins Quarzgestein gegraben. In den Folgetagen entdeckten wir einen weiteren tiefen Spalt an der Bergflanke. Wir ließen uns nach unten und landeten im gleichen Höhlensystem, wo wir dem Fluss bis zur von außen sichtbaren Kaskade folgten. Hier unten bot sich ein ganz anderes Bild als in den uns bekannten Karsthöhlen. Wir sahen ungeahnte Farben und spektakuläre Gesteinsformationen mit bizarren Opalstalaktiten. Und wir trafen auf unbekannte Lebensformen, blinde Zwergwelse, die sich vor uns in den Felspalten der unterirdischen Seen versteckten.

Es war eine magische Erfahrung, doch als uns der Hubschrauber wieder abholte, musste ich an den Auyan-Tepui denken. Wenn die Unterwelt unter einem unscheinbaren Berg wie dem Acopan schon so großartig war – wie musste es dann erst in seinem Inneren aussehen?

Während dieser Expedition schloss ich neue Freundschaften. Neben Raúl, der von einem verlässlichen Partner zum Freund wurde, war es Freddy Vergara, ein Venezolaner, der viel Erfahrung in diesen Bergen und eine ausgeprägte Entdeckerleidenschaft hatte. In den nächsten zwölf Jahren sollten wir zusammenarbeiten und uns der Erforschung der Tepui widmen.

Ich beschloss außerdem, in Geologie zu promovieren und mich dabei mit der Frage zu beschäftigen, wie sich in einem so harten Felsgestein derart riesige Höhlensysteme bilden können. Wann waren sie entstanden? Hatten wir eine verborgene unterirdische Welt entdeckt, die viele Millionen Jahre alt war? Der Belgier Jo De Waele hatte in Bologna den einzigen Lehrstuhl für Speläologie in Italien inne. Jo war kein typischer Professor, sondern eine Legende für seine Studenten, die von manchen Kollegen allerdings kritisch beäugt wurde. Er liebte das Abenteuer und die Forschung vor Ort, hasste jede Bürokratie. Während sich andere hinter Regelwerk versteckten, hatte er keine Bedenken, die Verantwortung zu übernehmen, wenn es darum ging, Studenten in enge und schlammige Höhlen mitzunehmen. Mein Projekt, das andere Professoren bestimmt verrückt gefunden hätten, gefiel ihm, vor allem, weil es so mutig war. Die Finanzierung stand in den Sternen, es gab nur die Unterstützung der Associazione La Venta und eine Handvoll Sponsoren. Sollte das Projekt gelingen, wäre es für das Prestige der Universität allerdings sehr förderlich, das wussten alle.

Mein Forschungsthema wurde als Doktorarbeit angenommen, und ich begann im Labor die wenigen Gesteinsproben zu untersuchen, die wir bei den vorangegangenen Expeditionen gesammelt hatten. Im Februar 2010 machte ich gemeinsam mit den beiden italienischen Kollegen Vittorio Crobu und Carla Corongiu eine Exkursion nach Venezuela. Vor Ort stießen Raúl und Freddy dazu. Wir hatten nur 5000 Dollar zur Verfügung, eine Summe, die allein für den Helikopterflug zum Auyan-Tepui völlig unzureichend war. Raúl empfing uns freundlich, aber als er von unserem Budget erfuhr, reagierte er zurückhaltend. Wir verbrachten den Abend gemeinsam im Hotel Gran Sabana in Santa Elena de Uairén und ertränkten unsere Forscherträume in Whisky on the rocks. Wir schwärmten davon, was wir alles entdecken könnten, wenn wir nur erst den richtigen Eingang gefunden hätten. Irgendwann gab Raúl nach: Er würde uns hinfliegen, Kosten hin oder her!

Am nächsten Tag schwirrte der Hubschrauber wie eine Libelle über den gefährlichsten Felswänden Südamerikas. Unter uns strömten sagenumwobene Flüsse wie der Caroní und der Paragua dahin. Schließlich erkannten wir den Salto Ángel, den Wasserfall auf dem Hochplateau des Auyan-Tepui. Als Erstes steuerten wir den Höhleneingang an, den Raúl und Freddy im Vorjahr gefunden hatten. Es handelte sich um eine große Öffnung, die sie Guacamaya getauft hatten, zu Ehren der rot-blauen Papageien, die ihnen damals entgegengeflogen waren.

Raúl konnte uns auf einer kleinen Ebene absetzen, dann flog er wieder Richtung Süden. Wir wussten, dass wir nun einige Tage ganz auf uns allein gestellt waren, völlig isoliert vom Rest der Welt. Aber wir hätten nicht glücklicher sein können. Die Höhle war traumhaft schön, durchströmt von einem durch pflanzliche Gerbstoffe rot gefärbten Wasserlauf, mit einem trockengefallenen Seitengang, dessen Wände von fantastischen kugelförmigen Mineralienformationen bedeckt und mit Schaum überzogen waren. So etwas hatte ich noch nie gesehen. Nach etwa anderthalb Kilometern endete der Gang, und wir waren wieder am Tageslicht. Das war mit Sicherheit nicht die Höhle, nach der ich suchte, aber ein eindeutiger Hinweis, dass im Inneren des Auyan-Tepui große horizontale Höhlen existierten wie in anderen Tafelbergen auch.

Nach diesem Ausflug suchte ich nach dem richtigen Eingang. Beim Überfliegen war uns aufgefallen, dass der größte Teil des Gipfelplateaus von Labyrinthen aus Felstürmen bedeckt war, einige waren eingestürzt. Da lag die Vermutung nahe, dass sich unter der Erdoberfläche Hohlräume befanden. Die meisten Satellitenbilder waren für Details nicht zu gebrauchen, da es in dieser Region fast immer wolkenverhangen oder neblig war. Nächtelang suchte ich nach hochauflösenden Satellitenbildern und analysierte Pixel um Pixel. Bei Aufnahmen des chinesisch-brasilianischen Satelliten CBERS-2B wurde ich fündig. Mein Blick wurde von einer Felswand angezogen, die eine besondere Rundung aufwies. Ein Fluss ergoss sich über ihren Rand, stürzte 100 Meter in die Tiefe und verschwand in einem Chaos aus Felsblöcken. Aus der Satellitenperspektive wirkte die Wand überhängend, darunter konnte sich eine Höhle verbergen. Etwas weiter nördlich war der Rand einer Senke zu erkennen, aber die Wolken über dem restlichen Hochplateau verhinderten eine genauere Betrachtung. Dennoch war klar, dass dieser Ort anders war als alle anderen, die ich bisher gemustert hatte. Es war weniger eine wissenschaftliche Erkenntnis als ein Geistesblitz, so als hätte das Bild mein Unterbewusstsein sensibilisiert. Aber mit Visionen allein würde ich keinen Sponsor überzeugen können, eine Expedition mit Kosten im mittleren fünfstelligen Eurobereich zu finanzieren. Selbst wir wussten nicht mit Sicherheit, was wir dort vorfinden würden.

Ein weiteres Jahr musste vergehen, bis ich die Chance bekam, dorthin zurückzukehren. 2012 wollte ein Team der BBC einen Dokumentarfilm über den Acopan-Tepui drehen. Wir würden es bis zur »Höhle der blinden Fische« begleiten, doch ich wollte die Gelegenheit nutzen, endlich die Senke im Auyan-Tepui zu untersuchen. Es war eine äußerst schwierige Expedition mit zahlreichen Problemen, die ein ganzes Buch füllen würden. Raúls Hubschrauber zerschellte zwei Tage vor unserem Eintreffen an einer Felswand. Er hatte ihn an einen anderen Piloten ausgeliehen, der Touristen den Salto Ángel zeigen wollte. Alle Insassen starben. Angesichts dieser Katastrophe stand mein ganzes Projekt in Frage. Ich konnte nur mit einer Cessna über den Auyan-Tepui fliegen. Die nordöstliche Seite war von einer mächtigen Wolke verdeckt, trotzdem konnte ich Felswand und Senke erkennen. Ganz offensichtlich war da etwas, nur was genau, wusste ich nicht. Sollte ich es wirklich noch einmal versuchen oder die Sache auf sich beruhen lassen?

Diese Frage hat sich mir bei meinen Expeditionen schon oft gestellt. Lohnt es sich wirklich, Zeit und Ressourcen zu investieren, mein Leben und das meiner Kameraden zu riskieren, um etwas Neues zu finden, was uns nur wieder neue Rätsel aufgeben würde? Ich glaube, vor dieser Entscheidung stehen Wissenschaftler oft: aufgeben oder weitermachen? Eine solche Entscheidung hat schwerwiegende Folgen für die Zukunft – für unsere eigene, aber auch für die der Menschen in unserem Umfeld. Meist habe ich mich bei solchen Gewissenskonflikten auf meine Intuition verlassen. Die Satellitenbilder und der flüchtige Blick durch ein Wolkenfenster aus dem Flugzeug hatten denselben Eindruck bei mir hinterlassen: Wenn es eine vergessene Welt gab, dann dort unten.

2013 starteten wir einen letzten Versuch. Raúl hatte sich einen neuen Hubschrauber gekauft, einen eleganten, schnellen Long Ranger II in Schwarz. Ich hatte ein paar Sponsoren abgeklappert, aber ohne großen Erfolg. Mehr als eine kleine Expedition war nicht drin. Der Leiter des Nationalparks von Canaima hatte das Potenzial des Projekts erkannt und unterstützte mich mit den beiden Parkrangern, Jesùs Lira und Virgilio Abreu. Wir beschlossen, das Basislager in Kavak im Kamarata-Tal aufzuschlagen, wo die indigenen Pemón lebten. Mit mehreren Cessnas und einer alten filmreifen Antonov 2 landeten wir auf einer Schotterpiste. Die Dorfvorsteher Hortensia und Enrique empfingen uns. Es war enorm wichtig, sie in das Abenteuer einzubeziehen. Lange Zeit galt der Auyan-Tepui beim Volk der Pemón als Sitz der Naturgeister. Nach ihrem Glauben konnten diese Götter dem Menschen viel geben, zum Beispiel Regen für den Anbau von Yuccapalmen, ihnen aber auch viel nehmen, mit Stürmen und sintflutartigen Regenfällen. Hortensia erzählte mir, dass die Erwachsenen den Kindern früher verboten hatten, den Berg direkt anzusehen. Um den Tepui zu bewundern, ohne von den Geistern verzaubert zu werden, durften sie nur sein Spiegelbild im roten Wasser des Flusses betrachten.

Wir Fremden mussten genau erklären, welches Ziel unsere Expedition hatte, denn unsere Anwesenheit konnte die Geister stören und damit der indigenen Gemeinschaft schaden. Hortensia sagte auch, ihre Vorfahren hätten berichtet, dass tief im Inneren des Berges eine riesige Höhle liege, in der die Götter lebten. Der Legende nach war es die Heimstatt von Rato, der Göttin des Wassers und der Stürme. Dieser von Generation zu Generation überlieferte Glaube faszinierte mich, zeigte aber auch, welche Verantwortung wir trugen. Wie würden uns die Geister aufnehmen? Für Hortensia hing alles von der Absicht unseres Vorhabens ab. Wenn wir den Berg plündern wollten, würden uns die Geister strafen. Wenn wir nur forschen wollten und allem, was uns begegnen würde, Respekt zollten, würden sie uns wohlgesonnen sein.

Am nächsten Morgen brachte uns der Hubschrauber endlich nach oben. Wir beschlossen, uns in zwei Teams aufzuteilen. Tono und ich würden durch einen breiten Schacht in der Wand einsteigen, unweit der Senke, die ich entdeckt hatte. Jo, Vito, Carla, Freddy, die anderen Kameraden und Parkwächter, würden direkt in der Nähe des Einsturzes beginnen und versuchen, die überhängenden Wände hinunterzuklettern.

Der Hubschrauber setzte Tono und mich seitlich der Felswand ab, und wir begannen die Seile für den Abstieg vorzubereiten. Es ging etwa 500 Meter senkrecht in die Tiefe. Wir standen am Rand des Hochplateaus, vor uns erstreckte sich die Gran Sabana mit den anderen Tepui, die bis zum Horizont in der Sonne schimmerten. Wir suchten zwischen den überwucherten Felsbändern nach einer Abstiegsmöglichkeit und fühlten uns in die Urzeit zurückversetzt, so archaisch wirkte die Szenerie. Nachdem ich mehr als 200 Meter Seil abgerollt hatte, hing ich über dem Nichts, direkt vor dem Eingang der Höhle. Er war viel größer, als ich gedacht hatte! Nachdem ich auf einem Felsvorsprung Halt gefunden hatte, wartete ich auf Tono. Ich zwang mich zur Geduld, ja beschwor sie regelrecht, wie immer in solchen Situationen. Die Dunkelheit vor mir zog mich magisch an. Was sich wohl dahinter verbergen mochte? Ich wollte diese Entdeckung nicht alleine machen. Bricht man in ein unbekanntes Terrain auf, ist es wichtig, einen Partner zu haben, mit dem man diese Erfahrung teilen und an dem man sich orientieren kann. Doch diesmal erwartete uns eine böse Überraschung: Nach wenigen hundert Metern verfinsterte sich der Gang, und wir standen vor einer massiven Felswand. Es gab keinerlei Durchgänge. Die Höhle, von der ich so oft geträumt hatte, musste woanders sein. Ich war sehr enttäuscht, wollte die Hoffnung aber nicht aufgeben. Vielleicht würde die andere Gruppe finden, was wir suchten.

Wir kletterten wieder nach oben, rollten die Seile auf und stellten uns darauf ein, die Nacht in einem windumtosten kleinen Zelt zu verbringen. Aber vorher kontaktierte ich über das Satellitentelefon die andere Gruppe.

»Jo, hörst du mich?«

»Ja, wie ist es gelaufen?«

»Schlecht, wir haben die Höhle erreicht, aber es gibt kein Weiterkommen. Ich muss gleich Raúl anrufen, damit er uns morgen wieder abholt. Ich hoffe, ihr habt wenigstens gute Nachrichten.«

»Nein, wir sind zwar nach unten gestiegen, haben aber den richtigen Weg noch nicht gefunden.«

»Meinst du, dort ist etwas?«

»Schwer zu sagen, es gibt viele eingestürzte Felstürme, ein einziges Chaos, wie ein Labyrinth. Aber wir geben nicht auf, morgen suchen wir weiter.«

Etwas enttäuscht legte ich auf. Sollte wirklich alles vergebens gewesen sein? Hatte ich mich geirrt? Ich hatte alles auf diese eine Karte gesetzt, meine Doktorarbeit und meine wissenschaftliche Theorie beruhten auf dieser Annahme.

Ich stellte das Satellitentelefon auf den Zeltboden und wartete. Tono war sauer, dass ich keinen Rum dabeihatte, sonst hätten wir den Ausblick bei einem guten Tropfen genießen können. Wir plauderten, und die Stunden vergingen. Irgendwann klingelte das Telefon. Es war Jo, und diesmal klang seine Stimme ganz anders.

»Cesco, du hattest recht!«

»Wirklich? Hattet ihr Erfolg?«

»Ja, wir haben einen Durchgang zwischen den Felsen gefunden, aus der Ferne hört man Geräusche, es klingt wie das Rauschen eines Flusses. Nach wenigen Metern öffnet sich ein Tunnel, dem wir gefolgt sind.«

»Sehr gut! Wie weit seid ihr gekommen?«

»Keine Ahnung, aber ziemlich weit.«

»Mehrere Dutzend Meter?«

»Nein, nein.«

»Weniger?«

»Ach was, Kilometer!«

Dann schwieg er einen Augenblick und fügte hinzu: »Man sieht kein Ende. Der Tunnel ist ein Monster!«

Wir hatten es geschafft. Tono und ich umarmten uns und klopften uns auf die Schultern. Es hielt uns nicht im Zelt, wir gingen ins Freie, bewunderten den amazonischen Sternenhimmel und ließen uns vom Wind durchpusten. Ein gutes Gefühl. All die Jahre intensiver Forschung hatten uns schlussendlich an den richtigen Ort geführt, und die Geister ließen uns hinein. Jetzt begann die Reise erst richtig, der Weg ins Herz der Tepui, aber wir mussten vorsichtig vorgehen, weil wir nicht wussten, was uns erwarten würde.

Am nächsten Tag kam Raúl und holte uns ab, um uns zu den anderen ins Lager »Sima del Viento« zu bringen, auf Pemón »Iroma Den«. Den Namen hatte Freddy geprägt, »Sima« bedeutete Einsturz, Untiefe, »Viento« war der Wind, den wir immer spürten und der uns zu der Entdeckung verholfen hatte.

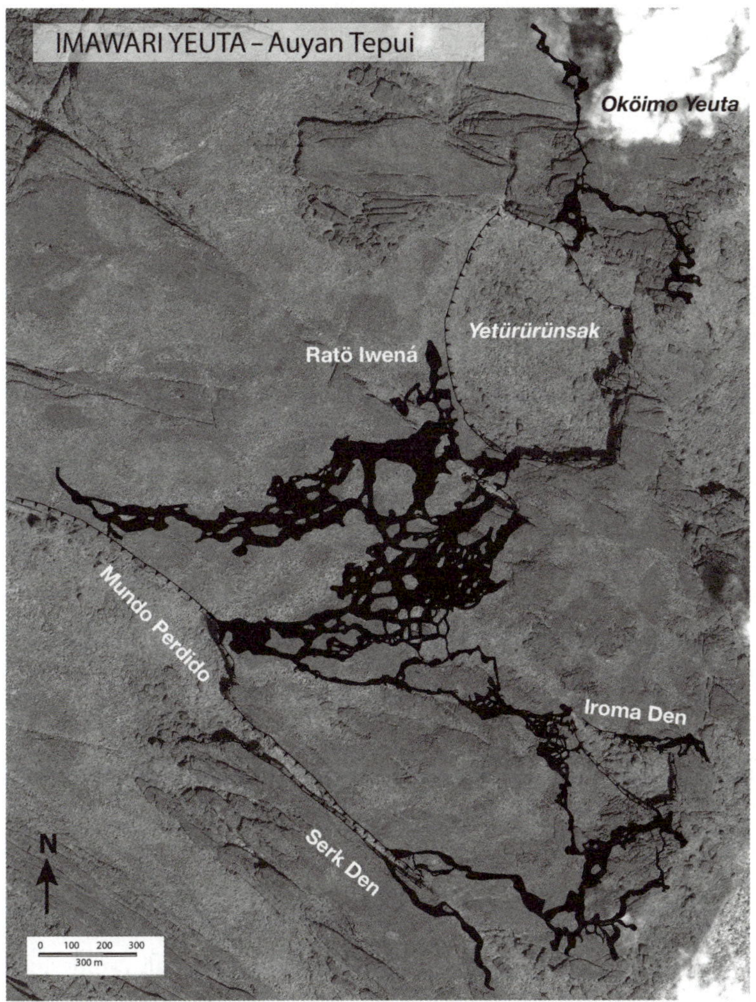

Topografische Karte des Höhlensystems Imawarí Yeuta, Auyan-Tepui.

Wir legten sofort los. Die Höhle erstreckte sich als breiter, geschwungener Tunnel, durch den ein Bach mit einer Durchflussmenge von mehreren Litern pro Sekunde strömte. Der glatte Felsboden wechselte sich mit Sandflächen ab. In den Seitenwänden öffneten sich weitere Gänge, sie wirkten wie dunkle Augen. Nach etwa einem Kilometer stießen wir auf einen weiteren Wasserlauf, der sich mit dem ersten verband und in einer Halle in ein kreisrundes Wasserbecken mündete. Daraus ergossen sich unzählige kleine Bäche, die durch einen Wald aus rosa Quarzitsäulen flossen. Davon gab es Hunderte, die in groteskesten Formen emporragten und die weite Decke zu stützen schienen. Einige waren schmal wie Binsen, andere dick wie Eichenstämme, wieder andere wohlgerundet wie eine Skulptur von Botero. Eine teilte sich in zwei Äste und ähnelte einem Baum, eine andere sah aus wie eine tanzende Ballerina. Wir tauften die Halle »Tunnel der 1000 Säulen« (*Galería Mil Columnas*) und folgten dem Wasser einen weiteren Kilometer lang. Der Gang wurde immer breiter, der Boden immer abgeschliffener, Schichten uralten Gesteins kamen zum Vorschein. Schließlich erreichten wir eine Gabelung. Wir entschieden uns für rechts, wo kegelförmige schwarze Stalagmiten aus Eisenhydroxid emporragten, manche mehr als zehn Meter hoch. Kein Wissenschaftler hatte so etwas jemals gesehen. Wir nannten sie Tierra de los Volcanes, weil sie wie Lavakegel aussahen. Der Gang ging ohne eine Spur von Wasser weiter, aber unsere Zeit war fast um, deshalb beschlossen wir, dem Fluss im Haupttunnel zu folgen. Nach einem Geröllfeld mussten wir über riesige Felsblöcke steigen, die sich von der Decke gelöst hatten. Plötzlich blitzte ein Sonnenstrahl auf, und wir wussten, dass wir uns der Außenwelt näherten. Der Ausgang öffnete sich zum Himmel, in der Mitte stürzte ein Wasserfall mindestens 100 Meter in die Tiefe. Im sprühenden Wassernebel erstrahlte ein schillernder Regenbogen. Das musste der Haupteingang zum Haus der Götter sein, der von einem immerwährenden Regenbogen geschmückt wurde. Wir hatten das Hochplateau von einer Seite zur anderen erkundet und standen vor einem tiefen Tal, das sich durch den Canyon des Churùn in Richtung Salto Ángel zog. Während die Tafelberge an der Oberfläche von einem Labyrinth aus Felsen und dichtem Bonnetia-Gestrüpp bedeckt waren, das mit Moos überzogen war und Löcher und Spalten verdeckte, konnte man in ihrem Inneren durch Tunnel gehen, die so breit waren wie eine Autobahn! Das unterirdische Höhlensystem hatte gewaltige Ausmaße.

Wir konnten das Erlebte kaum in Worte fassen. Wir wussten, dass wir noch viele Tage wie diese vor uns haben würden. Jeder Schritt dort unten versprach aufsehenerregende Entdeckungen. Wenn möglich, arbeiteten wir Tag und Nacht, um das Gesehene zu dokumentieren. Unsere Müdigkeit nahmen wir gar nicht wahr, alles wurde von unserem Forscherdrang überlagert: Wir wollten jeden Winkel erkunden, Licht ins Dunkel bringen und möglichst viele der Geheimnisse enthüllen, die diese Berge für uns bereithielten.

Es waren außergewöhnliche Tage. Wir kartografierten viele Kilometer Tunnel. Eines Abends im Basislanger analysierte ich die Daten eines Laser-Entfernungsmessers und stellte fest, dass einer der Tunnel 190 Meter breit war. Erst glaubte ich an einen Messfehler, deshalb kontrollierte ich die Werte am Folgetag noch einmal. Sie waren korrekt. In der riesigen Halle konnte man zwar Boden und Decke erkennen, die Seitenwände waren jedoch so weit weg, dass sie nicht sichtbar waren. Wie konnte es sein, dass dieser Berg nicht in sich zusammensackte? Wegen ihrer enormen Dimensionen nannten wir die Höhle »Agorafobia«, weil sie so ein Gefühl von Verlorenheit in uns wachrief. Sie war das genaue Gegenteil von dem, was man von einer Höhle erwartet.

Aber es war nicht allein die Dimension, die uns sprachlos machte. In den bekannten Karsthöhlen bilden sich Tropfsteinformationen wie Stalaktiten aus Calciumcarbonat. Aber hier war alles anders: Die Stalaktiten waren aus irisierendem Opal, die Stalagmiten durch Oxidation rostrot – so leuchtend, dass wir die Höhle mit diesen Gebilden *Río Sangre*, den »Fluss aus Blut« nannten. Der

Boden war teilweise von Kristallen in verschiedenen Formen und Farben bedeckt. Damit sie nicht beschädigt wurden, markierten wir den Weg mit Bändern. Die in den Folgejahren durchgeführten Analysen sollten zur Entdeckung eines neuen Minerals namens Rossiantonit führen, ein Aluminiumsulfatphosphat. Auch andere seltene Mineralien wurden gefunden, die sonst nur als Rarität im Museum ausgestellt wurden, wie das Sanjuanit. Hier erstreckten sich die mineralischen Schichten über mehrere hundert Quadratmeter. Aber das Unglaublichste waren die hauchdünnen Opalschichten, manchmal durchsichtig, manchmal schaumig wie Eischnee, ein Phänomen, das wir schon in der Cueva Guacamaya beobachtet hatten. Hier fand man sie auf dem Boden unter kugelförmigen Gebilden, die wie Dinosauriereier aussahen, an den Wänden wie weiße Wolkenfelder und sogar an der Decke wie Perlenketten. Bei jeder neuen Entdeckung sah ich hilfesuchend zu Jo De Waele hinüber, einer der weltweit bedeutendsten Höhlenexperten, um von ihm eine mögliche Erklärung zu hören. Manchmal musste ich nicht mal fragen, weil er mir zuvorkam: »So etwas habe ich noch nie gesehen.« Oder: »Keine Ahnung.« Ich erinnere mich an einen Tag, an dem wir im ausgetrockneten Gang der Tierra de Los Volcanes unterwegs waren und vor einem Becken mit Wasser standen, das von einer dichten violetten Schicht überzogen war, die fast schon künstlich wirkte. Dann erreichten wir einen kleinen See, dessen Wasser blauviolett schimmerte – mit irisierenden Reflexen, als wäre er voller Benzin. Wir hatten keinerlei Erklärung für diese Farben, auch die Wissenschaft stand vor einem Rätsel.

Die Untersuchungen im Rahmen meiner Doktorarbeit, die später von Mineralogen und Mikrobiologen an verschiedenen Universitäten weitergeführt wurden, haben gezeigt, dass diese Seen von unbekannten Bakterien bevölkert werden, die das Wasser mit bisher noch nie analysierten Pigmenten färben. Die Wucherung dieser mikroskopisch kleinen Lebewesen hat zu den schaumartigen Gebilden geführt, zu Stromatolithen aus amorphem Silizium (Opal). Stromatolithen sind geschichtete mineralische Strukturen, die aus der Interaktion von chemischen Elementen und Mikroorganismen wie Bakterien und grünen Algen entstehen. Normalerweise findet man sie in Ozeanen, ihre fossilen Reste sind die ältesten Hinweise auf Leben auf der Erde, sie können bis zu 3,5 Milliarden Jahre alt sein. Bis zu dem Fund im Inneren des Tepui nahm man an, dass sie Sonnenlicht als Energiequelle nutzen, aber die Höhle lag in kompletter Finsternis. Warum hatten die Organismen trotzdem so komplexe Strukturen gebildet? Woher bezogen sie ihre Energie, um zu überleben? Wie alt waren sie? Ein riesiges Potenzial für die Wissenschaft, und noch heute, während ich das hier schreibe, sind viele dieser Fragen noch immer nicht beantwortet. Mit Sicherheit beherbergt diese Höhle ein weltweit einzigartiges Ökosystem mit Mikroorganismen, die mit Hilfe von Silizium überleben, das normalerweise eher lebensfeindlich ist, und auch auf die wenigen vorhandenen Ressourcen wie Eisen oder andere Metalle zurückgreifen. Dafür haben sie wahrscheinlich Abermillionen von Jahren gebraucht und zeigen noch immer Zeichen der Evolution – von der Urzeit bis zur Gegenwart.

Nach zehn Tagen hatten wir fast 15 Höhlenkilometer erforscht und kartiert, aber vieles blieb noch im Dunkeln. Wir waren erschöpft, aber glücklich. Noch wussten wir nicht genau, wo der Tunnel der Tierra de Los Volcanes noch hinführte. Er zog sich nach Norden, in einen Bereich des Berges, der vielversprechend aussah, auch dort musste es gewaltige Einstürze gegeben haben, durch die ein noch wesentlich größerer unterirdischer Fluss strömte.

Nachdem wir die irisierenden Seen passiert hatten, betraten wir ein Tunnellabyrinth, durch das ein starker Wind wehte. Bei jedem Schritt mussten wir aufpassen, dass wir die Kristalle am Boden nicht zerstörten, im Gänsemarsch tasteten wir uns vor. Irgendwann begann der Tunnel breiter zu werden und anzusteigen, wir erreichten den Rand eines unterirdischen Hügels. Die Seitenwände verschwanden aus unserem Blick, wieder sahen wir nur den Boden und die Decke. Die Halle war riesig, etwa 300 Meter lang und 180 Meter breit. Oben auf dem Hügel genossen wir diesen großartigen Anblick, aus der Ferne war ein Rauschen zu hören. Das musste der breite unterirdische Fluss sein, den die Satellitenbilder vermuten ließen! Wieder hatten wir den richtigen Weg eingeschlagen. Im Basislager sorgte die Nachricht für Begeisterung. Wir hatten nur noch wenige Tage, bis Raúl uns wieder abholen und in die Wirklichkeit zurückbringen würde. Noch am gleichen Abend kehrten wir in die Höhle zurück, um keine kostbare Zeit zu verschwenden. Wir folgten dem Fluss ein paar Kilometer talabwärts und entdeckten ein komplexes Höhlensystem, dessen Kartografierung viel Zeit brauchen würde. Wir folgten dem Fluss und durchquerten kleine Seen, es ging immer weiter, dabei wurde der Wind immer stärker. Während wir uns ums Kartieren kümmerten, war Vittorio vorangegangen. Als er zurückkam, verriet sein Gesichtsausdruck, dass er eine wichtige Entdeckung gemacht hatte.

»Hört auf mit dem Zeichnen, kommt mit und schaut selbst, es ist verrückt.« Er drehte sich um und ging ohne ein weiteres Wort zurück. Wir steckten die Messinstrumente in den Rucksack und folgten ihm rasch in die Finsternis ans Ende des Tunnels. Irgendwann hörten wir ein Donnern, das mit der Zeit immer lauter wurde. Die Aufregung stieg. Plötzlich standen wir in einer kreisrunden Halle. Von oben rauschte ein etwa 100 Meter hoher, silbrig glänzender Wasserfall herab, erhellt von einem Sonnenstrahl, der durch eine Öffnung in der Felsendecke fiel. Man konnte den blauen Himmel sehen. Inzwischen war es helllichter Tag. Der Wasserfall stürzte mit ohrenbetäubendem Lärm in einen dunkelroten See, die steinernen Seitenwände schimmerten ebenfalls rot. Wir setzten uns auf einen Felsen und betrachteten das grandiose Spektakel. Ein unbeschreibliches Gefühl. Freddy sah mich nur an und sagte:

»Hortensia hatte recht. Das ist das Haus der Götter. Und das ist die Halle der Wassergöttin Rato.«

In keinem von Menschenhand gebauten Tempel habe ich je die gleiche Energie gespürt wie an diesem Ort. Ich hatte das Gefühl, in einer anderen Welt zu sein. Oder in einem Traum. Noch Monate nach unserer Entdeckung der Imawarí Yeuta, des Hauses der Götter, glaubten wir im Tiefschlaf, wir wären in diesem Wunder der Natur. Ich selbst erkundete die Höhle Nacht für Nacht weiter, ihre Farben, ihre Formen, die von unsichtbaren Künstlern geschaffen zu sein schienen. Es fühlte sich ganz real an, als wäre unser Unterbewusstsein verzaubert worden, ja als wäre ein Teil von uns dort im Herz des Tepui geblieben.

2014 wurde die Entdeckung offiziell bekannt gegeben und eine neue Expedition mit Forschern aus mehreren Ländern organisiert. Ich wollte auch Hortensia und Enrique mitnehmen, um ihnen zu zeigen, was sich im Inneren des heiligen Berges befand. Anfangs zögerten sie. Würden sie dem Anblick von etwas so Heiligem gewachsen sein? Etwas, was ihren Vorfahren verboten gewesen war? Würden sie von den Geistern genauso verzaubert werden wie wir? Schließlich sagten sie zu. Ich genoss jeden Moment des gemeinsamen Abstiegs. Ich sah, wie sie die Wände betrachteten – wie eine Fabelwelt, die sich bei jedem Schritt weiter vor ihnen auftat. Und ich erklärte ihnen, dass auch wir Wissenschaftler beim Anblick dieser unbeschreiblichen Pracht demütig geschwiegen hatten. Alle waren von religiöser Ehrfurcht erfüllt – die Indigenen, die seit unzähligen Generationen am Fuß der Tepui lebten, aber auch wir Wissenschaftler aus dem Westen, die nach einer Antwort auf die Frage nach dem Sinn des Lebens auf unserem Planeten suchten. Trotz aller Unterschiede: Der Blick auf diesen Ort und unser Respekt dafür einten uns.

Die letzten Worte dieses Berichts überlasse ich Alfonso Vinci, einem der ersten Erforscher des Auyan-Tepui. Er hat uns grundlegende Erkenntnisse für das Verständnis unseres Planeten vermittelt: »Um auf seinem Weg der Erkenntnis voranzukommen, muss der Mensch lernen, das Unbekannte zu akzeptieren. Er muss sich ihm hingeben, sich von ihm mitreißen lassen, ohne sich dagegen zu wehren.«

Nur wenn wir akzeptieren, dass es noch unentdeckte Welten voller unbeantworteter Fragen gibt, dass urzeitliche Bakterien existieren, die Milliarden von Leben gelebt haben, können wir das Wunder erleben, das den Traum zur Realität werden lässt. Die Götter der verlorenen Welt haben uns genau das geschenkt: das Bewusstsein, auf einem Planeten zu leben, der alle Fragen des Universums in sich birgt.

DIE DUNKLE SEITE

Im Morgengrauen des 1. September 1730 wurden die Bewohner der kanarischen Insel Lanzarote von einem heftigen Erdbeben geweckt, ein Hornsignal warnte vor einer Katastrophe. Um zehn Uhr morgens gab es nahe des Dorfes Timanfaya eine gewaltige Explosion, die noch mehrere Dutzend Kilometer weit, ja sogar auf den Nachbarinseln zu hören war. Da man von der Hauptstadt Teguise aus nicht sehen konnte, was passiert war, schickte man berittene Soldaten zu Erkundigungen aus. Ihnen bot sich ein schreckliches Bild: Der Berg war gespalten, Lavaströme ergossen sich in die umliegende Landschaft, während die Bauern das Wenige, das sie auf die Schnelle zusammenraffen konnten, auf ihre Esel luden und an die Küste flohen.

Die Bewohner der Kanaren, Nachfahren eingewanderter nordafrikanischer Berber und spanischer sowie italienischer Seefahrer, waren an derartige Eruptionen gewohnt. Aber dieses Mal war es anders. Das war der Beginn einer der schlimmsten Vulkanausbrüche, die der Mensch je erlebt hatte. Über fünf Kubikkilometer glühende Magma sollten aus dem Berg quellen. Fünf Jahre lang sollten die Nächte glutrot erhellt werden. Mehr als 30 Vulkankrater brachen auf, verwüsteten ein Dutzend Dörfer und bedeckten mehr als 20 Prozent der gesamten Insel mit Lava.

Viele Menschen verließen Lanzarote, sie waren überzeugt, dass die Insel jahrhundertelang unbewohnbar sein würde. Aber tatsächlich meinte es unser Planet diesmal gut: Der Lavafluss hatte allen genug Zeit zur Flucht gegeben, niemand verlor sein Leben. Weite Teile der Insel waren mit vulkanischer Asche und schwarzen Körnchen bedeckt, die sich eines Tages in fruchtbaren Boden verwandeln sollten, auf dem Weinstöcke angepflanzt würden. Aus deren Trauben einst der beste vulkanische Malvasia der Welt gekeltert werden sollte.

Heute bilden die Lavafelder und Vulkankegel den Nationalpark Timanfaya, eines der schönsten Landschaftsschutzgebiete Europas. Durch das trockene Klima ist das Lavameer gut erhalten geblieben: Es sieht noch immer so aus wie vor fast 300 Jahren.

Lava hat etwas Magisches. Sie ist so etwas wie das Blut der Erde. Kommt sie als Magma an die Erdoberfläche, ist sie flüssig wie das Wasser eines Flusses. Aber binnen kurzer Zeit erstarrt sie, wird zu vulkanischem Gestein und formt ganze Landschaften. Ihr rotes Leuchten lässt uns in die Vergangenheit zurückreisen, als Mond und Erde noch von einem Ozean aus glühendem Magma bedeckt waren. Die enorme Hitze und die Gase, die von ihm aufstiegen, waren die wesentlichen Elemente, aus denen unsere Atmosphäre entstanden ist. Könnten wir unser Leben um Abertausende von Jahren verlängern, würden wir erleben, dass Vulkanausbrüche immer wieder vorkommen und dass sich dabei neues Gestein bildet, Erde fruchtbar gemacht wird, in der vorher kein einziges Lebewesen existieren konnte, nicht mal das winzigste Bakterium. Doch als das Lavagestein erkaltete, begann das Leben seinen Siegeszug und bevölkerte das Inferno.

In den vergangenen Jahren war ich oft auf Lanzarote. Ich liebe die Insel, die Landschaft gibt mir das Gefühl, auf einer Zeitreise zu sein. Endlich kann ich die urzeitliche Erde anfassen, die meine Kindheitsträume bestimmt hat. Wenn ich über die versteinerte Lava wandere, spüre ich die unbeschreibliche Energie der Natur. Dann komme ich mir winzig klein und unbedeutend vor – so wie sich die Einwohner von Timanfaya an diesem Septembertag 1730 ebenfalls gefühlt haben dürften. Die Motivation für meine Besuche ist jedoch der Drang, zu erforschen und zu verstehen, was sich unter der Oberfläche eines Vulkans befindet. Ich habe viele Jahre lang die Kontinente bereist und Höhlen untersucht, die das Wasser ins Gestein gegraben hat, in Karst, in Gips, in Salz und sogar in harten Quarzit. Selbst an den Polarkappen hat das Wasser Höhlen ins ewige Eis gegraben. Aber in Lanzarote ist nicht nur das Gestein anders, in dem die Höhlen entstehen, sondern auch ihr Ursprung.

Die Entstehung einer Lavahöhle ist ein faszinierender Prozess. Als der Lavastrom aus den Montañas del Timanfaya unaufhaltsam die Berghänge der Insel Lanzarote hinunterfloss, grub er sich durch mehrere Täler in Richtung Meer. Aber Lava ist nichts, was zur Erdoberfläche gehört. Sie kommt aus dem Erdinneren, aus einer anderen Welt mit anderen Rahmenbedingungen. An der Oberfläche verhält sie sich wie ein Fisch auf dem Trockenen. Wenn ihre kinetische Energie mit Luft in Berührung kommt, die sehr viel kälter ist, beginnt sie abzukühlen und sich zu verfestigen. Der glühende Lavafluss wälzt sich weiter, bildet aber an der Oberfläche eine feste Kruste, eine Art Panzer. Dadurch wird die Lava vor den niedrigen Außentemperaturen geschützt und fließt wie in einer Röhre weiter. Ist der Ausbruch zu Ende und tritt aus dem Schlund des Vulkans kein Magma mehr aus, ist es in etwa so, als drehte man einen Wasserhahn zu: Der Fluss versiegt, die Röhre leert sich und lässt einen Hohlraum zurück.

Diese »Adern« sind geheime Wege, die sich wie die Wurzeln eines Baumes unterirdisch ausdehnen und kilometerlange Röhren bilden. Auf Hawaii gibt es Lavaröhren, die mehr als 60 Kilometer lang sind, wie den Kazumura-Tunnel, der von der Hawaiianischen Höhlenforschergesellschaft erforscht und kartografiert wurde. Manchmal bricht die Decke der Röhre an mehreren Stellen ein, und es bilden sich kleine »Fenster« nach außen. Auf Lanzarote heißen sie »Jameos«, auf Hawaiianisch »Pukas«, ihr wissenschaftlicher Name lautet »Collapse« oder »Skylights«. An anderen Orten der Erde wie in der Vulkanwüste von Undara im australischen Queensland kann man das Lavaröhrensystem sogar vom Weltraum aus sehen, da sich das Wasser in dieser extremen Trockenheit genau in diesen Senken sammelt: Die Vegetation kann sich nur entlang dieser unterirdischen Tunnel entfalten. Hier gibt es sogar dichte Wälder.

Die Lavaröhren gehören zu den beeindruckendsten unterirdischen geologischen Strukturen der Erde, auch wenn sie nicht sehr tief sind und ihre Decke manchmal nur wenige Meter dick ist. Wäre die Eruption unaufhörlich weitergegangen und hätte sich der »Wasserhahn« nie geschlossen, könnte eine Lavaröhre auch Hunderte von Kilometern lang sein. Aber früher oder später stößt die Lava auf einen Gegner, den sie nicht besiegen kann: Als die Lavaröhren des Timanfaya das Meer erreichten, entwickelte sich zwischen Feuer und Wasser ein Kampf der Titanen. Die glühende Lava verwandelte das Wasser in Dampfwolken, das Wasser wiederum kühlte die Lava ab und versteinerte sie. Schlussendlich obsiegte das Meer, ließ aber zu, dass sich das Festland um einige hundert Meter ausdehnte.

Mich fasziniert dieser Prozess und die Vorstellung, wie viel Energie dabei freigesetzt worden sein muss. Mit meiner Partnerin Daniela Barbieri, ebenfalls eine leidenschaftliche Speläologin, hatte ich das Glück, einige Lavaröhren im Nationalpark Timanfaya besuchen zu dürfen. Es gibt Dutzende davon, manche sind kilometerlang, größtenteils noch unerforscht, aber eine hat mich besonders beeindruckt. Sie öffnet sich in der Mitte des »Mar de Lava«, eine ausgedehnte Fläche aus versteinerter Lava, die bis an die Küste reicht. Nach einem kurzen Abstieg muss man sich nur wenige Meter abseilen und erreicht schnell eine große ellipsenförmige Halle, die mehr als zehn Meter breit und mindestens fünf Meter hoch ist. Man kommt sich vor wie im Bauch eines Wals. Die Wände sind glatt und schwarz, manchmal von versteinerter Lava durchzogen. Von der Decke hängen bizarre Stalaktiten, die aussehen, als wären sie von der Schwerkraft geformt worden: wie nach unten fließender Honig, der am Boden auf Tropfen aus geschmolzenem Kerzenwachs trifft. Die Zeit scheint in dem Moment stehengeblieben zu sein, als das Magma durch die Röhre floss, und ich stellte mir vor, wie die Wände damals glutrot leuchteten.

Genau wie Eishöhlen haben auch Lavahöhlen irgendwann einmal Tageslicht gesehen. Heute ist es dort dunkel, aber wenn man sich die schwarzen Wände im Licht einer Lampe genauer ansieht, zeigen sich irisierende Farben, ein Blau und ein Grün, unter das sich rote und violette Reflexe mischen. Das ist eine Glasschicht vulkanischen Ursprungs, Obsidian genannt: Lava, die sehr schnell abgekühlt ist und wirkt, als ob sie dieses Licht einfangen wollte.

Weiter talabwärts erreicht man eine letzte Lavaröhre mit Wasserfällen, um dann in eine Passage zu gelangen, durch die der Wind weht. Es riecht nach Meer, und tatsächlich, nach wenigen hundert Metern, die man kriechend zurücklegen muss, weitet sich die Höhle wieder, aus der Ferne ist ein Rumoren zu hören. Man hat das Gefühl, brodelndes Magma unter sich zu spüren, aber nach wenigen Metern dringt Licht ins Dunkel. Am Ende erkennt man eine ellipsenförmige Öffnung, durch die man den Himmel sehen kann. Vor uns liegt das Meer, die Wellen schlagen gegen den Felsen aus versteinerter Lava.

Ich saß am Rand des Felsvorsprungs und dachte darüber nach, wie zwei so gegensätzliche Materien etwas Derartiges schaffen können. Wir leben in einer Welt, entstanden aus der leidenschaftlichen Begegnung zwischen dem Rot des Feuers und dem Blau des Wassers. Als sich die beiden vereinigten, kam es zu einem atemberaubenden Naturschauspiel. Ein Beispiel dafür ist die Insel Lanzarote.

Knapp ein Jahrhundert nach dem Ausbruch des Timanfaya im Juli 1824 gab es auf der Insel eine Reihe von weiteren kurzen Eruptionen. Mit der letzten hatte man am wenigsten gerechnet. Entlang der gleichen Bruchlinie im Gestein, aus der schon 100 Jahre zuvor Magma ausgetreten war, spuckte der Vulkan auch diesmal wieder, daraus entstand der Vulkan Tinguatón. Im Oktober des gleichen

Jahres versiegte der Magmafluss, und eine gewaltige Dampfwolke stieg über dem Krater auf. Der Priester des nahen Ortes San Bartolomé war mutig genug, sich dem Rand des Kraters zu nähern, und beobachtete, dass »der Boden der Caldera von einem brodelnden See bedeckt war, während in der Mitte und an der Nordseite aus zwei nebeneinanderliegenden Löchern Wasserfontänen emporschossen.« Das Meer war von unten in den Riss eingedrungen, war auf das kochend heiße Magma gestoßen und hatte zwei spektakuläre Geysire entstehen lassen. Die Höhe der »Fontänen«, wie Padre Sebastián Predomo sie beschreibt, betrug teilweise mehr als 40 Meter. Einige Tage später fand der Ausbruch ein Ende und ließ in der Mitte des Kraters eine Reihe von Löchern zurück, die von den Einheimischen »Simas del Diablo«, Teufelslöcher, genannt wurden und durch die man ins Innere des Vulkans gelangen konnte. Warf man einen Kieselstein hinein, konnte man den immer leiser werdenden Aufprallgeräuschen mehr als zehn Sekunden lang folgen, man hatte das Gefühl, er wäre bodenlos.

In den 1970er Jahren wagte eine Gruppe spanischer Speläologen den Abstieg in den Vulkan. Sie erreichten eine Tiefe von etwa 80 Metern. Später folgte ich ihren Spuren, um spezielle Mineralien zu untersuchen, die sich aus dem Zusammentreffen von Meerwasser und Magma gebildet hatten. Der Einstieg ist weit, doch schnell wird die Spalte immer enger, die Wände sind mit Calciumcarbonatablagerungen und anderen mineralischen Formationen bedeckt. Ich beschränkte mich auf den oberen Bereich der Spalte, da ich nicht die richtige Ausrüstung und auch nicht genug Seil dabeihatte. Tiefer war ein spanischer Höhlenforscher gelangt, ein Einheimischer namens Gustavo David Santana Gómez, ein erfahrener Kletterer mit einer großen Leidenschaft für Vulkane. Er hatte mich bereits bei der Erkundung mehrerer großer Höhlen auf der Insel begleitet. Aber als er mir von seinem Abstieg in die Simas del Diablo erzählte, schauderte es mich. Bei einer besonders engen

Passage musste er sogar den Helm abnehmen. Er hing an einem Klettergurt, während ihn ein Kamerad zu einer Art »Schwitzkasten« hinunterließ. Damit das klappte, musste er die Arme gerade nach oben strecken, den Kopf an die Schulter pressen und die Lunge komplett leer machen. Zum Glück wurde der Riss bald wieder breiter, und er schaffte es bis auf mehr als 100 Meter Tiefe. Dort gab es schließlich kein Durchkommen mehr. Als Gustavo einen Stein warf, hörte er ihn eine ganze Weile nach unten poltern, mindestens weitere 100 Meter tief. Offensichtlich reichte die Simas del Diablo bis zum Meeresspiegel.

In den Schlund eines ehemaligen Geysirs hinabzusteigen, auch wenn er heute nicht mehr aktiv ist, ist ein Abenteuer, das Respekt einflößt. In dieser engen Röhre wurden einst durch Druck gewaltige Energien freigesetzt. Vielleicht haben Speläologen aus diesem Grund den Höhlen in Vulkangestein nicht die gleiche Beachtung geschenkt wie den durch Wasser entstandenen. Dabei können uns die Lavaröhren, die die Gesteinsspalten mit den Kratern verbinden, viel über prähistorische Prozesse in Vulkanen erzählen. Und zwar nicht nur auf unserem Planeten.

Ein Mensch hat nur selten Gelegenheit zu erleben, wie begrenzt sein Lebensraum wirklich ist. Der Blick auf die Erde aus dem All hat uns gezeigt, dass wir auf einem kleinen Himmelskörper leben, verloren in einem Sternensystem innerhalb einer unermesslich großen Galaxie. Aber auch die Wahrnehmung dessen, was sich unter unseren Füßen befindet, ist äußerst begrenzt. Wir wissen nur, dass unter uns viele Kilometer festes Gestein sind und sich danach bei stetig steigenden Temperaturen die teilweise geschmolzene Asthenosphäre anschließt. Wir leben an der Oberfläche, und alles tief darunter können wir uns nicht ansatzweise vorstellen. Wenn wir die Strecke New York – Los Angeles in die Tiefe reisen würden, landeten wir in einem Ozean aus Magma, der Übergangsschicht zwischen dem Erdmantel und Erdkern. Das ist natürlich unmöglich. Doch die »Unterwelt« ist gar nicht so weit von uns entfernt, und dank der vulkanischen Höhlen können wir ihre Faszination zumindest erahnen.

Unweit der Hauptstadt Reykjavík öffnet sich in Island eine der spektakulärsten vulkanischen Höhlen, die man bis heute entdeckt hat, die Magmakammer von Thríhnúkagígur. Man betritt sie durch die glockenförmige Öffnung des Vulkankraters, der sich anschließende Schlot ist mehr als 100 Meter tief. Am Boden befindet sich eine kreisrunde Halle, die bis in eine Tiefe von 213 Metern reicht, ihr Gesamtvolumen beträgt mehr als 200 000 Kubikmeter. Als sich der isländische Forscher Árni Stefánsson das erste Mal dorthin abseilte, bewahrheitete sich Jules Vernes Vision, den Bauch eines schlafenden Vulkans zu betreten. Im Kilauea-Vulkan auf Hawaii befinden sich ebenfalls »Teufelslöcher«, aber dort handelt es sich um kreisrunde Öffnungen, die man »pit craters« nennt. Sie sind durch den Einsturz unterirdischer Hohlräume entstanden. Der Devil's Throat, der »Teufelsschlund«, zum Beispiel ist ein Schacht von 60 Metern Breite und etwa 50 Metern Tiefe, andere Schächte in dieser Gegend können bis zu 300 Meter tief sein. Das in dieser Hinsicht faszinierendste Schauspiel bildet die Isola di Isabella in der Galapagosgruppe mit vier aktiven Vulkanen: Sierra Negra, Alcedo, Darwin und Wolf. Bis heute ist erst eine der Höhlen, die Triple Volcan, von einer Gruppe von amerikanischen Speläologen erforscht worden, während die anderen, die weiter im Norden der Insel liegen, noch auf ihre Erkundung warten.

Die Entstehung der *pit craters* ist noch umstritten. Liegen sie an der Flanke eines Vulkans, handelt es sich um eingestürzte Lavaröhren. In anderen Fällen geht man davon aus, dass sie durch das Ansteigen von Magma entlang der Spalten und Verwerfungen entstanden sind.

Wenn das Magma sich dann wieder in die Tiefe zurückzieht, hinterlässt es riesige Hohlräume, die in sich zusammenstürzen können.

2007 hat Glen Cushing, ein Geologe der USGS (US-amerikanische geologische Gesellschaft) dank hochauflösender Satellitenbilder der NASA-Raumsonde *Mars Odyssey* etwas Ähnliches an den Flanken von Vulkanen auf dem Mars entdeckt.

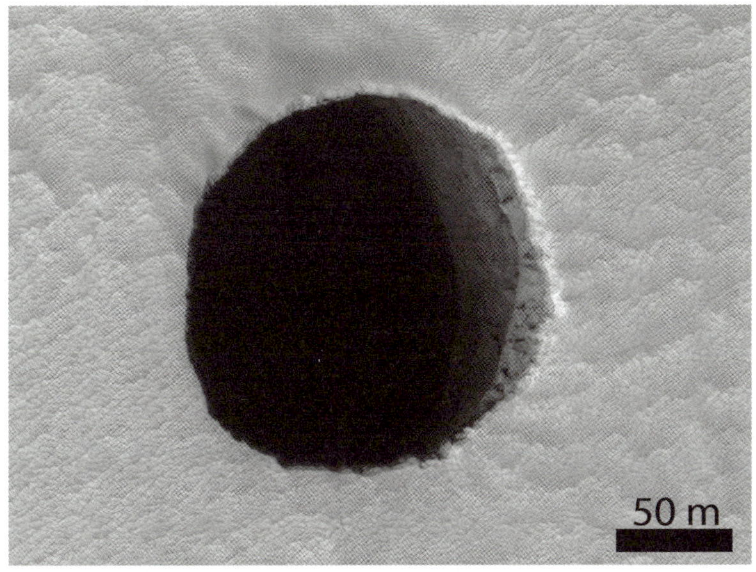

Die Jeanne-Höhle an der Flanke des Marsvulkans Arsia Mons.

Es war das erste Mal, dass man auf einem anderen Planeten einen Höhleneingang gefunden hat. Die Marsvulkane sind die größten des Sonnensystems, der Olympus Mons hat eine Gipfelhöhe von etwa 23 Kilometern, fast dreimal so hoch wie der Mount Everest, mit Lavaströmen, die sich mehr als 1500 Kilometer weit ausdehnen. Wenn sich unter den Vulkanen auf der Erde riesige Höhlensysteme, Lavaröhren und *pit craters* befinden – wie muss das dann erst auf dem Roten Planeten aussehen?

Cushings erste Auswertungen zeigten sieben große Eingänge, die man die »Sieben Schwestern« nennt: Dena, Chloë, Wendy, Annie, Abby, Nikki und Jeanne. Die Tiefe dieser »schwarzen Löcher«

ist unbekannt, da kein Sonnenlicht hineingelangt. Die für mich faszinierendste »Schwester« ist Jeanne. Dabei handelt es sich um ein kreisrundes Loch mit 165 Metern Durchmesser, das sich an den Flanken des Arsia Mons öffnet, ein weiterer gewaltiger Marsvulkan, der etwa zwölf Kilometer hoch ist. Die Öffnung dieser Höhle wurde über die Jahre in immer besserer Qualität aufgenommen, aber ihr Boden bleibt ein Geheimnis. Jedes Mal, wenn ich die Bilder ansehe, denke ich, dass diese Schwärze für das absolut Unbekannte steht, so wie ein schwarzes Loch in den Weiten des Alls. Was die Höhle wohl in sich birgt? Die HiRISE-Kamera hat Jeanne bis dort erfasst, wo das Licht der Sonne sie erreicht, wenn diese am höchsten steht. Der Schatten der Wände reicht 345 Meter tief, aber noch immer ist der Boden unsichtbar.

Im Laufe der fast 15 Jahre andauernden Recherchen ist die Zahl der Eingänge in mögliche Marshöhlen stark gestiegen. Heute zählt man mehr als 1000, einschließlich Lavaröhren – geheimnisvolle Öffnungen, die wir noch nicht erforschen können. Unser Blick endet bei den letzten von Licht berührten Pixeln. Danach kommt tiefe Schwärze, und wer weiß, welche Wunder unsere Nachkommen noch entdecken werden.

2008 blickte man zum Mond. Der japanische Forscher Junichi Haruyama entdeckte bei der Auswertung der Bilder der Raumsonde *Selene-Kaguya* große runde Löcher im Gebiet der Basaltmare, jenen dunklen Flecken, die man mit bloßem Auge auf der Mondoberfläche erkennen kann. Die *Mare* sind riesige Felder aus Basaltlava, ganz ähnlich wie auf Lanzarote oder Hawaii. Auch in diesem Fall wurde die Entdeckung von den Wissenschaftlern lebhaft diskutiert. Einer der Schächte, der Marius-Hills-Pit, öffnete sich in einer langen, breiten Lavarinne, was vermuten lässt, dass sich darunter eine Lavaröhre befindet. Als der NASA-Satellit *Lunar Reconnaissance Orbiter* (LRO) 2009 ins All geschossen wurde, hatten die Wissenschaftler plötzlich Hunderte von hochauflösenden Bildern der Mondoberfläche zur Verfügung. Die von Haruyama entdeckten Schächte konnten jetzt detailliert analysiert werden. Der Boden des Marius-Hills-Pit wurde kartografiert, seine Tiefe auf mehr als 50 Meter festgelegt. Der beeindruckende Schacht, der sich im Mare Tranquilitatis öffnete, erreicht eine Tiefe von gut 90 Metern. Aber selbst Fotografien aus mehreren Blickwinkeln konnten keine Klarheit über die Seitentunnel bringen, die dort unten abzweigten. Die Unterwelt des Mondes ist und bleibt ein Rätsel: Seine Oberfläche kennen wir mittlerweile gut, aber was sich darunter verbirgt, wissen wir nicht. Bis heute hat die ultraauflösende Kamera der NASA-Mondsonde LRO mehr als 300 potenzielle Eingänge zu Mondhöhlen gefunden, andere Satelliten mit geophysischen Hightech-Messinstrumenten und modernsten Radarsystemen, die auch unter die Oberfläche vordringen können, haben versucht, die Dimensionen der Höhlen zu erfassen. Ein kompliziertes Unterfangen, aber die Daten der NASA-Missionen bei der Mondmission GRAIL, bei der ein Gravimeter zum Einsatz kam, sprechen dafür, dass sie riesig sein müssen.

Ich war von Anfang an von diesen außerirdischen Höhlen fasziniert. Während meines Doktorats an der Universität Bologna analysierte ich nächtelang Satellitenbilder des Mars, immer auf der Suche nach neuen Höhleneingängen. Und ich fand eine große Zahl. Leider war die Auflösung manchmal nicht gut genug, um erkennen zu können, ob es sich nur um Schatten oder echte Löcher handelte, aber in einigen Fällen hatte ich keinen Zweifel. Gemeinsam mit meinem Freund und Kollegen Riccardo Pozzobon von der Universität Padua, ein echter Magier, was die Aufbereitung von Satellitendaten betrifft, begann ich mit einer morphologischen Analyse. Die Löcher, die uns interessierten, befanden sich dicht aneinandergereiht an den Flanken der Marsvulkane. Würde diese Kette eine Schlangenlinie bilden, könnten wir uns sicher sein, dass es sich um den Einsturz der Decke einer Lavaröhre handelt. Mit fotometrischen Messungen konnten wir die Tiefe und Länge bestimmen, die Ergebnisse waren überraschend. Lavaröhren auf der Erde sind meist kurz, höchstens 20 bis 30 Meter. Auf dem Mars waren die meisten hingegen 50 bis 400 Meter lang. Welche Ausmaße mussten da erst die Höhlen haben!

Aber um sicher zu sein, dass es sich wirklich um Lavaröhren handelte, mussten wir einen qualitativ-morphologischen Vergleich mit den Strukturen auf der Erde durchführen. Dank der speläologischen Forschungen hatten wir Karten Dutzender Lavaröhren von Vulkanen weltweit, auf dem Festland und auf ozeanischen Inseln, aber ihre Aussagekraft war häufig begrenzt. Die Karten waren zweidimensional, wir mussten sie uns aber dreidimensional vorstellen, Teile der eingestürzten Röhren finden, ausmessen, analysieren und sie mit den Daten vom Mars vergleichen. Zugutekamen uns neue Technologien wie Laserscanner die millimetergenaue Ergebnisse ermöglichen. Wir taten alles, um uns das entsprechende Equipment zu beschaffen. Mit Hilfe eines Leica-Laserscanners vermaßen wir mehrere Höhlen. Wir waren uns sicher, dass diese Technik auch in Vulkanröhren funktionieren würde.

2016 reisten Riccardo und ich nach Lanzarote. Es war unser erster Besuch auf der Insel. Wir organisierten einen kurzen Aufenthalt von wenigen Tagen, um unser Projekt mit dem bekannten spanischen Astrogeologen Jesús Martínez Frías und Verantwortlichen des UNESCO-Geoparks der Insel, der Geologin Elena Matéo Mederos, zu besprechen.

Das Höhlensystem, das wir untersuchen wollten, lag im Vulkan La Corona, an dessen Flanken wir auf den Satellitenbildern mehrere Deckeneinstürze entdeckt hatten. Zwei Teilbereiche waren der Öffentlichkeit zugänglich: die Lavaröhre Cueva de los Verdes und der Abschnitt Jameo del Agua. Die Architekten César Manrique und Jesús Soto hatten sie kunstvoll in Szene gesetzt und raffiniert beleuchtet.

Ziel unseres ersten Besuchs war die Cueva de los Verdes. Orlando Hernández war der Verantwortliche für das unterirdische geodynamische Labor, in dem hochsensible Instrumente die Bewegung der Erdkruste maßen. Wir folgten dem extra für Besucher angelegten Weg, der in einen großen unterirdischen Canyon mündet, dabei kamen wir an versteinerten Lavaströmen und miteinander verschmolzenen Stalaktiten vorbei. Nachdem wir ein unterirdisches Theater durchquert hatten, verließen wir den Weg und bogen in einen Seitentunnel ab, dessen Boden mit Knochen und Muscheln bedeckt war – Hinweise darauf, dass die Höhle in früheren Zeiten als Zufluchtsort der Inselbewohner bei Piratenangriffen genutzt worden war. Kurz darauf dirigierte uns Orlando mit dem Licht einer Taschenlampe durch das Dunkel einer großen Halle, in der ein kleines quadratisches Gebäude mit Fenstern stand. Darin war die technische Ausrüstung untergebracht. Beim Anblick der Messinstrumente musste ich an eine Weltraumbasis denken. Ich kam mir vor wie auf einem anderen Planeten. Orlando war ein Astronaut auf seiner Station, die eine Felsendecke vor Meteroitenschauern und kosmischen Strahlen schützte. Ein Forscher, der an seinen Instrumenten Experimente im Namen der Wissenschaft machte.

Das waren natürlich nur Gedankenspielereien, aber dieser Ort hatte tatsächlich nur wenig mit der realen Welt zu tun. Nachdem wir die Höhle verlassen hatten, begutachteten wir andere Löcher am La Corona, die durch Deckeneinstürze entstanden waren. Uns war klar, dass diese Höhle das perfekte Modell war, um Rückschlüsse auf die Marshöhlen zu ziehen. Wir näherten uns dem größten Deckeneinbruch, dem Jameo de la Puerta Falsa. Vor uns öffnete sich eine gewaltige Röhre von etwa 30 Metern Durchmesser. Wir stellten uns vor, wie die glühende Lava wie ein Fluss hindurchströmte – mit einem Durchsatz von mehr als 100 Kubikmetern pro Sekunde. Aber heute war alles versteinert, nur einige Sturmschwalben durchbrachen mit ihrem Flügelschlag die Stille, wenn sie ihre Nester in den Wänden verließen.

Auf diesen Besuch folgten viele weitere, und in etwas mehr als zwei Jahren hatten wir eine komplette Karte der Lavaröhre, das größte 3-D-Modell einer vulkanischen Höhle, das es je gab. Wir hatten etwa sechs Höhlenkilometer kartografiert, vom Krater bis fast ans Meer. Um eine möglichst naturgetreue Abbildung zu gewährleisten, hatten wir mit Laserinstrumenten gearbeitet, die uns von der Europäischen Weltraumagentur ESA und der italienischen Spezialfirma VIGEA unter der Leitung des Speläologen Tommaso Santagata zur Verfügung gestellt worden waren. Als endlich alle Daten zusammengeführt waren, konnten wir nachvollziehen, wie die Tunnel sich unter dem Lavagestein entwickelt haben. Diese Höhle wurde enger und weiter, öffnete sich nach außen und drang dann wieder in die Tiefe, sie wirkte wie der Bau eines Unterwassermonsters. Aber jenseits aller Fantasie konnten wir jetzt einen quantitativen Vergleich mit den Höhlen auf Mars und Mond durchführen.

Nach knapp sieben Jahren Forschungsarbeit gelang es uns im Sommer 2020 endlich, die Ergebnisse in der renommierten Fachzeitschrift *Earth Science Reviews* zu veröffentlichen. Neben der Lavaröhre des La Corona bezogen wir zum Beispiel auch das Kazumura-Höhlensystem auf Hawaii und die australische Undara-Lavaröhre in die vergleichende Betrachtung ein. Die Ergebnisse waren beeindruckend: Während die Lavaröhren auf dem Mars wesentlich größer waren als die auf der Erde, gab es auf dem Mond gewaltige Unterschiede. Die Höhle in der Region Marius Hills könnte vielleicht mehr als einen Kilometer breit und mehrere hundert Meter hoch sein, während sich unter dem Gruithuisen-Krater (benannt nach einem bayrischen Astronomen) nach unseren Berechnungen Hohlräume befinden könnten, die ein Volumen von mehr als einer Milliarde Kubikmeter haben! Eine Höhle dieser

Größe könnte 1500 mal den Petersdom, ganze Städte wie New York oder Shanghai mit all ihren Wolkenkratzern in sich aufnehmen, die noch nicht einmal die Decke berühren würden.

Solch gewaltige unterirdische Hohlräume kann es auf unserem Planeten nicht geben, weil die Decke ihr Eigengewicht nicht tragen könnte. Aber auf dem Mond ist das anders, dort beträgt die Schwerkraft nur ein Sechstel der Erdgravitation, was die Stabilität der Unterwelt auf dem Mond erklärt.

Allein der Gedanke, dass wir eines Tages unter der Oberfläche eine Antwort auf die vielen Fragen über unser Sonnensystem finden könnten, ist faszinierend. Die Höhlen des Mondes bestehen aus Vulkangestein, das Milliarden Jahre alt ist. In Höhlen auf der Erde ist alles, was in den verschiedenen geologischen Epochen passiert ist, in Mineralienformationen eingeschlossen. Das dürfte auch auf dem Mond so sein. Die Geschichte des Sonnenwindes, das durch das Zusammentreffen von Kometen und Asteroiden entstandene Eis, organische Moleküle als Bestandteile urzeitlichen Lebens – all das könnte dort verborgen sein.

Und in den Marshöhlen könnten wir vielleicht sogar das außerirdische Leben entdecken, nach dem die Wissenschaftler schon seit Jahrzehnten suchen. Wir wissen, dass auf der Oberfläche des Roten Planeten heute kein Leben möglich ist. Das Fehlen einer schützenden Atmosphäre erlaubt es den ultravioletten Strahlen, die Marsoberfläche mit einer solchen Intensität zu bombardieren, dass sich kein Leben entwickeln kann. Aber das war nicht immer so. In einem Zeitraum von vor 4,1 bis 3,7 Milliarden Jahren hatte der Mars eine Schutzschicht, die mit der Erdatmosphäre vergleichbar ist. An seiner Oberfläche gab es Seen und Flüsse, ähnlich wie auf der urzeitlichen Erde. Wenn es damals Leben gab, konnte es anschließend nur unter der Oberfläche überdauern.

Diese Zeilen schreibe ich auf der Insel Lanzarote. Wir führen spanische und portugiesische Mikrobiologen ins Dunkel der Vulkanhöhlen. Die Mission ist Teil von Untersuchungen über das Leben in unserem Sonnensystem. Wir glauben, dass hier – wie auf anderen Planeten – passieren kann, was mit oberirdischen Lavaböden passiert ist: In der Folge eines Vulkanausbruchs entsteht ein felsiges Substrat, das anfangs lebensfeindlich ist. Doch nach und nach kehren die Mikroorganismen durch äußere Einflüsse wie Abkühlung, Wind, Luft- und Wasserzirkulation zurück und ermöglichen neues Leben. Die Frage, auf die wir eine Antwort suchen, lautet: Wie lange dauert dieser Prozess? Wir haben in mehreren Lavaröhren des Nationalparks Timanfaya nach Spuren von Mikroorganismen gesucht. Es ist nicht einfach, sie zu finden, aber organisches Material auf Gipskristallen zeigt, dass es dort unten Mikroorganismen gibt, die chemische Ressourcen wie zum Beispiel Schwefel nutzen, um Energie zu gewinnen. Mit Hilfe von Sequenzierungstechnologie konnten wir schon im Hotel die DNA der genommenen Proben analysieren. Die Resultate waren sehr unterschiedlich: Jede Höhle entwickelt ihr eigenes Ökosystem. Indem wir die Evolution in unterschiedlich alten Tunneln miteinander vergleichen, verstehen wir besser, wie der Kolonisationsprozess auf einem anderen Planeten abgelaufen sein könnte.

Während in Timanfaya das Leben gerade erst beginnt, wurden wir in der Lavaröhre des La Corona mit einer jahrtausendelangen Entwicklung konfrontiert. Der Ausbruch, der diesen vielleicht größten Krater der Erde verursacht hat, fand vor etwa 22 000 Jahren statt. Damals befand sich die Erde in der letzten großen Eiszeit, das Eis in den Polarregionen, und die kontinentalen Gletscher haben ungeheure Wassermassen gebunden, der Meeresspiegel lag Dutzende Meter unter heutigem Niveau. Die Lava konnte ungehindert in Richtung eines Meeres fließen, das weiter entfernt war als die heutige Küste. Die Röhre reichte bis dorthin, aber als das Eis im Laufe der nächsten Jahrtausende schmolz und das Wasser anstieg, wurde sie überflutet. Ein Teil der La-Corona-Röhre liegt im kalten Ozeanwasser, der Name Tubo de la Atlantida macht glauben, man könnte von dort den untergegangenen Kontinent Atlantis erreichen. Dort befindet sich auch das von César Manrique gestaltete Naturmuseum Jameo del Agua, von dem aus man auf einen unterirdischen Salzwassersee blicken kann. Der überflutete Teil der Höhle wurde in den 1980er Jahren von dem Schweizer Höhlentaucher Oliver Isler erforscht. Die Röhre weitet sich zu imposanter Größe, gefüllt mit kristallklarem Wasser, durch das man Dutzende Meter weit sehen kann. In den vergangenen Jahren hat eine spanische Gruppe Taucher, angeführt vom Geologen Javier Lario, die wissenschaftliche Erkundung fortgesetzt und vertieft. Wenn die Touristen abends verschwunden waren, haben wir den Forschern beim Transport der schweren Sauerstoffflaschen geholfen, die sie für ihre Tauchgänge brauchten. Danach haben wir sie dabei unterstützt, die Taucheranzüge mit der ganzen Ausrüstung anzulegen, und dann begeistert zugesehen, wie sie die Höhle mit ihren starken Unterwasserlampen ausgeleuchtet haben. Die Speläotaucher schwammen durch die Röhre, und man hatte den Eindruck, sie wären Astronauten im All.

Javier hat mir die Bilder gezeigt, die er ganz am Ende der überfluteten Höhle gemacht hat. Nach eineinhalb Kilometern erreicht man einen hohen Sandkegel. Wahrscheinlich öffnete sich die Decke der Höhle genau dort, und der Sand vom Meeresgrund ist wie in einer riesigen Sanduhr nach unten gerieselt, als hätte er eine Zeit gemessen, die für uns nicht zu fassen ist. Durch dieses Loch hat das marine Leben Einzug gehalten. Dabei handelt es sich um kleine Krebse, Garnelen, marine Wirbellose, die dort ideale Lebensbedingungen vorfinden: reich an Mineralien, gut geschützt vor Stürmen. Da sie im Dunkeln leben, hat sich ihr Erscheinungsbild verändert. Die Evolution hat zu endemischen Arten wie der blinden Albinokrabbe *Munidopsis polimorpha* oder dem Krebstier *Speleonectes ondinae* geführt. Bis heute wurden im La Corona 77 Arten von

Wirbellosen entdeckt, darunter 37, die nur dort vorkommen und sich so verändert haben, dass sie unter diesen Bedingungen leben können.

Das alles führt zu der berechtigten Frage: Wenn sich auf der Erde dort Leben ansiedeln kann, wo früher einmal die Hölle war, und wenn es sich an die besonderen Umstände eines Ortes anpassen kann, den nie ein Sonnenstrahl erreicht – warum sollte das dann auf dem Mars nicht möglich sein? Haben die aktuellen Missionen wie die Mars-Rover *Curiosity* oder die *Perseverance* nur deshalb keinen Erfolg, weil sie bloß an der Oberfläche suchen?

Wer weiß, ob wir jemals in der Lage sein werden, Höhlen auf anderen Planeten zu untersuchen. Wir Menschen haben am Anfang unserer Geschichte in Höhlen Zuflucht gesucht, haben Angst vor dem Unbekannten gehabt und wollten trotzdem mehr wissen. Und dennoch gehört alles im Untergrund nicht zu unserer Geografie, da wir es gewöhnt sind, an der Oberfläche zu leben. Wenn wir Menschen eines Tages andere Planeten erforscht haben, werden wir vielleicht in die Tiefe der Erde zurückkehren. Und herausfinden, dass alle Welten eine dunkle Seite haben, einen dunklen Kontinent, in dem wir Schutz finden und von dem aus wir eine neue Reise ins Unbekannte antreten können.

DER AUSGANG

Der Sternenhimmel über der Wüste, auf mehr als 3000 Metern Höhe, ist ein unvergleichlicher Anblick. Vor allem, wenn man auf einem Kalksteinfelsen übernachtet – ohne Zelt und alles andere, was einem die Sicht versperren könnte. Jedes Mal, wenn man die Augen öffnet, sieht man den sich drehenden Himmel – eine hypnotische Bewegung, bei der an Schlaf nicht zu denken ist.

Bei dieser Expedition in die Berge von Baisun Tau, an der Grenze zwischen Usbekistan und Tadschikistan, hatte ich das Buch *Die Kunst des Träumens* von Carlos Castañeda dabei. Tag für Tag und Nacht für Nacht verschwamm die Grenze zwischen Traum und Realität immer mehr. Wir waren am Fuß der 400 Meter hohen und über 30 Kilometer langen Felswand des Hodja Gur Gur Ata angekommen, gemeinsam mit einer Gruppe russischer Speläologen aus Jekatarinburg. Unsere Aufgabe war, einen Einstieg in die Wand zu finden und ihr dann auf einem Felsband etwa vier Kilometer bis zu einer Stelle zu folgen, die deutlich von Fußabdrücken von Dinosauriern gekennzeichnet war. Dort würden wir uns über den Abgrund beugen, um den Eingang der Dark-Star-Höhle zu erreichen, den »Dunklen Stern«. Englische Speläologen hatten der Höhle 1990 diesen Namen gegeben, weil die Öffnung nachts, im Gegensatz zu den am Himmel leuchtenden Sternen, ein Ort absoluter Finsternis war. 1991 wurde Dark Star zum Mythos, weil das Gebiet durch den Zusammenbruch der Sowjetunion für Forscher unerreichbar wurde. Wir waren die Ersten, die die Höhle 20 Jahre später wieder betraten.

Wir waren zu dritt: Mein Freund und langjähriger Weggefährte bei zahlreichen Expeditionen, Marco Zocca, der hervorragende russische Speläologe Misha Rafikov, mit dem wir kaum Schritt halten konnten, und ich. Das Klettern in der Wand war sehr anstrengend gewesen, und wir hatten uns bei Sonnenuntergang in ein kleines Zelt zurückgezogen, um vor dem Wind geschützt zu sein. Wir befanden uns auf fast 4000 Metern Höhe, der schnelle Aufstieg hatte eine gute Akklimatisierung verhindert. Im Zelt wurden wir von starken Kopfschmerzen gequält, die uns nicht schlafen ließen. In diesem Dämmerzustand hatte ich eine Vision: Ich hörte ein Geräusch und sah einen Mann den Bergkamm entlanglaufen. Er trug einen wunderschönen blauen Mantel, der im schwindenden Abendlicht glänzte und im Wind flatterte. Auf dem Kopf trug er einen elegant gewickelten bestickten Turban. Meine Kameraden schliefen, der Mann bemerkte meinen Blick, hob den Arm und grüßte mich. Ich hatte nicht die Kraft, seinen Gruß zu erwidern. Endlich sank ich in Schlaf, und als ich wieder erwachte, war der Mann verschwunden. Ich kam mir vor wie in einer Geschichte aus *1001 Nacht*. War da wirklich ein festlich gekleideter Hirte gewesen, oder hatte ich das alles nur geträumt?

Die nächsten Tage verlangten uns alles ab, wir hatten kein Wasser mehr, aber der Expeditionsleiter Vladim Loginov und andere russische Teilnehmer versorgten uns mit dem nötigen Proviant, und wir konnten bis zur Stelle oberhalb des Eingangs der Dark Star vorstoßen. Von dort aus seilten wir uns ab. Als wir an der Schwelle zur Höhle standen, spürten wir einen starken Windstoß, er wirkte wie der Atem eines Monsters aus der Unterwelt. Wir hingen 200 Meter über dem Untergrund und kletterten die Felswand nach unten, wo schon der Rest der Gruppe mit zusätzlichen Seilen wartete, die wir in den nächsten Tagen für die Forschungsarbeiten brauchen würden.

Die Höhle war eine große Unbekannte. 1990 hatten englische Speläologen eine weitläufige quadratische Halle durchquert, den »Meter«, um dann einem breiten Gang zu folgen, dessen Boden von Eis bedeckt war. Zwei Kilometer lang, vorbei an gefrorenen Seen und erstarrten Wasserfällen. Das war der Frozen Beck, der gefrorene Fluss, ein ganz besonderer Ort, an dem sich das Licht der Stirnlampen tausendfach in den Eiskristallen brach, die die Wände bedeckten. Danach stießen sie auf einen unüberwindlich scheinenden Schacht. Als sie die Expedition 1991 fortführten, hatte sich die Szenerie vollständig gewandelt. Die Höhle gab sich abweisend. Der Frozen Beck war aufgetaut, und unter einer dünnen Eisschicht floss Wasser. Ein Durchgang war unmöglich.

Als wir viele Jahre später dort ankamen, wussten wir nicht, was uns erwarten würde. Aber die Höhle zeigte sich gnädig, vielleicht als Belohnung für den großen Aufwand, den wir betrieben hatten, um hierherzukommen. Der Frozen Beck war wieder begehbar, und die Dark-Star-Höhle wirkte noch größer als vermutet. Zusammen mit russischen Kameraden kletterten wir den Schacht hinunter, der die Engländer gestoppt hatte. Angetrieben vom rastlosen Misha, betraten wir danach eine riesige Grotte voller bizarrer Eisformationen. In der Mitte ragte ein vom Wind geformter Eisblock in intensivem Blau empor – dieselbe Farbe wie der Mantel des Mannes, den ich in der Nacht auf dem Bergkamm gesehen hatte. Wir nannten den Raum »Fullmoon Hall«, Vollmondhalle. Von dort ging die Höhle über Schächte und Tunnel weiter. In diesem Jahr drangen wir 350 Meter in die Tiefe vor, aber die folgenden Expeditionen sollten einen Höhenunterschied von insgesamt 900 Metern überwinden und 17 Höhlenkilometer kartografieren.

In den letzten Tagen der Dark-Star-Expedition drangen die russischen Speläologen in die tieferen Gänge vor, während der Fotograf Alessio Romeo, Marco und ich uns einem noch unerforschten vereisten Canyon zuwandten, der sich mit dem Frozen Beck verband. Ich war überrascht von dem kräftigen Luftzug, der dort herrschte, und wollte wissen, wohin er uns führen würde. Wir stiegen den Canyon hinauf und überwanden mehrere vereiste Wasserfälle, die

Wände waren von sechseckigen Eiskristallen bedeckt, so groß wie Handteller. Nach mehreren hundert Metern blieben wir am Fuß eines Schlotes stehen, den wir nicht hinaufsteigen konnten, weil wir nicht mehr genügend Seil hatten. Es war schon spät, bestimmt war die Nacht schon hereingebrochen, und wir mussten noch den langen Weg zum Basislager zurück. Hier war es noch dunkler als in der Höhle, aber wir fanden Federn eines Raubvogels – ein Zeichen, dass wir uns in der Nähe eines Ausgangs befinden mussten.

Am letzten Tag der Expedition beschlossen wir, diesem Rätsel auf den Grund zu gehen. Ich war nachdenklich, die Stunde des Abschieds von diesem magischen Ort, der uns drei Wochen lang unvergleichliche Erlebnisse beschert hatte, stand bevor. Im Basislager am Fuß der Wand hatte ich einen Logenplatz, um ganz in diesen Zauber eintauchen zu können. Auf der einen Seite der Sternenhimmel, auf der anderen Seite die Finsternis der Dark-Star-Höhle. Nach all den Strapazen war ich erschöpft, mir war kalt, ich hatte Durst, die Wüstensonne hatte mir die Haut verbrannt, und meine Füße waren von Blutblasen bedeckt. Und dennoch konnte ich mich nur schwer von diesem Ort trennen.

Wir gingen den langen Tunnel bis dorthin zurück, wo wir kehrtgemacht hatten, aber hinter der letzten Kurve erwartete uns eine Überraschung. Wie aus dem Nichts blendete mich ein Sonnenstrahl, der durch die Decke des Schlotes drang und bis zum Boden fiel. Die Erklärung war einfach: Das letzte Mal waren wir nachts hier gewesen und hatten nicht bemerkt, dass sich die Höhle nach außen öffnete. Marco kletterte 20 Meter nach oben, setzte dabei einige Sicherheitshaken, an denen er das Seil befestigte, und forderte uns auf, ihm zu folgen. Ich beschloss, als Letzter zu gehen. Oben angekommen, empfing mich tiefe Stille. Meine Kameraden saßen ehrfürchtig am Rand des Ausgangs. Wieder waren wir in der steilen Felswand, aber diesmal oberhalb der Öffnung der Dark Star auf einem Felsvorsprung, der die Umgebung überragte. Marco und Alessio saßen in der Sonne. Vor ihnen erstreckten sich die unendlichen Weiten des Baisun-Tau-Gebirges, am Horizont die Badkhiz-Karabi-Wüste und schließlich der Fluss Amudarya, der sich bis nach Afghanistan zog. Direkt unter uns lag der schwindelerregende Überhang des Hodja Gur Gur Ata, über uns wölbte sich der strahlend blaue Himmel. Dieser Ausgang führte ins Nichts.

Ich setzte mich zu ihnen. Die Sonne vertrieb die Eiseskälte, die uns bis zu diesem Moment umfangen hatte. Ganz so, als wären wir nach dem Aufstieg aus der Unterwelt in eine andere Dimension eingetaucht, genau wie in den Träumen, die Castañeda vom Schamanen Don Juan erzählen lässt. Ich stellte mir vor, wie ich eine Höhle betrete, sie durchquere und in einer anderen Welt herauskomme, in der sich vielleicht der Eingang zu einer anderen Höhle öffnet, die uns wieder in eine andere Welt bringt und immer so weiter, bis in die Unendlichkeit. In diesem Moment musste ich daran denken, wie begrenzt unsere Wahrnehmung eigentlich ist. Die Höhle hatte uns eine Welt gezeigt, in der wir nicht wussten, was uns beim nächsten Schritt erwarten würde. Aber hier, am Ausgang, angesichts der spektakulären Weiten von Himmel und Erde, hatten wir das Gefühl, dass die Höhle immer noch nicht zu Ende war, sondern einfach weiterging, und dass wir in dieser Weite nur winzig kleine Zwerge waren. Die Reise hatte uns verändert, wir hatten alle Schwierigkeiten überwunden, waren der Kälte und der Finsternis der Tiefe begegnet, um jetzt hier auf einem Felsen zu sitzen – von der Sonne beschienen, mit dem Blick in unendliche Weiten. Hier war der eine Weg zu Ende, gleichzeitig begann ein neuer.

Ich war so in Gedanken vertieft, dass ich gar nicht bemerkte, dass Marco eine metallene Feldflasche aus dem Rucksack gezogen hatte. Ich dachte, es wäre Wasser und achtete nicht weiter darauf, als er sie mir reichte. Aber sein Lächeln sagte mir, dass es etwas anderes sein musste. Beim ersten Schluck war mir klar, dass es Wein war. Marco hatte diese Flasche in Italien gefüllt und durch Wüsten,

Gebirge und Höhlen getragen, nur um sie in diesem Moment zu öffnen und mit seinen Kameraden zu genießen. In den drei Wochen der Expedition hatten wir nur kaltes Quellwasser getrunken, und dieser Wein kam uns tatsächlich wie der Nektar vor, den der persische Dichter Omar Khayyam in seinen Versen besingt.

Während ich trank, dachte ich darüber nach, wie wichtig Weggefährten und Freunde sind. Erst das gemeinsame Erlebnis, erst geteilte Empfindungen machen das Ganze real. Eine Höhle existiert nur dann, wenn sie von mehreren Speläologen erforscht wird. Die Betrachtung eines Kontinents oder eines ganzen Planeten durch den Einzelnen genügt nicht, um sie ins kollektive Bewusstsein zu holen. Wird eine Höhle aber von einem Team entdeckt, wird sie greifbar und Teil der menschlichen Geografie. Manchmal ist es nur eine flüchtige Wahrnehmung, die im Inneren eines Menschen verschlossen bleibt, manchmal verwandelt sie sich in Erinnerungen und Gefühle. Oder aber in Karten, wissenschaftliche Studien, dreidimensionale Messungen. Aus dem unter der Erdoberfläche Erlebten entstehen Legenden, die sich im Nebel der Zeit verlieren.

Eine Höhle zu verlassen, wieder den blauen Himmel über sich zu sehen, eröffnet Einblicke in den Sinn unseres Lebens. Unsere Sinne lassen uns Dinge, die wir vorher als selbstverständlich betrachtet haben, anders wahrnehmen. Alles wirkt neu oder zumindest so, als hätten wir es vergessen. Giulio Badini, der 1963 an der Expedition zum Grund der Spluga della Preta teilnahm, hat erzählt, wie es sich angefühlt hat, nach acht Tagen wieder an die Erdoberfläche zu kommen: »Noch nie habe ich das gleißende Licht und die wohlige Wärme der Sonne so intensiv wahrgenommen wie damals: den betörenden Blütenduft, das strahlende Grün der Wiesen. Die Müdigkeit war wie von Zauberhand weggewischt, als ich diese ebenso einfachen wie unvergesslichen Gaben der Natur genoss.«

Ich erinnere mich noch gut an die Momente des Übergangs vom Dunkel ans Licht. Egal, wann und egal, wo: Ob in den Dolomitenhöhlen oder in den unterirdischen Flüssen Sardiniens, im Río-La-Venta-Canyon in Chiapas oder in den von Polarlichtern erhellten Höhlen im ewigen Eis. Jedes Mal, wenn ich im Inneren des Auyan-Tepui in Venezuela unterwegs war, wollte ich der Letzte sein, der die Höhle verlässt. Der Abschied ist immer ein Ritual, jedes Mal lassen wir etwas von uns dort unten und bringen gleichzeitig einen bisher verborgenen Teil ans Licht. So als kehrten wir in eine Realität zurück, die wir mit neuen Augen sehen. So als hätten wir uns über einen Abgrund gebeugt und dann das Gleichgewicht wiedergefunden.

Der Ausgang ist im wahrsten Sinne des Wortes eine Katharsis, das Ende des urzeitlichen Initiationsprozesses. Der Mensch, der eine Höhle betritt, kommt als ein anderer Mensch wieder hervor. Nicht umsonst lautet der letzte Satz von Dantes Inferno: »Und so gingen wir wieder hinaus, um die Sterne zu sehen.« Ein Satz wie ein Talisman, der die Strapazen der Reise in sich birgt und sie in das endlose Universum entlässt.

Der Ausgang der Höhle unter uns und der Sternenhimmel über uns sind unsere beiden stärksten Verbindungen zum Unbekannten. Der dunkle Kontinent, der sich unter der Oberfläche unseres Planeten erstreckt, sensibilisiert uns für die Schönheit, Zerbrechlichkeit, Ewigkeit und das Ungewisse. Manchmal hilft es nicht, die Sterne zu bewundern, man muss den Blick schon in eine dunkle Höhle richten, die schon seit Zehntausenden von Jahren existiert. Wir Menschen sind Forschende und dort, an der Schwelle von der Dunkelheit zum Licht, werden wir stets auf unseren Schatten stoßen.

DANK

Dass ich dieses Buch schreiben konnte, habe ich nur meiner Lebenspartnerin Daniela Barbieri zu verdanken, die mich während der langen Lockdownphasen, die wir in unserem Haus in Contrada Tander in den Lessinischen Bergen verbracht haben, tatkräftig unterstützt hat. Ihr und der Stille der Landschaft und der Wälder gilt meine ganze Dankbarkeit. Dort konnte ich meine Erinnerungen an den dunklen Kontinent wiederaufleben lassen und meine Gedanken ordnen.

Bedanken möchte ich mich auch bei meinen Eltern und meiner Familie, besonders bei meinem Schwager Pietro Bizzini.

Ich danke meinem Cousin Giovambattista Sauro und meinem Freund Andrea Pasqualini dafür, dass sie am Anfang meiner Leidenschaft für die Speläologie immer an meiner Seite waren. Mein Dank gilt meinen Freunden Antonio De Vivo und Filippo Felici, die mir ihre Zeit geschenkt und ihre Gedanken mit mir geteilt haben.

Wenn er noch unter uns wäre, würde ich dieses Buch Attilio Benetti schenken, dem ich meine Leidenschaft für die Unterwelt verdanke. Ich möchte mich bei allen Mitgliedern der Associazione Benetticeras APS bedanken, die die Erinnerungen an sein Lebenswerk im Geopaläontologischen Museum in Camposilvano in Ehren halten, darunter Raffaele Curiel, von dem die Höhlenzeichnung in diesem Buch stammt.

Ein besonderes Dankeschön gilt den Mitgliedern der Associazione La Venta, besonders den Gründern dieser wunderbaren Gruppe, mit denen noch die verrücktesten Expeditionen möglich sind. Ohne sie wäre so manche Reise in den dunklen Kontinent ein Wunschtraum geblieben.

DANK

Ich danke Natalino Russo und Damiano Scaramella, die mich von der Anfangsidee bis zur Fertigstellung des Manuskripts beim Schreibprozess begleitet haben, Giovanni Ferrarese und Paola Sala danke ich für die aufmerksame und hilfreiche Lektüre. Mein Dank gilt auch den Fotografen und Freunden Alessio Romeo, Robbie Shone, Vittorio Crobu, Borut Lozej, Paolo Petrignani, Flavio Pettene, Sandro Sedran, Lorenzo Rossato, Toby Hammet, Brice Maestracci, Tullio Bernabei, Ezio Anzanello und Francesco Lo Mastro. Sie haben mir die herrlichen Fotos zur Verfügung gestellt.

Bedanken möchte ich mich auch bei all denen, die mir bei der Suche nach historischen Texten und Landkarten geholfen haben: der Commissione Grotte »Eugenio Boegan«, besonders Louis Torelli, Pino Guidi, Igor Ardetti, Paolo Toffanin, Pino Guidi und Giuliano Ardetti, außerdem Michele Sivelli vom Dokumentationszentrum der Italienischen Speläologischen Gesellschaft. Ich danke Jim Coke und weiteren 570 Höhlentauchern, die dazu beigetragen haben, die Karte der Unterwasserhöhle »Gran Acquifero Maya« im mexikanischen Quintana Roo anzufertigen. Eine außergewöhnliche Leistung. Mein Dank gilt Aaron Addison von der Cave Research Foundation, dem Koordinator der Kartografierung der Mammoth Cave, für seine Hilfsbereitschaft, dem Team des »Caving in the Abode of Clouds«-Projekts, besonders Thomas Arbenz und Mark Tringham, sowie Borut Peric und den Mitarbeitern des St.-Kanzian-Höhlenparks. Ich danke Filippo Felici für seine Zeit und seine konstruktive Mitarbeit sowie den Astronauten Luca Parmitano, Matthias Maurer, Sergey Kud-Sverchkov für die Ermutigung und die guten Gespräche.

Bedanken möchte ich mich auch bei Freddy Vergara für seine leidenschaftlichen Schilderungen der Magie der venezolanischen Tepui sowie bei Andrea Columbu, Jo De Waele, Riccardo Pozzobon, Matteo Massironi und Alun Hubbard für die stimulierenden wissenschaftlichen Diskussionen über die Höhlen auf der Erde und auf anderen Planeten.

Zu guter Letzt danke ich allen, die mich in all den Jahren auf meinen Expeditionen in den dunklen Kontinent begleitet haben. Beim Schreiben dieses Buchs habe ich mich an viele Episoden erinnert. Das gemeinsam Erlebte hat sich in der Dunkelheit eingebrannt – bereit, jederzeit wieder ans Licht geholt zu werden.

ÜBER DEN AUTOR

Francesco Sauro, geboren 1984 in Padua, ist einer der weltweit führenden Höhlenforscher. Im Laufe von fast vierzig Expeditionen auf verschiedenen Kontinenten hat er über hundert Kilometer neuer Höhlen erforscht und kartiert. Er lehrt an der Universität von Bologna und ist Berater der Europäischen Weltraumorganisation ESA. Im Jahr 2014 wurde er mit dem Rolex Award for Enterprise ausgezeichnet und zwei Jahre später vom Time Magazine als einer der »10 Next Generation Leaders« aufgeführt.

Ingrid Ickler studierte nach Stationen in Paris, Rom und Ferrara Übersetzungswissenschaften in Heidelberg und übersetzt heute aus dem Englischen, Französischen und Italienischen. Daneben arbeitet sie als Autorin und Moderatorin.

Questo libro è stato tradotto grazie ad un contributo alla traduzione assegnato dal Ministero degli Affari Esteri e della Cooperazione Internazionale italiano.

Der Verlag dankt dem italienischen Ministerium für auswärtige Angelegenheiten und internationale Kooperation, das die Übersetzung dieses Buches gefördert hat.

Titel der Originalausgabe: Il continente buio.
Caverne, grotte e misteri sotterranei.
Alla scoperta del mondo sotto i nostri piedi
Erschienen bei Il Saggiatore, Milano (Italien)

Die deutsche Ausgabe wurde vermittelt durch die
Literarische Agentur Michael Gaeb, Berlin.

Deutsche Erstausgabe

Ein Unternehmen der Média-Participations

Projektleitung: Dr. Hans Peter Buohler
Übersetzung: Ingrid Ickler, Bensheim
Lektorat: Christiane Burkhardt, München
Gestaltung: Favoritbüro, München
Bildnachweis: S. 24 Raffaele Curiel; S. 27 Nastasic, DigitalVision Vectors, via Getty Images; S. 30 Ursus spelaeus von Meyers; S. 51 World History Archive; S. 73 Patrick Guenette; S. 76 William Dwight Whitney, The Century Dictionary: An Encyclopedic Lexicon of the English Language, The Century Co., New York 1911; S. 84 Antonio Polley, Zusammenstellung über den unterirdischen Lauf des Karst-Wasser, Triest, 1908; S. 86 Édouard-Alfred Martel, Irlande et cavernes anglaises, C. Delgrave, Paris 1897; S. 93 Norbert Casteret, Trente ans sous terre, Perrin, Paris 1954; S. 101 Perovo Speleo Team; S. 118–120 Cave Research Foundation/In the Abode of Clouds Project/Piani-Eterni-Projekt im Nationalpark Belluneser Dolomiten; S. 145 Andrea Columbu, Universität Bologna; S. 151 Getty Images; S. 155 Historic Images/Alamy Foto Stock; S. 241 Marianna Sauro; S. 253 Associazione di Esplorazioni Geografiche La Venta; S. 270 HiRISE/NASA
Satz: Buch-Werkstatt GmbH, Bad Aibling
Herstellung: Arnold & Domnick, Leipzig
Druck: Livonia Print, Riga
Printed in Latvia

ISBN 978-3-95728-683-3

Elektronisch ist folgende Ausgabe erhältlich:
eBook (epub): ISBN 978-3-95728-798-4

www.knesebeck-verlag.de